法に基づく
土壌汚染の管理技術

木暮敬二 著

技報堂出版

はじめに

土壌は，水や大気等とともに環境の重要な構成要素であり，地球環境において多様な役割を担っている。このような土壌が有害物質によっていったん汚染されると，人の健康のみならず生活環境にも悪影響を及ぼす。また，土壌の汚染は長期にわたって影響が続く蓄積性汚染という厄介な性格をもっていることから，水や大気のように排出源規制だけでは環境の回復を図ることがむずかしく，土壌そのものに対する浄化修復対策が必要になる。

近年，土壌汚染問題はさまざまな場面で顕在化し，企業経営をはじめとして経済活動にまで影響を及ぼす状況になっている。土壌汚染問題への対処は，今までのような公害型の民事救済手段による被害者救済だけではなく，行政的規制手段による積極的な浄化修復対策が求められるようになってきた。このような社会情勢のもとで，2003 年 2 月 15 日に，関係する政令，省令を整えて土壌汚染対策法が施行された。

いうまでもなく土壌汚染対策法の柱は技術である。法律でいくら制度を定めたとしても，それが円滑に運用されるためには技術の存在がなければならない。土壌汚染対策においては，とりわけ土壌汚染の調査と汚染対策としての措置に関する技術が重要な位置を占める。これらの技術的な事項に関する正確な運用方法と技術そのものの理解がなければ，「仏つくって魂入れず」となり，制度の円滑な適用は望めない。

本書は，土壌汚染対策法および関係する政令，省令等に定められている技術的な事項，とくに調査方法および措置方法に関する技術的事項を，実務に携わる技術者にわかるように解説することを主たる目的としている。

本書の作成にあたっては，章末に示す多くの著書，論文等を参考にさせていただくとともに，公的機関の出版物および参考文献等から多くの図表などを引用させていただいた。ここに，各著者あるいは各機関に対して衷心より感謝申し上げる次第である。本書が，土壌汚染問題に携わる関係各位に有効に活用いただければ幸いである。また，お気づきの点がありましたら，ご意見，ご叱正，ご教示をお願い申し上げる次第です。

2004 年 3 月

木 暮 敬 二

目次

第1章

土壌汚染への制度的な取組み

土壌汚染問題はさまざまな場面で顕在化し，これに対応するための土壌汚染対策法（以後「土対法」という）が2003（平成15）年2月から施行された。わが国も，本格的に土壌汚染問題の解決に向けて動き出した，ということができる。本章では，土壌汚染の特徴，土壌汚染に係わる基準や法令の生立ちと現状，環境基本法と土壌汚染の関係，土壌汚染に係わる環境基準，土壌汚染に係わる法律など，土壌汚染への制度的な取組みの経緯と現状について概観する。

1.1　土壌汚染に関係する基準と法令

1.1.1　土壌汚染の特徴

土壌（土，地盤）に有害物質が負荷され，そこに生存・生育している動植物が，それに曝(さら)されることにより悪影響を受けるような場合，あるいはそれらの有害物質が存在することにより土壌の機能が正常に機能しなくなったような場合に土壌汚染が問題になる。

土壌汚染の原因となる有害物質は，原材料の漏出や廃棄物の埋立等により土壌に直接浸入する場合のほか，水質汚濁や大気汚染を通して二次的に土壌中に負荷されることもある。また，土壌は水や大気と比べて組成が複雑で有害物質に対する反応も多様であり，かつ反応が非常に遅いという特徴をもっている。このようなことから，水質汚濁あるいは大気汚染と比較すると次のようなことがいえる[1)]。

① 土壌が元来もっている浄化機能を超えて有害物質が負荷されると，これらの有害物質は蓄積され，汚染状態が長期にわたって持続する，いわゆる蓄積性汚染である。したがって，水質汚濁や大気汚染に対してとられている原因物質の排出規制のみでは土壌汚染の改善を図ることができない。汚染物質の除去，無害化あるいは移動防止（封じ込め）等，何らかの対策を講じない限り汚染状態は改善されない。

② 過去においては土壌汚染の重要性があまり考慮されていなかった。また，規制もほとんどなかった。現在顕在化してきた土壌汚染の多くは過去の行為によって発生している。

③ 過去における土壌汚染行為の多くは規則に違反するものではなかった。たとえば，1970（昭和45）年に廃棄物処理法ができるまでは埋立処分基準はなく，1989（平成元）年までは汚染水を地下に浸透させてはならないという水質汚濁防止法による規制もなかった。さらに，トリクロロエチレンなどの揮発性有機化合物は安全な溶剤として使用が奨励されていた。

④ 土壌汚染の影響は，植物の生育や土壌生物の生息・増殖には直接的に関係するが，人の健康に対しては，主として，水・農畜産物・大気等の汚染を通して間接的に影響する，いわゆる間接汚染である場合が多い。

⑤ 土壌汚染の影響は，農用地では比較的広域となるが，市街地のそれは一般的に局所的であり，汚染箇所ごとに多様な形態をもって現れる。

⑥ 大気汚染や水質汚濁が公共域での汚染であるのに対して，土地の多くは私有財産であり，そのため，土壌汚染に関する規制を行う場合，土地の利用に制約を加えるという観点から，私権と公共の福祉との調整を図ることが必要である。

実際の土壌汚染問題への対応においては，土壌が汚染されているか否かの定量的な判断は，土壌中に含まれる有害物質の含有量や溶出量を，定められた基準値と比較することによって判定される。したがって，基準や法令で定められる基準値の設定が非常に重要である。

土壌汚染に深く関係する地下水汚染は，地下水の飲用によって人の健康に直接的に影響することから，土壌そのものの汚染に比べて，影響が大きく発見も早いという特徴をもっている。このようなことから，行政においては，土壌汚染と地下水汚染とを分けて考えてきた経緯がある。しかし，本質的に土壌汚染と地下水汚染とは分けて考えるべき性質のものではない。

従来，わが国における土壌汚染対策は，汚染を調査し確認した後，その汚染を浄化修復することに重点を置いてきた。これは，土壌汚染が蓄積性汚染であるという基本的特徴のほかに，水域や大気の汚染に比較すると，汚染発生の因果関係が比較的明瞭であるので，責任の所在を明確にすることが比較的容易であるという特徴にもよっている。水域や大気の環境汚染では，汚染した水や大気を浄化の直接的な対象とはしにくいのに対し，土壌汚染では，上記のような事情を反映して，土壌そのものが浄化修復の直接的な対象になる。このことは他の環境汚染対策と大きく異なる点といえる。また，土壌汚染問題はいまなお公害問題型の特性を残している。

1.1.2　土壌汚染に関係する基準と法令

1970（昭和 45）年に，土壌汚染が典型公害の 1 つに加えられ，土壌環境基準が 1991（平成 3）年に，地下水環境基準が 1997（平成 9）年に定められた。本書で主として対象とする土壌汚染対策法（土対法）は 2002（平成 14）年に制定され，2003 年 2 月から施行された。この間，数次にわたる水質汚濁防止法の改正などがあり，土壌汚染に関連する種々の法律・基準等が整備されてきた。土壌汚染の防止あるいは土壌の管理という観点から，土壌に関連する現行の基準類や法令の種類をまとめると**図 1.1** のようになる[2)]。

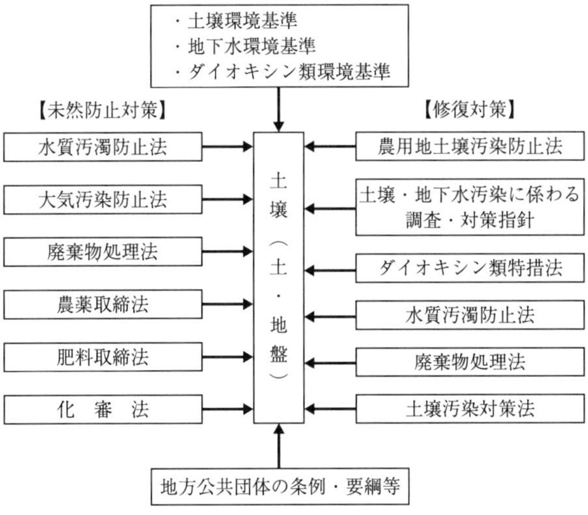

図 1.1　土壌汚染と土壌管理に関連する基準・法令等（文献 2) に加筆修正）

土壌汚染に関しては，**図 1.1** に示すような法令や基準が適用あるいは関連するのはもちろんであるが，最近では，多くの工場や事業所において，ISO 14000s の環境監査規格の認証を取得し，自発的かつ持続的に環境を管理する活動が定着しつつある[4),5)]。ISO は International Organization for Standardization の略称で，わが国では「国際標準化機構」と呼ばれている。ISO 14000s は，ISO が制定する環境マネジメントシステムで，製品そのものではなく，製品提供の過程についての統一基準を示したものであり，環境管理システム，環境監査，環境パフォーマンス評価，環境ラベル，ライフサイクルアセスメントについて規定している。1996（平成 8）年に ISO 14000s が発効し，わが国では，通産省工業技術院が同シリーズに準拠した日本工業規格として環境 JIS を制定した。環境保全意識の高まりを背景に，企業間取引や政府調達の条件に認証取得を求める動きが広がっており，企業のみならず自治体による認証取得も進んでいる。

また，PRTR 制度（Pollutant Release and Transfer Register）[6)] も環境汚染の未然防止に効果を発揮するものと期待されている。PRTR 制度は，人の健康や生態系に有害のおそれのある化学物質について，事業所からの環境（大気，水域，土壌）への排出量および廃棄物に含まれての事業所外への移動量を，事業者が自ら把握して国に届け出るとともに，国は届出データや推計に基づき，排出量や移動量を推計して公表する制度である。環境ホルモンやダイオキシンへの関心が高まるなか，行政，事業者，市民が情報を共有しつつ，化学物質のリスク管理に役立てようとする環境保全のための新しい手法で，欧米で導入が進んでいる。わが国でも 1999（平成 11）年に「特定化学物質の環境等への排出量の把握等および管理の改善に関する法律（特定化学物質の管理促進法）」いわゆる PRTR 法が成立し，2001（平成 13）年から施行され，対象物質は 200～300 種に上っている。

PRTR 制度は，同じく 2001 年 1 月から実施された MSDS（Material Safety Data Sheet）[7)] とあいまって運用される。MSDS は，対象化学物質を含有する製品を他の事業者に譲渡または提供する際に，その化学物質の性状および取り扱いに関する情報を，事前に提供することを義務づける制度である。取引先の事業者などから MSDS の提供を受けることにより，事業者自らが使用する化学物質についての正しい情報を入手し，化学物質の適切な管理に役立てることができる。

1.1.3　環境基本法

環境問題について，国の政策の基本的な方向を示す法律として，1993（平成5）年に制定されたのが環境基本法である。この法律は1967（昭和42）年制定の公害対策基本法を発展的に継承したものである。公害対策基本法は，事業者・国・地方自治体の公害防止に関する責務と施策の基本事項等を定めていた。公害対策の総合的推進を図ることによって，国民の健康保護と生活環境の保全とが目的とされ，6種（後に土壌汚染を加えて7種）の公害をあげ，基本的施策として環境基準の設定・公害防止計画の策定などとともに，費用負担，財政措置，公害対策会議，公害対策審議会について規定したものであり，1970（昭和45）年の公害国会での改正により，自然環境保護規定が追加された。公害対策基本法は，個々の公害に対しての対応が主たる目的であり，地球規模の環境までを考慮した広範囲の環境問題までは対応することができなかった。

公害対策基本法に代わる環境基本法では，環境保全の基本理念として，環境の恵沢の享受と継承等，環境への負荷の少ない持続的な発展が可能な社会の構築および国際的協調による地球環境保全の積極的な推進を掲げ，政府による環境保全政策の基本方針を定めた環境基本計画を策定し，その進み具合を毎年点検し，5年に1度見直すことなどを定めている。環境基本計画は，環境基本法の第15条に基づいて，環境保全施策の総合的・計画的な推進を図るための基本的方向などを定めたものである。持続可能な開発の考えのもとに，循環型社会の実現および自然との共生社会の実現を長期目標に掲げている。また，環境基本法の第2条において，地球温暖化，オゾン層の破壊，海洋汚染，野生生物種の保存などの地球環境問題について述べるとともに，典型7公害として，大気汚染，水質汚濁，土壌汚染，騒音，振動，地盤沈下，悪臭をあげている。さらに，環境基本法の第2章（第14条）以降において，環境の保全に関する基本的な施策を定め，この中で，土壌汚染と地下水汚染に関係する最も重要なことは「環境基準」と「規制措置」であるとしている。以下，**1.2**で環境基準について，**1.3**で規制措置について概観する。

1.2　土壌汚染と環境基準

1.2.1　環境基準

環境基準は，環境基本法第16条に基づいて，人の健康の保護および生活環境の保全のうえで維持されることが望ましい基準として定められたものであり，公害対策を進めていくうえでの行政上の政策目標とされている。強制力や罰則規定はない。しかし，現実においては，環境基準が土壌や地下水の汚染の有無の判定基準として用いられている。環境基準は強制力のない単なる基準ではあるが，別に，環境基本法での規制措置として，大気汚染防止法や水質汚濁防止法あるいは新しい土対法などのような，規制措置としての公害防止に関する法律が制定され，その中で環境基準とほぼ同様な基準値が定められている。これらの法律は強制力と罰則規定がある。

現在，典型 7 公害のうち，次の 5 項目についての環境基準が定められている。

①「土壌の汚染に係わる環境基準（土壌環境基準）」（1991 年制定）

②「地下水の水質汚濁に係わる環境基準（地下水環境基準）」（1997 年制定）

③「水質汚濁に係わる環境基準（水質環境基準）」（1971 年制定）

④「大気の汚染に係わる環境基準（大気環境基準）」（1973 年制定）

⑤「騒音に係わる環境基準（騒音環境基準）」（1994 年制定）

ダイオキシン類については

⑥「ダイオキシン類による大気の汚染，水質の汚濁および土壌の汚染に係わる環境基準（ダイオキシン類環境基準）」

なお，⑥はダイオキシン類対策特別措置法の中で定められている。

環境汚染の特徴として，個別の排出量をどんなに抑制しても，汚染が集中したり蓄積すると，環境中での汚染の絶対量は増加する。とくに，土壌汚染においてはその傾向が強い。このような状況を防ぐために，環境基準は排出規制ではなく，汚染の絶対量を規制するものとなっている。基準値は現在の科学的知見の水準をもとに定められており，科学的知見の進歩によって改正されるとともに基準項目も増えるという性格をもっている。

上記の 6 つの環境基準のうち，土壌汚染に直接関係する環境基準は，①の土壌環境基準，②の地下水環境基準および⑥のダイオキシン類環境基準であり，③の水質環境基準は間接的に関連する。以下，①，②および③とこれらの環境基準が設定された根拠について概述する。⑥のダイオキシン類の環境基準については，**1.3** の規制措置のところで述べる。

1.2.2　土壌環境基準

正式名称は「土壌の汚染に係わる環境基準」で，環境基本法に基づいて 1991（平成 3）年に制定された。農用地を除く土壌汚染に適用される。この基準が定められるまでは，農用地は「農用地土壌汚染防止法」によって，廃棄物処分場に関連する土地は「廃棄物処理法」によって規制されてきたが，それ以外の地盤や土壌については環境基準がなかった。

土壌環境基準は，当初，重金属類（カドミウム，鉛，六価クロム，シアン，

表 1.1　土壌環境基準・地下水環境基準等

項　　目	水質環境基準 地下水環境基準 (mg/L)	溶出量値Ⅱ (mg/L)	土壌環境基準 (mg/L)
カドミウム	0.01	0.3	0.01
全シアン	非検出	1	非検出
鉛	0.01	0.3	0.01
六価クロム	0.05	1.5	0.05
砒素	0.01	0.3	0.01
総水銀	0.0005	0.005	0.0005
アルキル水銀	非検出	非検出	非検出
PCB	非検出	0.003	非検出
有機リン	—	1	非検出
セレン	0.01	0.3	0.01
チウラム	0.006	0.06	0.006
シマジン	0.003	0.03	0.003
チオベンカルブ	0.02	0.2	0.02
ジクロロメタン	0.02	—	0.02
四塩化炭素	0.002	—	0.002
1,2-ジクロロエタン	0.004	—	0.004
1,1-ジクロロエチレン	0.02	—	0.02
シス-1,2-ジクロロエチレン	0.04	—	0.04
1,1,1-トリクロロエタン	1	—	1
1,1,2-トリクロロエタン	0.006	—	0.006
トリクロロエチレン	0.006	—	0.03
テトラクロロエチレン	0.01	—	0.01
1,3-ジクロロプロペン	0.002	—	0.002
ベンゼン	0.01	—	0.01
硝酸性窒素・亜硝酸性窒素	10	—	—
フッ素	0.8	—	0.8
ホウ素	1	—	1

注 1：土壌環境基準および溶出量値Ⅱは検液 1 L あたりの濃度
注 2：溶出量値Ⅱは「土壌・地下水汚染に係わる調査・対策指針」での高レベル汚染土壌の対策範囲を設定する基準

表 1.2　土壌環境基準の例外措置（3倍値基準・3倍規定）[3)]

項　目	例外措置（mg/L）	環境基準（mg/L）
カドミウム	0.03	0.01
鉛	0.03	0.01
六価クロム	0.15	0.05
砒素	0.03	0.01
総水銀	0.0015	0.0005
セレン	0.03	0.01
フッ素	2.4	0.8
ホウ素	3	1

表 1.3　重金属に関する含有量参考値[11)]

物　質	含有量参考値（mg/kg）
カドミウム	9
鉛	600
砒素	50
総水銀	3

注：乾土1kgあたりの含有量

有機リン，砒素，総水銀，アルキル水銀，PCB，セレン）について定められ，1994（平成6）年に有機塩素系化合物10項目および農薬5項目が追加された。さらに，2000（平成12）年にフッ素およびホウ素の2項目が追加され，**表 1.1** に示すように現在は26項目となっている。基準値は有害物質の溶出によって地下水汚染となることを前提として溶出量基準を用いている。

土壌環境基準項目のうち，**表 1.2** に示す項目については，汚染土壌が地下水面から離れていて，地下水の濃度が一定基準（地下水環境基準値）以下であれば，**表 1.2** に示す値でよいこととしている。これらの値は環境基準値の3倍の値となっていることから，3倍基準値あるいは3倍規定ともいわれ，汚染物質が汚染土壌から地下水に溶出するおそれがない場合の例外措置である。

1997（平成9）年に出された環境省の「土壌・地下水汚染に係わる調査・対策指針および運用基準」（以降「調査・対策指針」という）[8)]では，カドミウム，鉛，砒素，総水銀の4項目に関して，**表 1.3** に示すような「含有量参考値」を定めている。含有量参考値は，溶出量が土壌環境基準値以下であっても，汚染土壌の飛散や流出を防止する観点から，いいかえれば，汚染土壌の直接摂取のリスクを防ぐという観点から，必要に応じて対策を講じようとする場合の基準値とされている。しかし，含有量参考値は，第**2**章以降で述べるように，2003年2月から施行された土対法においては9項目に拡張されるとともに，測定方法も変更され，汚染土地として指定する「含有量指定基準」になった。測定方法の変更については，調査・対策指針では，含有量参考値を全量分析によって測定することとしているが，土対法では，酸抽出法等によって含有量を求めることとなった。このように，両者の分析方法に違いがあることに注意する必要がある。

土壌環境基準が定められても，裏づけとなる法律がなく，汚染土地が発見されても，なかなか土壌汚染の浄化修復事業が進まないことから，法律による規制の必要性が高まり，土対法が制定されることとなった。

1.2.3　地下水環境基準

正式な名称は「地下水の水質汚濁に係わる環境基準」という。地下水については，1989（平成元）年の水質汚濁防止法の改正によって，汚染水の地下浸透の禁止や地下水質の常時監視が行われるようになっていた。さらに，1996（平成 8）年の水質汚濁防止法の改正により，汚染された地下水の浄化措置命令等により，地下水の水質保全関連の施策が充実されてきていた。

このような各種の施策に伴い，統一的な地下水管理の必要性から，環境基本法に基づいて，1997（平成 9）年に地下水環境基準が定められた。この基準が定められるまでは，地下水汚染の判断や評価の目安として，公共用水域の環境基準いわゆる水質環境基準（**表 1.1**）が用いられていた。

地下水環境基準の規制物質は，当初，公共用水域の水質基準の健康項目と同じ，重金属類，トリクロロエチレンなどの有機塩素系化合物およびシマジンなどの農薬類の計 23 物質について定められた。その後 1999（平成 11）年に，硝酸性窒素および亜硝酸性窒素，フッ素，ホウ素の 3 項目が加えられ，現在，**表 1.1** に示す 26 項目が指定されている。土壌環境基準との違いは，有機リンがない代わりに，硝酸性窒素および亜硝酸性窒素が加わっていることである。地下水汚染は有害物質が地下水中に溶け出した結果として発生する。すなわち，地下水汚染の程度は有害物質の地下水への溶出量によって決まってくる。土壌環境基準では検液中への溶出量を用いていることから，土壌環境基準と地下水環境基準は数値も単位も両者で同じである。

地下水環境基準は，年間の平均値（全シアンのみ最高値）を対象としており，年間を通しての観測が必要である。また，地下水は飲用によって人の健康に直接かかわることから，汚染が自然由来であっても基準が適用される（1997 年 3 月 13 日環境庁通達）。土壌環境基準は自然由来の土壌汚染には適用されない。

地下水環境基準の項目には，今後，知見やデータの集積に努めるべきものとして，**表 1.4** に示す項目について指針値を定めている。これらは人の健康に関する項目であるが，基準項目には指定されていない物質であり「要監視

表 1.4　地下水に関する要監視項目（指針値）[3)]

項　　目	指　針　値（mg/L）
クロロホルム	0.06 以下
トランス-1,2-ジクロロエチレン	0.04 以下
1,2-ジクロロプロパン	0.06 以下
p-ジクロロベンゼン	0.3 以下
イソキサチオン	0.008 以下
ダイアジノン	0.005 以下
フェニトロチオン (MEP)	0.003 以下
イソプロチオラン	0.04 以下
オキシン銅（有機銅）	0.04 以下
クロロタロニル (TPN)	0.05 以下
プロピザミド	0.008 以下
EPN	0.006 以下
ジクロルボス (DDVP)	0.008 以下
フェノブカルブ（BPMC）	0.03 以下
イプロベンホス（IBP）	0.008 以下
クロルニトロフェン (CNP)	—
トルエン	0.6 以下
キシレン	0.4 以下
フタル酸ジエチルヘキシル	0.06 以下
ニッケル	—
モリブデン	0.07 以下
アンチモン	—

注：クロルニトロフェン・ニッケル・アンチモンには指針値は設定されていない。

項目」と呼んでいる。要監視項目は基準項目の予備軍ともいえるものであり，硝酸性窒素および亜硝酸性窒素，フッ素，ホウ素の3項目は，1999（平成11）年に要監視項目から地下水環境基準となったものである。要監視項目は，もともと公共用水域の水質環境基準で定められていたものであり，そのまま地下水環境基準においても要監視項目とされた。

1.2.4　水質環境基準

正式名称は「水質汚濁に係わる環境基準」で，水質に係わる基準としては最初のものであり，1971（昭和46）年に定められた。水質環境基準は，公共用水域の水質について達成・維持されることを目的とした基準であり，健康保護に関する環境基準および生活環境の保全に関する環境基準の２つからなる。健康保護に関する基準項目は，地下水環境基準および土壌環境基準のもとになった基準であり（**表 1.1**），土壌環境基準および地下水環境基準は水質環境基準と同じに設定されている。

一方，生活環境の保全に関する環境基準は，河川，湖沼，海域ごとに水域類型を指定し，水素イオン濃度（pH），生物化学的酸素要求量（BOD），浮遊物質量（SS），溶存酸素量（DO），大腸菌群数等に関する基準値が設定されている。

1.2.5　環境基準値設定の考え方

土壌環境基準は，現在までにわかっている科学的知見や関連する諸基準に対応させて設定可能なものについて設定する，という考え方に基づいて，次の２つの視点から定められている（環境庁告示第 46 号，1991.8.23）。

① 土壌の環境機能のうち，水質浄化および地下水涵養を保全する観点から，水質環境基準のうち，人の健康の保護に関する環境基準の対象となっている健康項目について，土壌重量の 10 倍の水で，これらの項目の物質を溶出させ，その溶液中の濃度が水質環境基準値以下であることを条件としている。すなわち溶出量基準を用いることを基本としている。

② 土壌の環境機能のうち，食糧を生産する機能を保全する観点から，農用地土壌汚染防止法での特定有害物質について，農用地土壌汚染対策地域の指定要件（**表 1.5**）に準拠して環境上の条件とすることを前提としている。

表 1.5　農用地土壌汚染対策地域の指定要件 [11)]

特定有害物質	指定要件
カドミウムおよびその化合物 (設定年月日 昭和 46.6.24)	(1) 米中のカドミウム濃度が 1 ppm 以上であると認められる地域 (2) (1) の近傍であって，土壌中のカドミウムの量が (1) の地域と同程度以上であり，土性も (1) の地域とおおむね同一であり，米中のカドミウム濃度が 1 ppm 以上となるおそれが著しい地域
銅およびその化合物 (設定年月日 昭和 47.10.17)	土壌中の銅濃度が 125 ppm (0.1 規定塩酸抽出) 以上であると認められる地域 (水田に限る)
ヒ素およびその化合物 (設定年月日 昭和 50.4.4)	土壌中のヒ素濃度が 15 ppm (1 規定塩酸抽出) (その地域の自然的条件に特別の事情があり，この値によりがたい場合には都道府県知事が環境庁長官の承認を受けて 10～20 ppm の範囲内で定める別の値) 以上であると認められる地域 (水田に限る)

地下水環境基準は，地下水の水質汚濁防止対策を推進する際に維持達成する目標として，すべての地下水に対して設定されている。設定基準は，人の健康保護のための基準として，地下水が公共用水域と1つの水循環系を構成している観点から，公共用水域の環境基準における健康項目と同じ基準項目および基準値が設定されている（環境庁告示第10号，1997.3.13）。

要するに，土壌と地下水の環境基準値は，水質環境基準の健康項目の基準値をもとに定められている。水質環境基準の設定においては，公共用水域の水が汚染したまま人の飲料用に供されるおそれがあることから，大気，食品という水以外の暴露径路の寄与も考慮して，生涯にわたり連続的に摂取しても，人の健康に影響が生じない水準として検討され，水道水質に関する基準と同じ考え方に基づいて定められたものである[9)]。

発がん性を考慮して設定された項目，すなわち，1,1,1-トリクロロエタン，シス-1,2-ジクロロエチレン，1,3-ジクロロプロペンを除く揮発性有機化合物については，「体重60 kgの人が1日に2リットルの水を70年間（人の一生）飲用し，飲用水の寄与率（10 %）を考慮した場合の発ガンの危険率が10万分の1に相当する濃度」が基準値として設定されている[10)]。

したがって，発がん性の点から整理すると，発がん性ありと分類される物質については，「人が1日に2リットルの地下水を生涯（70年間）飲用した場合に10万人に1人がガンになる確率の濃度」が，土壌および地下水の環境基準値ということになる。また，発がん性が不明である1,1,1-トリクロロエタンおよびシス-1,2-ジクロロエチレンは慢性毒性をもとに基準値が設定されている[11)]。

以上のように，土壌・地下水の環境基準値は，地下水が汚染されたまま生涯にわたって飲用された場合の人の健康への影響をもとに設定されており，ほとんどの物質について，かなりの安全率を見込んだ値が設定されているといえよう。

1.3　法律による土壌汚染の規制措置

環境基本法の第21条で「国は環境の保全上の支障を防止するため次に掲げる規制の措置を講じなければならない」とし，規制の措置項目として次の事項をあげている。

①　公害防止のための排出規制措置

② 公害防止のための土地利用・施設設置規制措置
③ 自然保護のための土地・工作物・伐採等の面的な行為規制措置
④ 自然保護のための野生生物・地形・地質・温泉等の個々の自然物の保護規制措置
⑤ 公害防止・自然保護のための複合規制措置

これらの規制措置は公害防止と自然保護の2つを目的としていることがわかる。とくに，土壌・地下水汚染という観点からは，①の公害防止のための排出規制措置が重要であり，種々の法律によって排出規制が行われている。このような法律による規制措置として，土壌・地下水汚染に直接的に関係する法律としては次のようなものがある。

①「農用地土壌汚染防止法」(1970年制定)
②「水質汚濁防止法」(1970年制定)
③「ダイオキシン類対策特別措置法」(1999年制定)
④「土壌汚染対策法」(2002年制定)

さらに，これらの法律に関連して

⑥「自治体等の条例・指導要綱等」

土壌・地下水汚染に直接的には関係しないが，排出規制を盛り込んだその他の法律としては，「大気汚染防止法」「悪臭防止法」「騒音規制法」「振動規制法」などがある。排出規制はもともと公害対策基本法の最も重要な柱であったが，今日でも，環境の絶対量を規制する環境基準とともに，排出規制の重要性は変わるものではない。さらに，これらの法律に基づいて，多くの地方自治体において条例や指導要綱等が定められている。以下，上記のうち，土壌・地下水汚染に直接関係する①～④の規制措置について概観する。

1.3.1　農用地土壌汚染防止法

1968（昭和43）年に神通川流域で発生したイタイイタイ病が，土壌や水質のカドミウム汚染による慢性中毒であることが明らかにされ，きわめて大きな社会問題となった。このような状況のもと，1970（昭和45）年に公害対策基本法の一部が改正され，典型7公害の1つとして土壌汚染が追加されるとともに，その対策法として「農用地土壌汚染防止法」(正式名称は「農用地の土壌の汚染防止等に関する法律」) が制定され，これに基づき各種の対策が講じられるようになった。なお，農用地とは，耕作の目的または主として家畜の放牧の目的もしくは養育のための採草の目的に供される土地をさしている。

わが国最初の土壌汚染を規制する法律としての農用地土壌汚染防止法は，有害物質による農用地の汚染の防止・除去などにより，健康をそこなう農畜産物の生産と農作物の生育阻害とを防止することを目的としている。この中で，特定有害物質として，**表1.5**に示すように，カドミウムおよびその化合物，銅およびその化合物，砒素およびその化合物を指定している。法の運用については，都道府県知事による対策区域・特別地区の指定や対策計画の作成などが規定されている。

農用地土壌汚染防止法に基づいて，汚染状況の把握のための調査や修復対策の実施が図られているわけであるが，汚染に関する調査測定等は都道府県知事（以後，知事）が実施し，その結果を公表することとしている。そして，国はこれに要する費用の一部を都道府県に助成するようになっている。

知事は，調査の結果に基づいて，政令で定める指定要件（**表1.5**）に該当する地域を農用地土壌汚染対策地域に指定できる。対策地域を指定したときには，土壌の汚染防止や土地利用の合理化を図るための農用地土壌汚染対策計画を定め，環境大臣および農林水産大臣の承認を受けることとしている。

対策計画に基づいて行われる土壌汚染対策事業は，「公害防止事業費事業者負担法」に基づいて，その事業費の全部または一部を汚染原因者に負担させ，残りの費用については国と都道府県が負担する仕組みになっている。農家の負担はない。客土等の対策事業は土地改良法等に基づいて実施される。

1.3.2　水質汚濁防止法

水質汚濁防止法は土壌汚染ときわめて関係の深い法律である。公害問題が深刻化した1960年代から70年代にかけて，公共用水域および地下水の水質汚濁を防止し，被害者の保護を図る法律として，1970（昭和45）年に排出規制措置として「水質汚濁防止法」が制定された。この法律は，1958（昭和33）年に制定された水質保全法と工場排水規制法とを統廃合したものであり，土壌・地下水汚染に関係する法律としては最も重要なものの1つである。

水質汚濁防止法の目的とするところは「工場および事業所から公共水域に排出される水の排出および地下に浸透する水の浸透を規制するとともに，生活廃水対策の実施を推進すること等によって，公共用水域および地下水の水質の汚濁の防止を図り，もって国民の健康を保護するとともに生活環境を保全し，並びに工場および事業所から排出される汚水および廃水に関して人の健康に係わる被害が生じた場合における事業者の損害賠償の責任について定めることにより，被害者の保護を図る」とされ，特徴は次のようにまとめることができる。

① 工場や事業所等からの公共水域への排水規制および地下への浸透規制
② 人の健康に被害を及ぼした場合の事業者の損害賠償責任
③ 知事による地下水汚染原因者への浄化命令

また，この法律の運用上の特徴の1つは，知事に国による一律基準に上乗せすることを認め，かつ違反者への改善命令や処罰などの権限を与えており，これに基づいて都道府県条例が定められていることである。つまり，知事に大きな権限を付与している。排水の規制に関する体系を図**1.2**に示す。

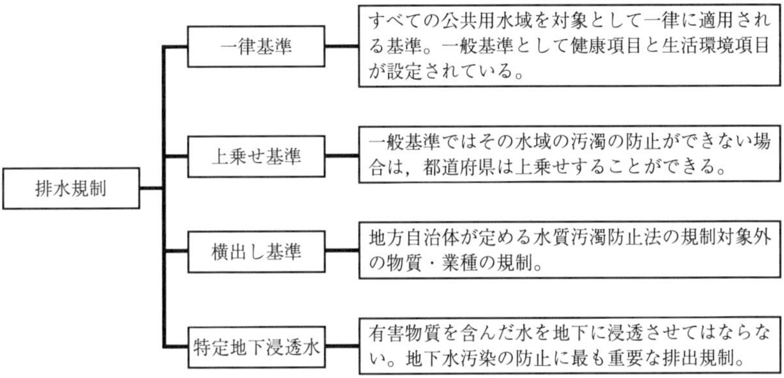

排水規制
一律基準
すべての公共用水域を対象として一律に適用される基準。一般基準として健康項目と生活環境項目が設定されている。
上乗せ基準
一般基準ではその水域の汚濁の防止ができない場合は，都道府県は上乗せすることができる。
横出し基準
地方自治体が定める水質汚濁防止法の規制対象外の物質・業種の規制。
特定地下浸透水
有害物質を含んだ水を地下に浸透させてはならない。地下水汚染の防止に最も重要な排出規制。

図 **1.2**　水質汚濁防止法における排水規制の体系[3)]

水質汚濁防止法が適用されるのは，特定施設を設置している工場および事業所（特定事業所）からの公共用水域への排水と地下浸透である。この点は2003（平成15）年から施行された新しい土対法とリンクしている。水質汚濁防止法における公共用水域とは，終末処理場を設置している公共下水道等を除く河川・湖沼・港湾・沿岸海域，およびその他の公共の用に供される水域や水路等とされている。特定施設は有害物質または生活環境項目に係わる物質を含む汚水または廃液を排出する施設で，現在，政令により約600の業種が指定されている[15)]。これらには，製造業のほとんど，洗浄・ろ過・水道・飲食業・洗濯業などのサービス業，鉱業の選鉱施設，畜産業などが含まれる。

水質汚濁防止法での当初の規制項目は重金属類9項目（アルキル水銀，水銀，カドミウム，鉛，有機リン，六価クロム，砒素，全シアン，PCB）であり，排出水の排出規制，水質汚濁の監視，損害賠償，罰則などが定められた。

表 1.6　水質汚濁防止法における排水基準（健康項目）

項　　目	許容限度 (mg/L)
カドミウムおよびその化合物	0.1
シアン化合物	1
有機リン化合物	1
鉛およびその化合物	0.1
六価クロム化合物	0.5
ヒ素およびその化合物	0.1
水銀およびアルキル水銀その他水銀化合物	0.005
アルキル水銀化合物	検出されないこと
PCB	0.003
トリクロロエチレン	0.3
テトラクロロエチレン	0.1
ジクロロメタン	0.2
四塩化炭素	0.02
1,2-ジクロロエタン	0.04
1,1-ジクロロエチレン	0.2
シス-1,2-ジクロロエチレン	0.4
1,1,1-トリクロロエタン	3
1,1,2-トリクロロエタン	0.06
1,3-ジクロロプロペン	0.02
チウラム	0.06
シマジン	0.03
チオベンカルブ	0.2
ベンゼン	0.1
セレンおよびその化合物	0.1
ホウ素およびその化合物	海域以外 10，海域 230
フッ素およびその化合物	海域以外 8，海域 15
アンモニア，アンモニア化合物，亜硝酸化合物	100*

注：*　アンモニア性窒素に 0.4 を乗じたもの。亜硝酸性窒素および硝酸性窒素の合計。

1989（平成 1）年に改正され，有害物質を含む水の地下への浸透が禁止されるとともに，知事が測定計画を作成し，計画的な水質監視が行われることとなった。この改正法に基づいて，1989 年から毎年地下水汚染調査が実施されている。さらに，1996（平成 8）年の改正において，知事は汚染原因者に浄化命令が出せるようになった。

表 1.7　水質汚濁防止法における排水基準（生活環境項目）

項　　目	許容限度 (mg/L)
水素イオン濃度（pH）	海域外 5.8～8.6，海域 5.0～9.0
BOD（生物化学的酸素要求量）	160（日平均 120）
COD（化学的酸素要求量）	160（日平均 120）
SS（浮遊物質量）	200（日平均 150）
ノルマルヘキサン抽出物質含有量（鉱油類含有量）	5
ノルマルヘキサン抽出物質含有量（動植物油脂類含有量）	30
フェノール類含有量	5
銅含有量	3
亜鉛含有量	5
溶解性鉄含有量	10
溶解性マンガン含有量	10
クロム含有量	2
大腸菌群数（1 cm^3 につき）	日平均 3 000 個
窒素含有量	120（日平均 60）
リン含有量	16（日平均 8）

注：生活環境項目についての排水基準は，1 日あたりの平均的な排水量が 50 m^3 以上の特定事業場に適用される。

水質汚濁防止法に基づく排水規制は排水基準として定められている。これには，**図 1.2** にも示すように，国が一律に定める一律基準と都道府県が条例で定める上乗せ基準とがある。一律基準には一般基準と特定業種に限定して適用する暫定基準がある。一般基準には**表 1.6** に示す健康項目に関する排水基準と，**表 1.7** に示す生活環境項目に関する排水基準の 2 種類がある。上乗せ基準は，排出量に対して排出される水域が小さい場合に，都道府県が独自に適用水域を指定して一律基準よりも厳しい基準を課すものである。上乗せ基準の違反者には，水質汚濁防止法による罰則が適用される。現在，すべての都道府県で上乗せ基準が設定されている。上乗せ基準のもう 1 つの方法として，排水量が 1 日平均 50 m^3 に満たない特定事業所に，生活環境項目の排水基準が適用できることである。

1996（平成 8）年の改正で，知事は地下水汚染をひき起こした汚染原因者に対して浄化命令を出せるようになった。浄化命令を出す基準は，硝酸性窒素および亜硝酸性窒素を除いて，土壌環境基準および地下水環境基準と同じ基準値となっており，これらの基準値は土対法での指定基準とも同じ値である。浄化命令を発動する要件は次の 4 つの場合である。

① 飲用しているか飲用の可能性のある地下水の汚染
② 上水道の水源となっているかその可能性のある地下水の汚染
③ 災害対策基本法に基づく非常用井戸の汚染
④ 公共用水域が汚染される可能性がある地下水の汚染

これらの要件は，基本的に，土対法において，4 条調査（調査命令）の対象となる土地の地下水汚染要件および措置命令の対象となる地下水汚染要件と同じである（第 **2** 章参照）。土壌・地下水汚染にとって水質汚濁防止法は重要な法律であり，今までに多くの改正がなされ，現状に対応させてきた経緯があるが，この法律だけでは対応ができにくくなったことが新しい土対法につながった。

1.3.3　土壌汚染対策法

土対法は 2002（平成 14）年 5 月に成立し，2003 年 2 月から施行されている土壌汚染に関する最新の法律である。土対法に基づく「土壌汚染対策法施行令（政令）」「土壌汚染対策法施行規則（省令）」および「土壌汚染対策法に基づく指定調査機関及び指定支援法人に関する省令」が環境省によって定められている。さらに，関連する技術的事項などについての環境省告示が整備された。土対法に係わる技術を整理・解説することが本書の主たる目的である。土対法に関する事項については第 **2** 章以降において詳述する。

1.3.4　ダイオキシン類対策特別措置法

ダイオキシン類の名が広く知られるようになったのは，ベトナム戦争で使用された枯葉剤に不純物としてダイオキシン類が含まれていて，奇形をはじめとする生殖障害が報告されてからである。ダイオキシン類そのものは 1872 年に合成されたが，ダイオキシン類による汚染問題が顕在化するのは，ダイオキシン類に関係する農薬の生産が開始された第二次世界大戦後のことである。

従来，ダイオキシン類による汚染は，農薬に含まれる不純物や産業廃棄物に由来すると考えられていたが，1976（昭和 51）年にオランダで都市ゴミ焼却場の排ガスからダイオキシン類が検出され，社会的に注目されるようになった。わが国でも 1983（昭和 58）年以来，排ガス中から検出されている。ダイオキシン類は自然発火による森林火災でも発生することから，古い時代から環境中に存在したと考えられている。実際，底質のコアサンプルや過去の土壌サンプルなどで年代ごとの変化を見ると，かなり古い時代からダイオキシン類が検出されている。しかし，今世紀から急激な増加が始まっており，化学工業の急速な発展との関連が示唆されている。

ダイオキシン類の生成過程は大きく分けて3つあるとされている。1つはクロロフェノールやそれを出発点とする農薬などの製造過程，2つはゴミ焼却などの燃焼過程，3つは塩素殺菌や塩素漂白の過程である。燃焼過程では，塩化ベンゼンがダイオキシン類の前駆物質と考えられている。したがって，塩化ベンゼンの生成しやすい塩素を含んだプラスチックなどの燃焼はダイオキシン類が発生しやすい。

ダイオキシン類はベンゼン環（炭化水素の一種）と塩素，酸素で構成されている。したがって，プラスチックスや生ゴミなど，塩素分を含むゴミを燃焼するゴミ焼却施設，あるいは産業の製造過程で塩素が入り込む場合に発生しやすい。わが国におけるダイオキシン類の約9割は一般廃棄物（ゴミ）および産業廃棄物の焼却施設から排出されていると推計されている。

ダイオキシン類対策技術の広がりをゴミ焼却施設を例にとると，①ダイオキシン類が生成されない燃焼炉の構造と燃焼法，②ダイオキシン類を含んだ焼却灰やガスを環境に出さない灰処理と排ガス処理，③灰・排ガス処理に伴い発生する廃水の処理の3つがある。ダイオキシン類を含む灰や廃水が漏出すると土壌汚染をひき起こし，その対策が必要になる。

ダイオキシン類による土壌汚染は，大気に排出されたものが降雨や降塵に伴って土壌に浸入したか，以前に散布された農薬に不純物として含まれていたものが農用地に残留したかである。わが国のダイオキシン類の大気濃度は諸外国に比べて高いが，土壌濃度は発生源周辺および一般環境とも，他の先進国とほぼ同じ程度である。ダイオキシン類は水に溶けにくいため，一般環境中の地下水の濃度は低く，公共用水域と比べても低い値になっているが，埋立処分地やその周辺では，地下水から高濃度のダイオキシン類が検出される例もある。

以上のような状況のもとで，ダイオキシン類による環境汚染の防止やその除去を図り，健康を保護するための施策の基本とすべき基準，必要な規制，汚染土壌に対する措置等に関する法律が「ダイオキシン類対策特別措置法」であり，1999（平成11）年7月に公布され，2000年1月から施行された。

この法律では，ダイオキシン類として，それまでのポリ塩化ジベンゾ・パ

表 1.8　ダイオキシン類環境基準

	環境基準	備　考
大　気	年平均値 0.6 pg–TEQ/m^3 以下	大気環境基準は，人の健康を保護するため設定されるものなので，工業専用地域・車道部分その他，人が通常生活していない地域には適用しない。
水　質	年平均値 1 pg–TEQ/L 以下	公共用水域・地下水に適用。
土　壌	1 000 pg–TEQ/g 以下	廃棄物の埋立地その他，外部から適切に区別された施設の土壌には適用しない。

注：土壌の場合，1 000 pg–TEQ/g 以下でも，250 pg–TEQ/g 以上検出された場合には必要な調査を実施する。

ラ・ジオキシン（PCDD）とポリ塩化ジベンゾフラン（PCDF）に加えて，コプラナーポリ塩化ビフェニール（コプラナー PCB）の 3 種と定義し，**表 1.8** に示すように，大気，水質（水底の底質の汚染を含む），土壌に関する環境基準が定められた。

表 1.8 において，濃度の単位として pg–TEQ/m^3 が用いられている。pg はピコ（pico）グラムの略で，ピコは単位の接頭語で 10^{-12} を表す。TEQ（Toxic Equivalent Quantity）は「毒性等量」と呼ばれ，この値はダイオキシン類の各異性体の濃度値に「毒性等価係数 TEF（Toxic Equivalent Factor）」を乗じたものである。TEF は最も毒性の強い 2,3,7,8-TCDD の毒性を 1 としたときの他の異性体の相対的な毒性を表している。TEF の値は異性体によって 0.001〜0.5 が用いられている。

この法律においては，**表 1.8** の環境基準のほかに，ダイオキシン類の発生源となる施設基準，排出ガス基準，廃水基準を定めている。また，ダイオキシン類の土壌汚染調査の方法は，2000（平成 12）年 1 月に「ダイオキシン類に係わる土壌調査マニュアル」として環境庁によって定められている[13)]。

1.3.5　その他の関係法規

土壌・地下水汚染に関係する上記以外の法律としては，廃棄物処理法と農薬取締法をあげることができる。前者の正式名称は「廃棄物の処理及び清掃に関する法律」で，「廃棄物処理法」あるいは「廃掃法」とも略称される。1970（昭和 45）年に制定され，廃棄物の適正処理と生活環境の清潔さの保持を目的として制定された。

廃棄物処理法においては，当初，廃棄物をゴミ，粗大ゴミ，燃えがら，汚泥，糞尿，廃油，廃酸，廃アルカリ，動物の死体，その他の汚物または不要物で固形または液状のものとし，一般廃棄物と産業廃棄物に分けて処理方法や施設などを規定している。1991（平成3）年の改正では，ゴミ排出の抑制や分別・再生を法律の目的として明確にした。さらに，起爆性・毒性・感染性廃棄物などを特別管理廃棄物とし，その専門処理業を制度化した。2000（平成12）年には，産業廃棄物処理施設の信頼性向上と排出企業責任の徹底を図るための改正が行われた。

農薬取締法は1948（昭和23）年に制定され，1971（昭和46）年に改正された「農薬の安全規制に関する法律」である。薬効，薬害試験，慢性毒性，発がん性などの毒性試験等に基づいて登録されたものだけが，輸入，製造，販売が許可される。1971年の改正において，農薬の品質適正化と安定使用，農薬生産の安定と国民の健康保護，生活環境保全に寄与するとする目的規定が加わり，かつ，農薬の登録申請の際の残留毒性試験成績の提出など，登録制度の強化が図られた。

1.3.6 地方自治体の条例・指導要綱等

土壌・地下水に関する条例も最初は地下水汚染から始まった。有名なのは神奈川県秦野市の「地下水汚染の防止および浄化に関する条例」（1993年，平成5）がある。この条例では，地下水汚染の防止（有害物質の届出，管理，地下浸透防止，改善命令等）と浄化の促進（汚染原因者による調査・浄化義務）を大きな目標としている。わが国ではじめての罰則を定めた地下水汚染に関する条令となった。

2000（平成12）年に東京都は「都民の健康と安全を確保する環境に関する条例」（通称，環境確保条例）を定め，土壌・地下水汚染に関する事項は2001（平成13）年10月から施行している。この条例は，調査方法から浄化・拡散防止まで網羅しており，その後の地方自治体や国の土壌・地下水汚染に関する環境行政に多くの影響を与えたといわれている。現在では，ほとんどの都道府県あるいは政令都市等は，土壌・地下水汚染に係わる条例，指導要綱あるいは指針等を定めている[3),15)]。

【参考文献】

1) 環境庁水質保全局水質管理課・土壌農薬課 監修：土壌・地下水汚染対策ハンドブック，公害研究センター，1998

2) 森澤 真輔 編著：土壌圏の管理技術，コロナ社，2002
3) 全国地質調査業協会連合会 編：地質調査技士（土壌・地下水汚染部門）認定講習会テキスト，平成 15 年版，2003
4) 吉村 進 編著：環境大事典，日刊工業新聞社，2003
5) 左近 祥夫：ISO14001 で企業戦略が見えてくる，日刊工業新聞社，2000
6) 福田 和彦：化学物質等安全データシート（MSDS）に関する JIS Z 7250 の制定，標準化ジャーナル，Vol.30，No.3，pp.449-452，2000
7) クリーン・ジャパン・センター 編：循環型社会キーワード，経済調査会，2002
8) 環境庁水質保全局 編：土壌・地下水汚染に係わる調査・対策指針および運用基準，土壌環境センター，1999
9) 日本水環境学会 編：日本の水環境行政，ぎょうせい，1999
10) 水質法令研究会 編：逐次解説—水質汚濁防止法，中央法規出版，1996
11) 木暮 敬二：地盤環境の汚染と浄化修復システム，技報堂出版，2000
12) 環境省資料：平成 13 年度・ダイオキシン類に係わる環境調査結果，環境省，2002
13) 環境庁水質保全局土壌農薬 課：ダイオキシン類にかかわる土壌調査測定マニュアル，2000
14) 中嶋 誠：土壌・地下水汚染にどう対処するか—調査・対策の進め方—，化学工業日報社，2001
15) 全国地質調査業協会連合会 編：土壌・地下水汚染のための地質調査実務の知識，オーム社，2004

第2章

土壌汚染対策法の概要

土壌汚染対策法（以後「土対法」という）が2002（平成14）年5月に公布され，2003年2月15日には，関係する政・省令を整えて施行された。従来，土壌汚染を規制する法律として，第**1**章で概観した農用地土壌汚染防止法があったが，これは農用地に限定して適用されてきた。土対法が制定されたことにより，農用地以外のいわゆる市街地の土壌汚染も対象となり，地下の汚染のすべてに法の網がかぶせられたことになる。また，これで典型7公害すなわち大気汚染，水質汚濁，騒音，振動，地盤沈下，悪臭および土壌汚染に関する基本的な法律が整ったことになる。本章においては，土対法が制定された背景と経緯，土対法の内容の概要，土対法に付随する施行令および施行規則の概要，土対法の特徴，技術的事項である調査と措置の考え方等について述べる。

2.1 土壌汚染対策法制定の背景

2.1.1 公害としての市街地の土壌汚染

わが国における土壌汚染の歴史は古い。また，社会問題としての土壌汚染は農用地の土壌汚染から始まった。土壌汚染被害の典型的かつ悲劇的な例は，1877（明治10）年に操業が再開された足尾銅山による鉱毒事件であろう。それは，渡良瀬川流域の栃木・群馬両県にまたがり，現在にまで及ぶ鉱毒被害である。この鉱毒被害には，わが国における公害の本質がすべて現れており，公害の原点といわれている[1),2)]。

また，富山県神通川流域では，1889（明治22）年に神岡鉱山の鉱滓流出等に起因するカドミウムが用水や米などに吸収され，「イタイイタイ病」の重大な被害を生むに至った。この事件においては，カドミウムと被害の因果関係が明らかにされ，公的な責任が認められるまでに 10 年以上もの年月を要している[4)]。

さらに，宮崎県土呂久地域では，1920（大正 9）年に本格化した亜砒酸の製造によって牛馬が狂死し，農作物が全滅するという被害を生み，ついには住民の生命・健康をも奪い去りながらも亜砒酸の製造が続けられた。この事件では，被害者救済を無視した斡旋交渉が行われ，その後の地方自治のあり方にも問題を残している[3)]。

これらの事件のように，わが国の土壌汚染は鉱山に由来する重金属による農用地汚染から始まった。そして，イタイイタイ病などの悲劇的な公害に対する教訓から，1970（昭和 45）年に「農用地土壌汚染防止法」が公布された（**1.3.1**）。この法律によって，農用地に限って，カドミウムおよびその化合物，銅およびその化合物，砒素およびその化合物の 3 つの有害物質について土壌汚染防止が定められた（**表 1.5**）。

市街地の公害問題としての土壌汚染に対する法的規制はどのような歩みをたどったのであろうか。農用地以外のいわゆる市街地の土壌汚染については，1960 年代からの公害裁判を通して，事後的な民事的救済が進められたのと並行して，各種の行政的規制も立法化されていった。その間，行政的規制立法の動向に大きな影響を与えたのが，次に示すいわゆる 4 大公害裁判の流れである[5)]。

① 熊本・水俣病：チッソのアセトアルデヒド製造排水におけるメチル水銀による被害であり，1973（昭和 48）年の第 1 次訴訟から始まって，1991（平成 3）年まで訴訟が続いた。

② 新潟・水俣病：昭和電工のアセトアルデヒド製造排水におけるメチル水銀による被害。昭和 46 年の損害賠償請求訴訟から平成 4 年の第 2 次訴訟へと継続している。

③ イタイイタイ病：三井金属神岡鉱業所のカドミウムによる被害で，1971（昭和 46）年の損害賠償請求訴訟に始まる。

④ 四日市ぜんそく：コンビナート 6 社の硫黄酸化物による被害。1972（昭和 47）年の損害賠償請求訴訟から始まった。

これらの公害訴訟の経験から，行政的規制手法の重要性が認識され，1967（昭和 42）年に「公害対策基本法」が制定された。さらに，公害対策基本法に代わって1993（平成5）年に公布された「環境基本法」に基づいて，典型7公害すなわち大気汚染，水質汚濁，土壌汚染，騒音，振動，地盤沈下，悪臭に関しては，土壌汚染を除いて，次のような規制法が制定された。

① 工業用水法，1956（昭和31）年
② 建築物用地下水の採取の規制に関する法律，1962（昭和37）年
③ 大気汚染防止法，1968（昭和43）年
④ 騒音規制法，1968（昭和43）年
⑤ 水質汚濁防止法，1970（昭和45）年
⑥ 悪臭防止法，1971（昭和46）年
⑦ 振動規制法，1976（昭和51）年

残されていた土壌汚染については，今回（2003年）の土対法によって，ようやく一般的な規制法が定められたわけである。それぞれの法律の内容が十分であるかどうかはともかく，典型7公害に対する一般的な規制法が整ったことになる。

2.1.2　最近の市街地の土壌汚染問題

最近の市街地土壌汚染問題については，1970年代に東京都の日本化学工業・小松川工場，北海道の日本電工・栗山工場，徳島県の日本電工・阿南工場などで，工場内外に大量に投棄されたクロム鉱滓による土壌・地下水汚染が次々に明らかになったことから，社会の注目を集めるようになった。これらは「黄色い水」による「六価クロム禍」として土壌汚染問題を社会の表面に押し上げた。

従来，市街地の多くの土地が私有地であって，しかも鉱毒のような垂れ流し状況ではなかったことから，市街地の土壌汚染は顕在化しにくかったといえる。また，市街地の工場での生産過程で使われる化学物質の危険性・有害性に対する認識が低く，有用性ばかりに注目していたことが問題の顕在化と対応を遅らせていた。さらに最近では，ダイオキシン類や環境ホルモンなどの新しい有害物質の危険性が認識されるに至り，市街地の土壌汚染の対策が浮上してきた。

そうした状況の中で，1982（昭和57）年，環境庁ははじめて全国規模での地下水調査を行った。その結果，トリクロロエチレンやテトラクロロエチレンなどの揮発性有機化合物が調査全体の約3割の井戸で検出され，重金属以外の揮発性有機化合物などの化学物質による土壌汚染がにわかに脚光を浴び

るに至った。揮発性有機化合物は，引火性や毒性などのない安全で安定な溶剤あるいは脱脂洗浄剤などとして，金属関連産業，IT 産業あるいはドライクリーニングなどで大量に使用されてきた。揮発性有機化合物は，揮発性が高いため，開放系で使用されると容易に大気中へ拡散する。また，比重が重く，水に溶けにくく，粘性も低いことから，地中に浸透しやすく地下水汚染をひき起こしやすい[2),6)]。

従来のいわゆる公害は，多量，集中，短期，単独，確実という特徴をもっていた。つまり，比較的少数の有害物質が多量に，狭いところに集中して放出され，それを直接・間接に取り込んだ人間が，短期間のうちに確実に発病した。このような加害構造に対しては，民事的救済手段による被害者救済活動が不可欠であった[5)]。

しかし，最近の揮発性有機化合物による土壌汚染は，むしろ小規模かつ不明確な加害構造をもっている。それは少量，広域，長期，複合，不確実という特徴をもっている。つまり，揮発性有機化合物の使用業者は，小規模事業者を含んでいるうえ，有害物質による被害は発がん性や中枢神経障害などであり，劇症的な公害病ではなく，微量の有害物質が長期間にわたって広域的に環境の中に放出され，それらが複合的に作用して生態系や人体に影響をもたらす。そして，影響が生じるかどうかの確実性も低いのである。このような加害構造に対しては，民事的救済手段ではなく，行政的規制手段による積極的な汚染予防対策と浄化修復対策が求められることになる。

土壌汚染に対する事前の予防対策と事後の浄化対策をどのように構築していくかについてはさまざまの方法がある。今まででも，真摯に土壌汚染に取り組んできた自治体や企業はあった。しかし，これらとは逆の場合も存在した。

2.2 土壌汚染対策法制定の経緯

2.2.1 土壌環境保全対策制度検討会

2000（平成 12）年 12 月，環境省に「土壌環境保全対策の制度のあり方に関する検討会」が発足し，2001（平成 13）年 9 月に中間的とりまとめが出された[7),8)]。その要旨は次のようである[5)]。

① 土壌汚染のリスクについて：管理を図るべき土壌汚染のリスクとして，直接摂取による人の健康リスクと，地下水等の摂取による人の健康リスクの 2 つを対象とする。

② 土壌汚染の調査について：土壌汚染の実態を把握するため，土壌汚染の可能性のある土地について事業場の廃止等の場合に土地所有者等が調査する。また，必要な場合には，知事が調査命令を出せる。
③ 台帳と公告について：調査によりリスク管理を図るべき土地であることが判明した場合には，その土地を台帳へ登録し公示する。
④ 浄化等の措置について：リスク管理を図るべき土地の土壌汚染による健康被害を防止するため，被覆，封じ込め，浄化等のいずれかの措置を，土地所有者等が適正に選択して実施する。汚染原因者が判明した場合は原因者が実施する。
⑤ リスク発生の防止について：土地の改変等によって新たなリスクが生じないように，土地の改変等を行うものはリスクの発生を防止する。

この中間的とりまとめで，とくに注目すべきことは，土壌汚染調査と浄化等の措置を実施する主体が土地所有者等とされたことであろう。中間的とりまとめを受けて，2001（平成 13）年 10 月，環境大臣から中央環境審議会に対して「今後の土壌環境保全対策のあり方について」諮問し，中央環境審議会土壌農薬部会に「土壌制度小委員会」を設け，6 回の審議会を行い，パブリックコメントの手続きを経て，2002（平成 14）年 1 月に同審議会から環境大臣へ答申[9]がなされた。土壌制度委員会では相当な議論がなされ論点が集約されている。これらの経緯は環境省の資料で見ることができる。

2.2.2　土壌汚染対策法での検討事項

中央環境審議会から環境大臣への前記の答申を踏まえて，環境省が土対法案を取りまとめた。法案は委員会審議と衆参本会議での審議を経て，2002（平成 14）年 5 月 22 日に成立し，同年 5 月 29 日に公布された。衆参両議院で行われた質疑において，重要と思われるいくつかの問題点を問答形式で示すと次のようである[5]。

① 土壌汚染行為を予防する禁止規定がない ⇒ すでに水質汚濁防止法において有害物質を含む水の地下浸透の規制によって対策が講じられている。
② 有害物質使用特定施設の建て替えの場合など，汚染土壌の拡散防止への対処が不十分である ⇒ 土壌汚染による健康リスクを生ずる蓋然性が高い場合を確実に捕捉することで対処できる。
③ 基地・廃棄物処分場などの汚染リスクが高い土地を義務的調査の対象と

すべきである ⇒ 基地については日米合同委員会・環境分科委員会の枠組みのもと，廃棄物処分場については廃棄物処理法に基づいて，それぞれ適正に管理されることになっている。

④ 調査の契機が少なく，調査を逃れる抜け道が多い ⇒ 一定期間安定的に実施し，ある程度社会に定着させる必要がある。

⑤ 市民からの申し出がある場合の調査制度を設けるべきである ⇒ 地域住民からの調査申し出は意義あるもので，知事が調査要件に該当するかどうか検討する。

⑥ 土地所有者等が汚染原因者でないことが明らかで，調査費用の負担を求めることが公平性を欠く場合には，都道府県の費用で調査を行うべきである ⇒ 調査の方法をできるだけ簡略なものとすること等によって，土地所有者に過度の負担とならないよう配慮する。

⑦ 廃棄物の不法投棄などのように土地所有者にまったく責任がない場合には，土地所有者の負担なしで原状回復を行うべきである ⇒ 廃棄物処理法に基づいて，不法投棄により汚染された土地について処理することが定められている。

⑧ 汚染除去等の措置によって有害物質が大気中に拡散されないように，大気への排出基準・環境基準が定められていない物質については基準を定めるべきである ⇒ 大気環境への懸念があるとなれば，大気汚染防止法等において必要な対応をする。

⑨ 土地所有者が汚染原因者に求償する場合の立証責任の負担が大きい ⇒ 知事において関係情報の収集に努力し，土地所有者に助言するなどの制度運営を図る。

以上の質疑の要旨に見られるように，土対法は関連領域での制度の適切な運用を含め，課題が多々残されている法律でもある。このような検討状況を反映して，土対法の立法にあたって，**2.6** に示すような付帯決議がなされている。付帯決議の内容が土対法の課題そのものであり，今後の土対法の運用と改正を占う重要な意味をもっている。

2.3　土壌汚染対策法の概要

2.3.1　土壌汚染対策法の概要

土対法の概要を表 **2.1** に，仕組みを図 **2.1** に示す。本法は 8 章 42 条から

表 2.1　土壌汚染対策法の概要[5)]

1．法第 3 条の調査の手続（規則第 1 条）

（1）調査対象物質（第 1 条第 1 項）
- 有害物質使用特定施設で製造，使用，または処理されていた物質が対象。
- いくつかの揮発性有機化合物については，その分解生成物も対象。

（2）報告の期限（第 1 条第 2 項）
- 報告の期限は，「調査の義務が発生した時点」から原則として 120 日以内。
- 120 日以内に報告できない事情（例：土地が広大，建築物の除却待ち等）が認められれば，都道府県知事が期限を延長。

2．土壌汚染状況調査の方法（規則第 2 条～第 11 条）

（1）資料等調査（第 3 条）
- 調査実施者は土壌汚染のおそれを推定するために有効な情報を可能な範囲で把握。
- 把握した情報から，調査対象地を土壌汚染のおそれについて 3 段階（おそれあり，おそれ少ない，おそれなし）に分類。

（2）調査対象地における区画の設定（第 4 条）
- 対象地の最北の地点を起点に，東西南北方向に 10 m 間隔で区画。ただし，起点を支点に回転させることで区画の数を最少化することも可能。
- 対象地の端部は合計面積 130 m^2 を限度とし，区画の一辺の長さを 20 m 以内でまとめることが可能。
- 土壌汚染のおそれがある部分は 100 m^2（10 m×10 m）単位で調査を実施。おそれが少ない部分は 900 m^2（30 m×30 m）単位で調査。おそれがない部分は調査不要。

（3）調査の内容 ― 試料採取と分析 ―（第 5 条）
- 調査対象物質の種類に応じて，揮発性有機化合物には土壌ガス調査，重金属等には土壌含有量調査と土壌溶出量調査，農薬等には土壌溶出量調査を実施。

　注）土壌ガス調査：土壌中のガスを採取し対象物質の濃度を測定する。
　　　土壌溶出量調査：採取した土壌に水を加えた場合に溶出する対象物質の量を測定する。
　　　土壌含有量調査：採取した土壌に含まれる対象物質の量（酸抽出等）を測定する。

（4）900 m^2 単位の調査で汚染があった場合（第 6 条）
- 900 m^2 単位の調査で汚染が判明した場合，その部分は 100 m^2 単位で調査。

（5）揮発性有機化合物についてのボーリング調査（第 7 条）
- 揮発性有機化合物の土壌ガス調査で特定有害物質が検出された場合，相対的に高濃度で検出された地点で深層までのボーリング調査（溶出量調査）を実施。

（6）調査結果の評価（第 8 条）
- 100 m^2 単位の調査結果で基準値を超過した場合は，当該区画を汚染状態にある土地とみなす。

（7）法第 4 条の命令に基づく調査の場合の特例（第 9 条）
- 地下水経由の健康被害のおそれから命令を受けた場合，（3）で汚染が判明しなくても，別途地下水調査と深層までのボーリング調査（溶出量調査）を実施。

（8）調査の省略（第 10 条）
- （3）～（5），または（7）のいずれかの調査で汚染状態にあると判断した場合は，それ以外の調査を省略することが可能。
- ただし，省略した調査に係わる部分についてはすべて汚染状態にあるものとみなす。

（9）法施行前に行われた調査結果の活用（第 11 条）
- 法施行前に（3）～（5）および（7）と同等程度の精度を保って調査が行われたと認められる場合には，当該調査結果を法に基づく調査結果とみなすことが可能。
  例えば，「土壌・地下水汚染に係る調査・対策指針（平成 11 年 1 月環境庁水質保全局長通知）」に基づいて 1 000 m^2 単位で行われた調査結果は，その後特定有害物質を使用等してない場合，法に基づく 900 m^2 単位の調査結果として活用可能。

（10）調査義務の免除（附則第 2 条）

- 法第 3 条の調査で，敷地面積が 300 m^2 以下かつ周辺で地下水を飲用利用していない場合は，土壌ガス調査，土壌溶出量調査の実施は不要。重金属等の土壌含有量調査のみ必要。
- その場合には，附則第 2 条の要件に該当する旨を報告することで足りる。

3. 法第 3 条第 1 項ただし書の確認（規則第 12 条）

（1）確認の要件（第 12 条第 2 項）

- 土地を引き続き同一工場・事業場の敷地として利用するか，関係者以外が立ち入らない工場・事業場の敷地として利用すること。
- 事業主の住居に小規模な工場・事業場が併設されている場合で，引き続き事業主が居住し続けること。
- 鉱山保安法に基づき調査の実施が担保されているか，同法に基づきすでに鉱害防止のための設備がされていること。

（2）確認後の手続

- 土地利用方法の変更や土地所有者が変わった場合は，都道府県知事に届出。
- 都道府県知事は，届出や職権により確認要件を満たさないことが判明した場合，確認を取り消し。また，確認に当たり，土地の利用状況を定期的に報告するよう条件を付することが可能。

（3）確認と調査の実施主体との関係

- 確認を受けるまでは，施設の使用廃止の時点での土地所有者等が実施主体。土地売買により義務は移転しない。
- 確認を受けた後は，土地売買により義務は移転。

4. 指定区域の指定基準（規則第 18 条）

第 3 章 表 3.2 のとおり。

5. 汚染の除去等の措置の技術的基準（規則第 22 条～第 30 条，規則別表第 5）

（1）措置命令を発する際の措置の具体的内容

- 各ケースに応じて，原則として命じる措置を一つ定める（直接摂取による健康被害を防止するための措置としては盛土。地下水汚染を経由した健康被害を防止するための措置としては，地下水汚染がない場合は地下水のモニタリング，地下水汚染が生じている場合は物質の種類，濃度ごとに異なる）。
- 土地所有者等が求めれば，技術的に認められる範囲でより費用の安い措置を命令。
- 土地所有者等と汚染原因者の両方が求めれば，より費用の高い措置も命令可能。

（2）一時的に土地の所有者等となった者が講ずべき措置の内容

- 不動産の自己競落などにより一時的に土地所有者等となった金融機関等については，地下水モニタリングまたは立入禁止のみ命ずることができる。

6. 土地の形質の変更の技術的基準（規則第 86 条）

- 汚染土壌が飛散等をしたり，汚染土壌が帯水層に接しないようにする。
- 汚染の除去等の措置に係わる構造物に変更を加える場合は，元に戻す。
- 汚染土壌を指定区域外へ搬出し処分する場合は，廃棄物最終処分場（汚染の程度に応じて安定型，管理型，または遮断型）へ搬入もしくは埋立場所等へ排出，産業廃棄物処理施設その他の施設で浄化，またはセメント等の原材料として利用することとする。また，汚染土管理票を汚染土壌の引き渡し時に運搬受託者へ交付し，その回付を受けた処分委託者から処分終了後に当該管理票の送付を受けること等によって，これらの処分が適正に行われたことを確認することとする。（平成 15 年環境省告示第 20 号および第 21 号）

○ 対象物質　　：汚染された土壌の直接摂取による健康影響
（特定有害物質）　－表層土壌中に高濃度の状態で長期間蓄積し得ると考えられる重金属等
地下水等の汚染を経由して生ずる健康影響
－地下水等の摂取の観点から設定された土壌環境基準の溶出基準項目

○ 仕 組 み

【調査】
・有害物質使用特定施設の使用の廃止時
・土壌汚染により健康被害が生ずるおそれがあると都道府県知事が認めるとき

土地の所有者等（所有者，管理者または占有者）

調査・報告　※指定調査機関（環境大臣が指定）が調査

土壌の汚染状態が指定基準に適合　する → 非指定区域
しない ↓

【指定および公示】
（台帳に記載）

指定区域

都道府県知事が指定・公示するとともに，指定区域台帳に記載して公衆に閲覧

【指定区域の管理】

【直接摂取によるリスク】
○立入禁止　○舗装
○盛土　　　○土壌入換え
○土壌汚染の除去（浄化）

【地下水等の汚染経由のリスク】
○地下水のモニタリング
○不溶化
○封じ込め（原位置，遮水工，遮断工）
○土壌汚染の除去（浄化）

【土地の形質の変更の制限】
・指定区域において土地の形質変更をしようとする者は，計画を都道府県知事に届出
・適切でない場合は，都道府県知事が計画の変更を命令

汚染の除去が行われた場合には，指定区域の指定を解除・公示

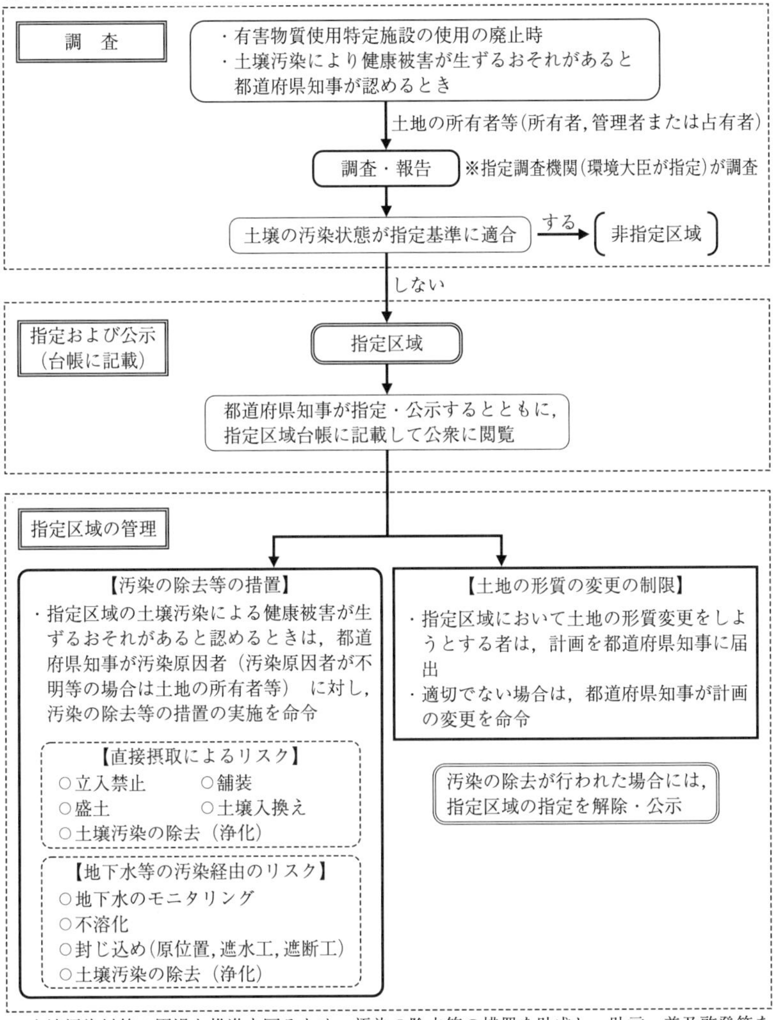

○土壌汚染対策の円滑な推進を図るため，汚染の除去等の措置を助成し，助言，普及啓発等を行う指定支援法人を指定し，基金を設置。

図 **2.1**　土壌汚染対策法の仕組み[10)]

構成されている。第 1 章（1～2 条）は総則，第 2 章（3～4 条）は土壌汚染状況調査，第 3 章（5～6 条）は指定区域の指定等，第 4 章（7～9 条）は土壌汚染による健康被害の防止措置，第 5 章（10～19 条）は指定調査機関，第 6 章（20～28 条）は指定支援法人，第 7 章（29～37 条）は雑則，第 8 章（38～42 条）は罰則である。

技術的に重要な事項が規定されているのは，第 2 章の土壌汚染状況調査，第 3 章の指定区域の指定および第 4 章の健康被害の防止措置であり，これらの技術的な規定の詳細は政令，省令に定められている。

2.3.2 土壌汚染対策法施行令の概要

土壌汚染対策法施行令（平成 14 年 11 月 13 日　政令第 336 号）の概要を**表 2.2** に示す。

表 2.2 土壌汚染対策法施行令の概要（文献 5) に加筆修正）

1．特定有害物質（令第 1 条）
重金属等 9 物質，揮発性有機化合物 11 物質，農薬等 5 物質，計 25 物質を法の対象物質として定める。

2．調査命令の要件（令第 3 条）
調査命令は，以下の（1），（2）の要件に該当する場合に行うことができることとする。

（1）汚染の蓋然性と人の暴露可能性に関する要件（令第 3 条第 1 号）
- 土壌汚染（溶出量基準 注 1) 超過）があり，かつ，現に地下水汚染が生じているか生じることが確実，かつ，周辺で地下水を飲用利用等 注 3) している土地。（第 1 号イ）
- 土壌汚染（溶出量基準 注 1) 超過）のおそれがあり，かつ，現に地下水汚染が生じており，かつ，周辺で地下水を飲用利用等 注 3) している土地。（第 1 号ロ）
- 土壌汚染（含有量基準 注 2) 超過）があるかそのおそれがあり，かつ，一般の人が立ち入ることができる土地（従業員等以外が立ち入れない工場・事業場を除く）。（第 1 号ハ）

注 1) 溶出量基準：有害物質の溶出した地下水を摂取した場合の健康被害の観点から定めた基準（規則第 18 条第 1 項）
注 2) 含有量基準：有害物質を含有する土壌を直接摂取した場合の健康被害の観点から定めた基準（規則第 18 条第 2 項）
注 3) 周辺で地下水を飲用利用等：周辺で地下水が飲用，水道水源，または災害時の非常用井戸に供されている場合等（規則第 17 条）

（2）その他の要件（令第 3 条第 2 号）
- 汚染の除去等の措置が講じられていないこと。（第 2 号イ）
- 鉱山保安法に基づく命令により調査の実施を担保できないこと。（第 2 号ロ）

3．措置命令の要件（令第 5 条）
措置命令は，以下の（1），（2）の要件に該当する場合に行うことができることとする。

（1）汚染の蓋然性と人の暴露可能性に関する要件（令第 5 条第 1 号）
- 溶出量基準超過の場合は，周辺で地下水を飲用利用等している土地。（第 1 号イ）
- 含有量基準超過の場合は，一般の人が立ち入ることができる土地（従業員等以外が立ち入れない工場・事業場を除く）。（第 1 号ロ）

(2) 汚染の除去等の措置が講じられていないこと（令第5条第2号）
4. 公物管理者等との協議（令第9条）
都道府県知事が命令を行うに当たり，公物管理者等との協議を要する土地を定める。
5. 政令市の長による事務の処理（令第10条）
法に規定する都道府県知事の権限に属する事務を指定都市の長等に委任することを定める。
* これらと併せ，宅地建物取引業法施行令を改正し，宅地建物取引業者が本法の指定区域の土地の売却等をする際には，指定区域に指定されている旨を説明しなければならないこととされる。（令附則第3条）

2.3.3 土壌汚染対策法施行規則の概要

土壌汚染対策法施行規則（平成14年12月26日　環境省令第29号）の概要を表**2.3**に示す。

表 2.3 土壌汚染対策法施行規則の概要（文献5) に加筆修正）

1. 目的
土地汚染の状況の把握に関する措置およびその汚染による人の健康被害の防止に関する措置を定めること等により，土壌汚染対策の実施を図り，もって国民の健康を保護する。（法第1条）
2. 特定有害物質
土壌に含まれることに起因して健康被害を生ずるおそれがある物質を政令で指定。（法第2条第1項）
3. 土壌汚染状況調査
土壌汚染の状況を把握するため，汚染の可能性のある土地について，一定の契機をとらえて調査を行う。
(1) 使用が廃止された有害物質使用特定施設に係わる工場または事業場の敷地であった土地の調査（法第3条）
使用が廃止された有害物質使用特定施設注1) に係わる工場または事業場の敷地であった土地の所有者等注2) は，当該土地の土壌汚染の状況について，環境大臣が指定する者（指定調査機関）に調査させて，その結果を都道府県知事に報告しなければならない。（土地利用の方法からみて人の健康被害が生ずるおそれがない旨の都道府県知事の確認注3) を受けたときを除く。）
注1) 有害物質使用特定施設：有害物質の製造，使用または処理をする水質汚濁防止法の特定施設
注2) 土地の所有者等：原則，土地所有者。例外的な場合にのみ，管理者，占有者が該当する。
注3) 都道府県知事の確認：引き続き工場・事業場の敷地として用いられている間は，調査を要しない。
(2) 土壌汚染による健康被害が生ずるおそれがある土地の調査（法第4条）
都道府県知事は，土壌汚染により人の健康被害が生ずるおそれがある土地があると認めるときは，当該土地の土壌汚染の状況について，当該土地の所有者等に対し，指定調査機関に調査させて，その結果を報告すべきことを命ずることができる。
4. 指定区域の指定・台帳の調製
都道府県知事は，土壌の汚染状態が基準に適合しない土地については，その区域を指定区域として指定・公示するとともに，指定区域の台帳を調製し，閲覧に供する。（法第5条および第6条）

5. 土壌汚染による健康被害の防止措置

(1) 汚染の除去等の措置命令

① 都道府県知事は，指定区域内の土地の土壌汚染により人の健康被害が生ずるおそれがあると認めるときは，当該土地の所有者等に対し，汚染の除去等の措置 注 4) を講ずべきことを命ずることができる。(法第 7 条第 1 項)

② 汚染原因者が明らかな場合であって，汚染原因者に措置を講じさせることにつき土地の所有者等に異議がないときは，①によらず，都道府県知事は，汚染原因者に対し，汚染の除去等の措置 注 4) を講ずべきことを命ずることができる。(法第 7 条第 1 項ただし書および同条第 2 項)

注 4) 汚染の除去等の措置：立入制限，覆土，舗装，汚染土壌の封じ込め，浄化等

(2) 汚染の除去等の措置に要した費用の請求

(1)①の命令を受けて土地の所有者等が汚染の除去等の措置を講じたときは，汚染原因者に対し，これに要した費用を請求することができる。(法第 8 条)

(3) 土地の形質変更の届出および計画変更命令

指定区域内において土地の形質変更をしようとする者は，都道府県知事に届け出なければならない。都道府県知事は，その施工方法が基準に適合しないと認めるときは，その届出をした者に対し，施工方法に関する計画の変更を命ずることができる。(法第 9 条)

6. 指定調査機関

土壌汚染状況調査の信頼性を確保するため，技術的能力を有する調査事業者をその申請により環境大臣が指定調査機関として指定する。(法第 10 条～第 19 条)

7. 指定支援法人

土壌汚染対策の円滑な推進を図るため，汚染の除去等の措置を講ずる者に対する助成，土壌汚染状況調査等についての助言，普及啓発等の業務を行う指定支援法人に関し，基金の設置等の必要な事項を定める。(法第 20 条～第 28 条)

8. その他

- 報告徴収および立入検査等の雑則，所要の罰則を定める。
- 施行期日は，平成 15 年 2 月 15 日（指定調査機関の指定手続等については，平成 14 年 11 月 15 日)。

2.4 土壌汚染対策法の特徴

2.4.1 基本的枠組み

土対法の基本的枠組みは次のようにまとめることができる。

① 有害物質使用特定施設が廃止された土地，および，汚染により人の健康に被害を生じるおそれのある土地について，都道府県知事による調査命令によって土地所有者等に汚染調査義務が発生し，指定調査機関に委託して調査を行い，結果を知事に報告する。

② 調査の結果，指定基準以上の汚染があるときには，知事によって汚染土地として指定区域に指定される。

③ 指定区域の汚染によって，人の健康に被害を生じ，または生じるおそれがある場合には，知事は土地の所有者（汚染原因者が明らかな場合は汚

染原因者）に対し，汚染の除去等の措置を命ずることができる。

④ 土地所有者が負担した措置費用は汚染原因者に請求できる。

⑤ 指定区域内で土地の形質変更をする場合には，知事への届け出が必要である。

土対法の制定にあたって配慮された重要な点は，次に述べるように，①私権の制限と公益のバランス，②合理性と実効性の確保，とされている[5)]。

① 私権の制限と公益のバランスについて：汚染土地の所有者であるという理由で調査・措置義務を課すことは，所有者の使用，収益，処分を自由に行う権利（所有権）を制限することになる。所有権の権利の制限は，土壌汚染による危険な状態を防ぐという公共の利益を保護するために必要な限度で，合理的なものでなければならないから，調査・措置にあたっては，過度の負担にならないような配慮が求められた。また，汚染原因者についても，過去において規制がなかった場合が多いことから，同様な配慮が求められた。

② 合理性と実効性の確保について：調査・措置には多額な費用負担が必要なため，調査・措置義務を課すにあたっては，必要以上の内容にならないような合理的な内容であること，また，負担に見合った効果がある規制方法であることが求められた。

2.4.2 土壌汚染対策法の特徴

以上のような点を踏まえると，土対法の特徴として次のような事項をあげることができる。

① 土地所有者等に調査・措置義務を課したこと：汚染原因者だけでなく，汚染に関与していない土地所有者あるいは汚染を知らずに土地を購入したものに対しても調査・措置義務を課している。

② 過去の汚染も対象としたこと：過去に生じた汚染も規制の対象となるため，汚染原因者は法制定前の行為についても責任を負うことになる。なお，汚染原因者が特定できない場合は，所有者に措置命令が出される。

③ 健康保護に必要な限度で措置を義務づけていること：措置の内容は健康保護に必要な限度に定められており，自然保護などは対象としていない。

④ 規制対象の土地が限定されること：汚染が発見されれば規制するという方法ではなく，法律で定められた調査義務が生じる場合のみを規制の対

象としている。汚染土地だからといって必ず規制の対象になるとは限らない。

⑤ 汚染土地であることが公開されること：調査の結果，指定基準を超えた場合は指定区域に指定され，指定区域台帳に記載されて公開される。指定区域に指定された場合，健康被害のおそれがない限り浄化義務はないが，浄化しない限り指定区域台帳から削除されない。これは，結果的に浄化を促す効果があるとされている。

⑥ 自然的原因による汚染を除外したこと：土壌中の特定有害物質が，自然的原因によって指定基準を超過している場合は，法の土壌汚染には該当せず，土壌汚染状況調査，指定区域の指定，汚染除去等の措置の対象とはならない。

⑦ 地下水汚染の取り扱い：地下水汚染については，水質汚濁防止法に基づいて地下水浄化措置命令制度が設けられているので，土壌汚染対策法では直接的には地下水は対象としない。

土壌汚染について，国民の健康だけでなく，広く生態系の保全をも目的に入れるべきという考え方もあるが，土対法は基本的に土壌汚染が起こってしまっているところからのスタートと位置づけられている。つまり，その名のとおり，過去に生じてしまった土壌汚染が原因となって，人の健康被害が生じることを防止するための対策法である。あくまで国民の健康を保護するための対策法であるが，汚染防止法の必要性を否定するものではない。

土対法によって規制の対象となる有害物質を「特定有害物質」と呼称し（2条），それらを第一種特定有害物質（揮発性有機化合物：11物質），第二種特定有害物質（重金属等：9物質）および第三種特定有害物質（農薬等：5物質）の3種類に分類している。これら以外の有害物質は土対法での調査・措置の対象とはならない。

2.4.3 土地所有者の義務の根拠 [5)]

土対法においては，原則として土地所有者等に義務を課し，例外的に原因者に義務を課すという形式をとっている。これは非常にめずらしい法律とされている。欧米では，所有者は原因者が特定できないときに二次的に責任を負う（英国）か，少なくとも同列に扱われている（米国，ドイツ，オランダ）。

米国やオランダでは，所有者は，土地取得の際に汚染の事実を知ることができなかった場合には，責任を負わないとされている。英国やドイツでも，所有者と原因者とでは義務が異なっている。たとえば，ドイツでは，原因者は法施行後の汚染について汚染除去義務を負うのに対し，所有者は汚染拡散防止義務と汚染低減義務を負うが浄化義務は負わない。また，判例によると，原則として土地の価額を限度として義務を負うとされている。わが国の対策法においては，土地取得時に汚染の事実を知ることができなかった場合でも義務を負うし，措置の義務の内容も土地所有者と汚染原因者とで同じになっている。

また，米国，英国とも所有者は汚染の有無を調査する義務はない。ドイツではスクリーニング値を超えた場合に，はじめてリスク評価のための調査を行う義務を負う。これに対して，土対法では所有者に調査義務を課している。なお，スクリーニング値とは，これ以下では汚染なしと判断し，それを超えた場合だけリスク評価を行うという値である。

このように見てくると，土対法は所有者に非常に厳しい義務を課しているように見えるが，必ずしも実質的にはそうではない。原因者が不明あるいは無資力の場合にも調査・措置が行われるように，所有者責任を原則とした一方で，次のように所有者に無理な負担がかからないように配慮されている。

すなわち，土対法の目的が健康保護に限定されているため，健康保護に必要な限度で措置を行えばよいとされていることである。たとえば，直接摂取のリスクについては，立ち入り禁止措置を行えばよく，また，地下水摂取のリスクについては，地下水の飲用がなければ措置は不要であり，飲用がある場合でも，地下水汚染が生じていなければ地下水のモニタリングだけでよいとされている。このような措置を許容していることは，欧米各国に比べて，措置の内容と実施がかなり限定的であるといえる。たとえば，オランダでは，人の健康に対するリスクだけでなく，植物や動物も対象であり，「可能な限りの原状回復」がうたわれている。ドイツでは「恒久的に土壌の機能を保全しまたは回復すること」が目的にあげられ，「有害物質の拡散を長期的に防止しまたは回避する」ことが要求されている。英国では生態系や人の財産も保護の対象としている。

また，米国，ドイツ，オランダでは，土地所有者は原因者が特定できる場合にも連帯して義務を負うのに対して，土対法では，英国の場合と同様に，原因者が特定できる場合には，所有者は措置義務を負わない[11)]。

2.5 調査と措置の考え方

2.5.1 調査方法の考え方

1999（平成 11）年に環境庁水質保全局が定めた調査・対策指針[12)]では，溶出量基準によって地下水摂取のリスクを評価するだけであったが，土対法においては，新たに設定された含有量基準によって，直接摂取のリスクも評価される。調査・対策指針においても，含有量参考値が設定されており（**表 1.3**），これを超える場合は覆土や舗装等の対策を講ずることとしていたが，対象物質は 4 物質に限られていたし，含有量参考値は土壌調査結果から得られた統計上の値であり，人の健康への影響を考慮して定められたものではなかった。土対法では，**3.11** で述べるように，健康被害を考慮して 9 項目について含有量指定基準が定められた。

また，調査・対策指針においては，調査地点の密度は面積 1 000 m^2 に 1 ヶ所であったが，土対法では，汚染の程度に応じて 10 m 格子（面積 100 m^2）または 30 m 格子（面積 900 m^2）に 1 ヶ所となった。しかし，汚染土地であるかどうかの判断（指定区域の指定基準）は，従来と同様に，一律基準によって決められる。欧米のように，土地の利用状況による基準値の変更，あるいは現場ごとの個別のリスク評価を行って判断するという方法はとられていない。

2.5.2 措置（対策）の考え方

土対法においては，指定区域の指定基準は土地利用にかかわらず一律の基準であるが，措置の内容については，リスクマネジメントの考え方が導入されており，土地利用状況に応じて措置方法を選択することができるようになった。たとえば，リスクが管理されている土地，すなわち一般の人が立ち入らない土地であって，周辺で地下水等の飲用がない土地については，措置命令の対象にはならない。措置命令が出される場合でも，原則として浄化する必要はなく，リスク管理（たとえば汚染土壌から人への暴露径路の遮断）ができていればよいとしている。

直接摂取リスクについては，土地利用の状況に応じて，立ち入り禁止，舗装，盛土，浄化等の措置から選択実施する。地下水摂取リスクについては，地下水の飲用等がなければ措置命令は出せない。また，飲用等があっても地下水汚染が生じていないときの措置はモニタリングだけでよい。地下水汚染が生じている場合は，有害物質によって措置の内容が異なってくる。揮発性有機化合物汚染に対して，指針では封じ込めを認めていなかったが，土対法では一定の場所に封じ込めてよいこととなった。

2.5.3　土壌汚染の判断基準

欧米では，土壌汚染の有無を判断する基準値は一律なものではなく，原則として現場ごとにリスクを評価して判断している。この理由は，土壌汚染のリスクは，有害物質の濃度だけでなく，有害物質の量，土地の利用形態，水文地質状況等によって異なることから，本来，一律の濃度基準だけでは判断できないことにある。たとえば，**図 2.2** に示すように，米国の EPA（環境保護庁）では，原則として個別にリスク評価を行うが，時間と費用を節約するため，スクリーニング値を使うことができる。スクリーニング値を超えたら，サイトごとに個別のリスク評価を行う。ただ，濃度が非常に高ければ，個別のリスク評価を行うまでもなく対策が必要とされるが，対策に必要な値が定められているわけではない。いずれにしても，欧米各国では一律基準を採用している国はなく，原則としてリスク評価に基づいて調査や対策を立案し実施している[11)]。ドイツや英国では，土地利用形態別に基準値が定められているが，土地利用が変われば汚染土地になるというのでは，リスク管理がおろそかになるという点が短所とされている。

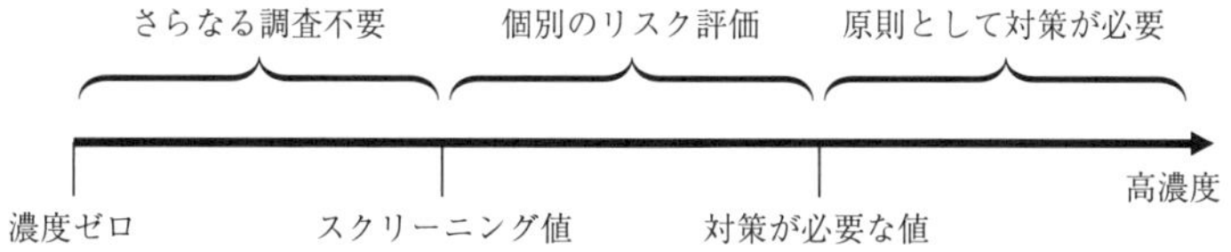

図 2.2　米国でのスクリーニング値の考え方[5)]

土対法で用いている一律基準には長所も短所もあり，どちらがよいかということは一概には決められない。土対法では，指定区域という制度によってリスク管理を行うこととしたため，土地利用形態が変わることによって指定区域になるかどうかも変わるということは好ましくないという考え方から，基準値としては一律のものが使用された。汚染土地かどうかの判断は一律基準によるが，すでに述べたように，指定区域に対して必ずしも完全な措置を義務づけないが，措置が不必要な場合でも，土地の形質の変更を規制することによってリスク管理を行うこととしたわけである。土地の形質の変更によるリスクは，現在の土地利用形態にかかわらないから，一律基準が適当ということになる。要するに，措置の内容についてはリスクマネジメントの考え方を取り入れ，土地利用状況等に応じて措置の内容を決めることとしているので，結果的には欧米と大きく異なるものではないとされている[13)]。

2.6 土壌汚染対策法の今後の課題

ここでは，衆議院環境委員会（2002年4月5日）と参議院環境委員会（2002年5月21日）での付帯決議を紹介することとする[5)]。この決議がそのまま土対法の課題ということができる。

① 土壌汚染が人の健康や生態系へ及ぼす影響を考慮し，土壌汚染の未然防止措置についても早急に検討を進めること。

② 土壌汚染に対する住民の不安を解消するため，住民から土壌汚染の調査について申し出があった場合には，適切に対応することについて都道府県等と連携を図ること。

③ 土壌汚染対策の実効性を確保するため，土壌汚染に関する情報の整備に積極的に取り組むことにつき都道府県等と連携を図ること。

④ 操業中の工場等から汚染または汚染のおそれのある土壌が搬出されることにより土壌汚染が拡散しないよう，各事業者の取組みを促すことにつき都道府県等と連携を図ること。また，汚染された土壌の処分については，廃棄物処理法の取り扱いについて早急に検討を進めること。

⑤ 指定区域台帳に関し必要な事項を環境省令で定めるにあたっては，土壌汚染の状況，汚染の除去等の措置の実施状況等について記載する等，情報の透明性に十分配慮すること。

⑥ 土壌汚染対策において，情報の公開とリスクコミュニケーションの重要性に鑑み，指定区域，土壌汚染調査および汚染の除去等の措置の結果等を公開することにつき都道府県等と連携を図ること。

⑦ 指定調査機関が行う土壌汚染状況調査の方法を環境省令で定めるにあたっては，土壌汚染状況調査の信頼性が担保される基準となるよう配慮するとともに，適正に調査が行われるよう指定調査機関を指導・監督すること。

⑧ 中小企業等が行う汚染の除去等の措置に対し，適切な配慮をすること。

⑨ 本法における政省令については，国民に十分理解される内容となるよう努めるとともに，周辺地域を含めた安全の確保を図るよう，技術的基準

に係わる省令については，技術の進展に即した最新の科学的知見を踏まえた土壌汚染対策が実施されるよう柔軟に見直していくこと。

⑩ 土壌浄化に際して，有害化学物質や重金属類の大気中への拡散を防ぎ，作業員や周辺住民の健康不安が生ずることがないよう，十分な措置を講ずること。

⑪ 条例等による土壌汚染対策に係わる取組みを妨げることのないよう，国と都道府県等は，密接な連携のもとに，本制度の円滑な実施に努めること。

⑫ 土壌汚染状況調査および汚染の除去等の措置を適正かつ円滑に実施するためには，調査および措置が簡易で低コストであることが求められることから，そのための新技術開発の促進を図ること。

⑬ 土壌汚染による生活環境や生態系への影響，油類等の汚染実態の把握などについて，早急に科学的知見の集積に努めること。

⑭ 本法の規定に関しては，本制度の運用による社会的影響を見極めたうえで，施行後10年以内であっても適宜見直しを行い，制度の改善を図ること。

土壌汚染に対する事前の予防対策と事後の浄化対策をどのように構築していくかについてはさまざまな方法があろう。土対法は，揮発性有機化合物（第一種），重金属類（第二種）および農薬類（第三種）を特定有害物質として規制しているが，これら以外の物質（たとえば油類など）の問題も残されている。土対法の評価は，不動産取引関係や土壌汚染浄化事業関連でいわれているように，「非常に大きな影響を及ぼす」と考えるものから，自然保護団体などの視点に見られるように，「対象が狭く対策も不徹底」あるいは「かえって脱法行為を助長することになる」とするものまで多岐に分かれる可能性をもっている。

【参考文献】

1) 荒畑 寒村：谷中村滅亡史，新泉社，1970
2) 木暮 敬二：地盤環境の汚染と浄化修復システム，技報堂出版，2000
3) 吉村 進 編著：環境大辞典，日刊工業新聞社，2003
4) 浅見 輝男：日本土壌の有害金属汚染，アグネ技術センター，2001
5) 平田 厚：Q & A 土壌汚染対策法解説，三省堂，2003
6) 平田健正 編著，環境庁水質保全局水質管理課・土壌農薬課 監修：土壌・地下水汚染と対策，日本環境測定分析協会，1996
7) 環境省土壌環境保全対策の制度の在り方に関する検討会：土壌環境保全対策の

制度の在り方について（中間とりまとめ），環境省，2001
8) たとえば，中央環境審議会土壌農薬部会：土壌制度小委員会議事要旨など，環境省，2001
9) 中央環境審議会：今後の土壌環境保全対策の在り方について（答申），環境省，2002
10) 環境省 監修，土壌環境センター 編：土壌汚染対策法に基づく調査および措置の技術的手法の解説，土壌環境センター，2003
11) 東京海上火災保険株式会社 編：環境リスクと環境法，有斐閣，1992
12) 環境庁水質保全局 編：土壌・地下水汚染に係わる調査・対策指針および運用基準，土壌環境センター，1999
13) 中央環境審議会：土壌汚染対策法に係わる技術的事項について（答申），環境省，2002
14) 畠山 武道・大塚 直・北村 喜宣：環境法入門，日経文庫，2000
15) 土壌汚染対策研究会 編著：土壌汚染対策法と企業の対応，産業環境管理協会，2003
16) 環境省環境管理局：土壌汚染対策法の施行について（環水土第 20 号），環境省，2003

第 3 章

土壌汚染状況調査と指定区域

土対法では，土壌汚染状況調査に基づいて土地の汚染の程度が判断され，汚染が存在する土地は指定区域に指定され，措置の実施が義務づけられる。土壌汚染状況調査はかなり重要な意味をもっているわけである。本章においては，土壌汚染状況調査の目的，調査の流れ，調査の種類とそれの運用方法，調査結果の利用の仕方等について述べる。また，土壌汚染状況調査に関連する事項として，指定区域に指定する基準設定の考え方，および人為的汚染と自然的原因による土壌汚染の見分け方についても触れる。土壌汚染に係わる個々の調査方法の技術的な事項は第 **4** 章で詳述する。

3.1　土壌汚染状況調査

3.1.1　土壌汚染状況調査の目的

土壌汚染状況調査の主たる目的は，土対法において対象となる有害物質，すなわち第一・二・三種特定有害物質による土壌汚染の程度を判断し，土壌汚染のある土地を指定区域に指定することにある。土地が汚染されていると判断されて指定区域に指定されると，何らかの措置（対策）を施さねばならないが，措置の計画・実施にあたっても，土壌汚染状況調査の結果が利用される。

土壌汚染状況調査に関して特徴的なことは，土対法において対象とならない土地，施設，有害物質による汚染は，土壌汚染状況調査の対象とはならないことである。このように，土壌汚染状況調査は調査対象土地および調査対象物質をかなり限定して適用される。

たとえば，企業経営上，企業が独自にそして自発的に行う土壌汚染調査，あるいは土地の売買に伴う土壌汚染調査などに適用することは考慮されていない。土地売買などにおいては，土対法で対象とならない有害物質についても，土地購入者から調査を要求されることが多い。このような場合には，土対法に定められていない有害物質も調査の対象になるであろう。しかし，土壌汚染を調べるという個々の調査手法そのものは，土対法に基づく土壌汚染状況調査でも，土対法に直接係わらない独自の自発的な土壌汚染調査でも変わるものではない。

1999（平成 11）年に環境省が定めた「土壌・地下水汚染に係わる調査・対策指針および運用基準」（以後「調査・対策指針」という）[1)]においては，土壌汚染調査の契機として，汚染が発見された場合に重きをおいていた。これに対して，土対法では，土壌汚染による環境リスクの管理が重要という立場から，土壌汚染の状況を的確に把握する目的で，汚染の可能性のある土地について，一定の機会をとらえて土壌汚染状況調査を行うこととしている。

調査・対策指針においては，土壌汚染を調査する契機として，①地下水汚染契機型，②現況把握型，③汚染発見型の 3 つの場合に分け，その各々について調査の方法を提示している。これら 3 つの場合の調査の方法・手順には多少の相違はあるが，基本的にはほぼ同じであり，①資料等調査，②概況調査，③詳細調査の 3 つの段階に分け，各調査を次のように性格づけしている。

資料等調査は，土壌汚染のおそれのある場所についての情報や，次に行う概況調査を適切に行うために必要な情報の収集を目的とする初期調査である。概況調査は，対象地における土壌汚染の概況を把握するため，表層土壌の汚染状況について，土壌汚染の有無を評価し，必要に応じて詳細調査の計画立案に資する情報を得るための調査である。詳細調査は，資料等調査および概況調査の結果を踏まえ，土壌汚染の 3 次元的な分布等を把握し，対策をとるべき範囲の設定を目的として行うものである。

土対法での土壌汚染状況調査は，調査・対策指針での詳細調査までをすべて含んだものではない。これは，調査の方法をできるだけ簡易なものとすることにより，土地所有者等に過度の負担とならないように配慮した結果である。土壌汚染状況調査は，調査・対策指針における資料等調査および概況調査にほぼ相当するが，調査・対策指針での詳細調査の手段として用いられるボーリングによる調査が，深層の土壌調査あるいは地下水調査のために適用される。措置（対策）を講ずるための汚染深度等の調査は，土対法においては詳細調査と呼ばれ，措置のための調査と位置づけられている。

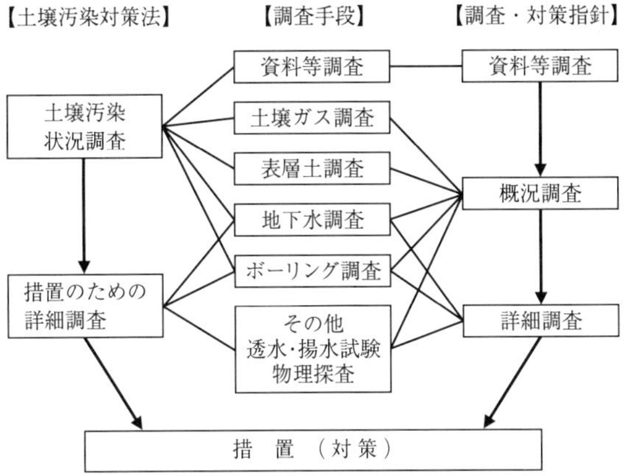

図 **3.1** 土壌汚染調査方法の流れの比較

土対法と調査・対策指針での調査方法の対応を図 **3.1** に示す。措置のための詳細調査は，土壌汚染状況調査において，すでに平面的な汚染範囲などは把握されているという前提で，深度方向の汚染状態の把握が調査の主体となる。なお，措置のための詳細調査の手法については第 **5** 章で述べる。

このように，土対法と調査・対策指針とでは，調査の位置づけに多少の相違はあるが，初期の資料等調査から措置・対策を実施するまでの過程を考えると，調査手段あるいはそれらの適用順序は同じと考えてよい。実際の調査は，大枠から徐々に調査対象を絞っていく段階的な方法が採られ，調査段階ごとに調査結果の妥当性を検証しながら次の段階へと進むのが基本的な考え方である[2)]。

3.1.2 土壌汚染状況調査の流れ

土壌汚染状況調査の手順の概略を図 **3.2** に示す。図中（1）の調査対象地および調査対象物質の確認とは，資料等調査によって土壌汚染状況調査の対象となる土地と汚染物質を確認することである。

(2) の土壌汚染のおそれ（可能性）の分類とは，調査対象地および周辺土地について，土地利用の履歴，特定有害物質の使用状況，土壌・地下水の汚染状況などの情報すなわち資料等調査に基づいて，調査対象地を調査対象物質ごとに，土壌汚染のおそれ（可能性）の程度に応じて 3 種類に分類することである。

(3) の試料採取等のための区画の設定とは，基本的には，調査対象地を 10 m 格子（100 m^2，「単位区画」という）に分割し（一部の土地では 30 m 格子=900 m^2 に区画することもある），汚染のおそれの程度によって分類した土地の範囲と，単位区画とを重ね合わせることによって，試料採取等を行う単位区画を設定する。この試料採取等を行う単位区画を「試料採取等区画」という。汚染のおそれがある土地を含む単位区画は，必ず試料採取等区画であり，この区画を「全部対象区画」という。汚染のおそれが少ない土地を含む単位区画（このような区画を「一部対象区画」という）については，一部対象区画を含む 30 m 格子ごとに試料採取等区画を選定する。

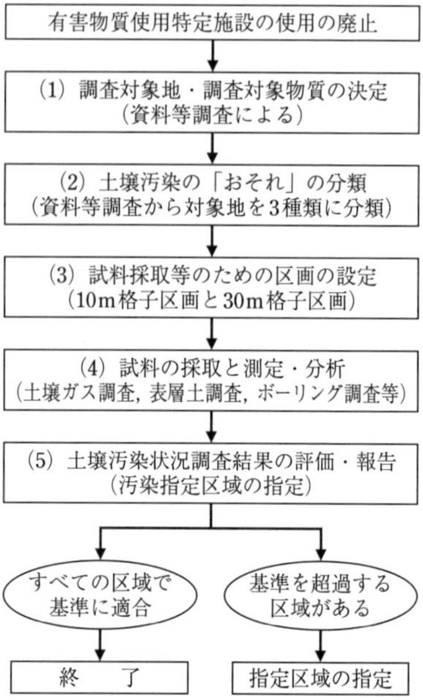

図 3.2 土壌汚染状況調査の手順と指定区域の指定まで

(4) の試料採取と測定・分析とは，(3) で設定された試料採取等地点から，土壌ガス，土壌，地下水等を採取し，それらについて特定有害物質の含有量や溶出量等を測定・分析することである。(5) の土壌汚染状況調査の報告においては，(4) までの調査結果に基づいて，その土地の土壌汚染が指定基準に適合あるいは不適合かの判断を行い，不適合の場合は指定区域に指定する。

土対法においては，土壌汚染状況調査における恣意性を排除し，客観性をもたせるために，指定調査機関を指定するとともに調査方法や手順をかなり細かく定めている。特定有害物質の測定・分析方法についても公定法として規定している。以下，手順に沿って土壌汚染状況調査の運用方法について概説する。

3.2　土壌汚染状況調査を行う契機と種類

3.2.1　調査を行う契機

土対法においては，適当な契機をとらえて土壌汚染状況調査を行うこととし，次の2つの場合を定めている。

① 使用が廃止された「有害物質使用特定施設」に係わる工場または事業場の敷地であった土地（法第3条）。

② 知事が土壌汚染によって人の健康に被害が及ぶおそれがあると認めた土地（法第4条）。

工場などの操業中は，一般の人が立ち入る可能性が少なく，一般の人の健康被害を生じる危険も少ないうえ，工場の地下に存在する土壌を調査することも困難であることから，調査を行う義務はない。

上記2つの場合の調査は，それぞれ土対法の第3条と第4条に規定されていることから，3条調査（調査義務あるいは義務的調査）および4条調査（調査命令あるいは命令的調査）とも呼ばれている。①の場合に行われる3条調査は，主として土地所有者等による自主的調査であり，②の4条調査は都道府県知事の命令による調査となる。

（1）3条調査（義務的調査）

3条調査の場合，有害物質を扱っていても，水質汚濁防止法に規定している有害物質使用特定施設でなければ土壌汚染状況調査の対象とはならない。有害物質使用特定施設とは「水質汚濁防止法第2条の廃水・汚水を排出する政令で定める施設」のことである。特定施設を設置しようとするときには，都道府県知事に届け出なければならない。また，廃水・汚水を公共下水道に排出する者は，下水道管理者に届け出なければならないとされている。水質汚濁防止法施行令では，この特定施設の業種や施設を定めているが，その業種はきわめて広く，100近い業種のさまざまな施設が定められている[3)]。

土壌汚染状況調査の対象となる敷地（土地）は，工場・事業場の区域の全体であり，建築物が設置されていた場所に限定されない。なお，土対法が施行される前に使用が廃止された場合には調査の義務は生じない。引き続き工場用地等に利用される場合は調査義務が猶予される。

（2）4条調査（命令的調査）

4条調査を実施しなければならない場合は，大きく分けると次の3つの場合がある。いずれの場合も知事の命令によって土壌汚染状況調査が実施される。

① 溶出量が溶出量指定基準（**表 3.2**）を超えていて，地下水が汚染されているか，あるいは汚染されるおそれがあり，周辺で地下水の利用がある土地
② 溶出量が溶出量指定基準を超えるおそれがあり，地下水が汚染されていて，周辺で地下水の利用がある土地
③ 含有量が含有量指定基準を超えているか超えるおそれがあり，人が立ち入る土地

3.2.2 調査方法の特徴

土壌汚染状況調査の運用方法は，**表 2.3** に概要を示した「土壌汚染対策法施行規則」に規定されている。個々の調査手法の詳細は第 **4** 章で述べることとし，ここでは，土壌汚染状況調査の特徴について概述する。

従来，土壌と地下水の汚染調査は，1999（平成 11）年に環境省が定めた調査・対策指針に準拠して実施されてきた。地下水汚染については，今後ともこの指針が適用されるが，土対法の施行に伴い，土壌汚染状況調査は施行規則に準拠して行われることになる。施行規則に定められている土壌汚染状況調査の特徴としては，次のような点をあげることができる。

① 特定有害物質を 3 種類に分けて調査方法を定めたこと
② 調査の契機が 3 条調査（義務的調査）と 4 条調査（命令的調査）に分けられたこと
③ 特定有害物質の種類と調査の契機によって調査の手順と方法が異なること
④ 調査実施の前（最初）に，汚染のおそれがある土地，おそれが少ない土地，おそれのない土地，の 3 種類に分類し，分類された土地区分によって調査の方法等が異なること
⑤ 調査の方法は表層土壌調査を基本とし，ボーリング調査は第一種特定有害物質（揮発性有機化合物）が土壌ガス調査で検出された場合のみとしたこと。なお，必要に応じて地下水調査やボーリング調査を補助的に適用することが許容され，また調査の省略規定が設けられていて，調査にかなりの柔軟性をもたせていること
⑥ 土壌汚染状況調査の範疇に入らないが，健康被害の防止措置を計画・実施するための詳細調査の規定を，措置の一部分として別に定めていること

3.2.3 調査内容と調査の適用除外

(1) 調査の主体と調査内容

調査の主体は土地所有者等が担当し，実際の調査作業は，前もって環境大臣が指定する「指定調査機関」が実施することとしている。特定有害物質ごとの調査項目を**表 3.1** に示す。第一種特定有害物質（揮発性有機化合物：VOC）については，土壌ガス調査から始めるが，土壌ガス調査によって一定の対象物質が検出された場合には溶出量調査を行う。第二種特定有害物質（重金属等）については溶出量調査と含有量調査を行う。第三種特定有害物質（農薬等）については溶出量調査だけでよい。

表 3.1 特定有害物質の種類と調査項目

	土壌ガス調査	土壌含有量調査	土壌溶出量調査
第 1 種特定有害物質（VOC）	○		○
第 2 種特定有害物質（重金属類）		○	○
第 3 種特定有害物質（農薬・PCB）			○

(2) 調査の適用除外

土地利用の予定からみて，健康被害を生ずるおそれがないことを都道府県知事が確認した場合には，3 条調査を実施しなくてよい。その場合とは，下記の 3 つのいずれかに該当することが確実な場合である。

① 工場・事業場の敷地として再利用される場合（関係者以外の者が立ち入ることができないこと）

② 調査の対象となる施設を設置していた小規模な工場・事業場において，事業建築物と設置者の居住建物とが同一または近接して設置されており，かつ居住建物が引続き設置者の居住の敷地として利用される場合

③ 鉱山保安法での鉱山および付属施設の敷地で，土壌汚染鉱害防止に必要な設備がなされているものの敷地であった土地の場合

なお，当分の間という留保付きではあるが，土地の面積が 300 m^2 以下で，かつ周辺で地下水が飲用されていない場合には，有害物質使用特定施設の跡地であっても，土壌ガス調査，溶出量調査を行う必要はない。これは中小事業者に対する配慮としての経過規定である。3 条調査の場合の土壌汚染状況調査の実施判定の流れをまとめると**図 3.3** のようになる。4 条調査も 3 条調査に準拠して実施される。

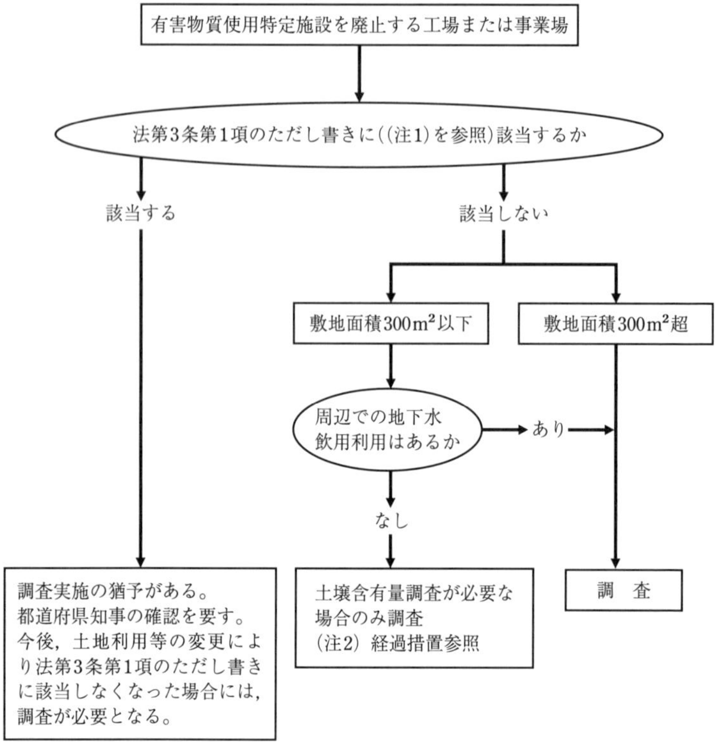
有害物質使用特定施設を廃止する工場または事業場
法第3条第1項のただし書きに((注1)を参照)該当するか
該当する
該当しない
敷地面積300m²以下
敷地面積300m²超
周辺での地下水
飲用利用はあるか
あり
なし
調査実施の猶予がある。
都道府県知事の確認を要す。
今後，土地利用等の変更により法第3条第1項のただし書きに該当しなくなった場合には，調査が必要となる。
土壌含有量調査が必要な
場合のみ調査
(注2) 経過措置参照
調　査

(注 1) 法第 3 条第 1 項ただし書きの要件

1. 引き続き同一の工場・事業所または従業員以外の者が立ち入ることのできない工場事業場の敷地として利用される場合
2. 小規模な工場・事業場において事業の用途に使われている建物とその工場または事業場の設置者の居住用建物とが同一のものであるかまたは近接して設置されており，かつ，その居住用建物が引き続き当該設置者の住居のために使用される場合において，その居住用建物の敷地として利用されること。
3. 鉱山保安法に基づく命令の対象となる事業場または跡地（鉱業権の消滅後 5 年以内のもの）である場合

(注 2) 経過措置

敷地面積が 300 m^2 以下の零細な事業者であって，周辺で地下水の飲用等がなされない場合，当分の間，地下水摂取の観点からの調査を行う必要はない。ただし，直接摂取の観点からの調査は行う必要がある。

図 3.3　3 条調査（義務的調査）の手順と判定の流れ[4)]

3.3　土壌汚染状況調査の対象地と対象物質

土壌汚染状況調査の内容と手順の細部を述べる前に，土壌汚染状況調査（3条調査）の流れを特定有害物質ごとに示すこととする。3 条調査（義務的調

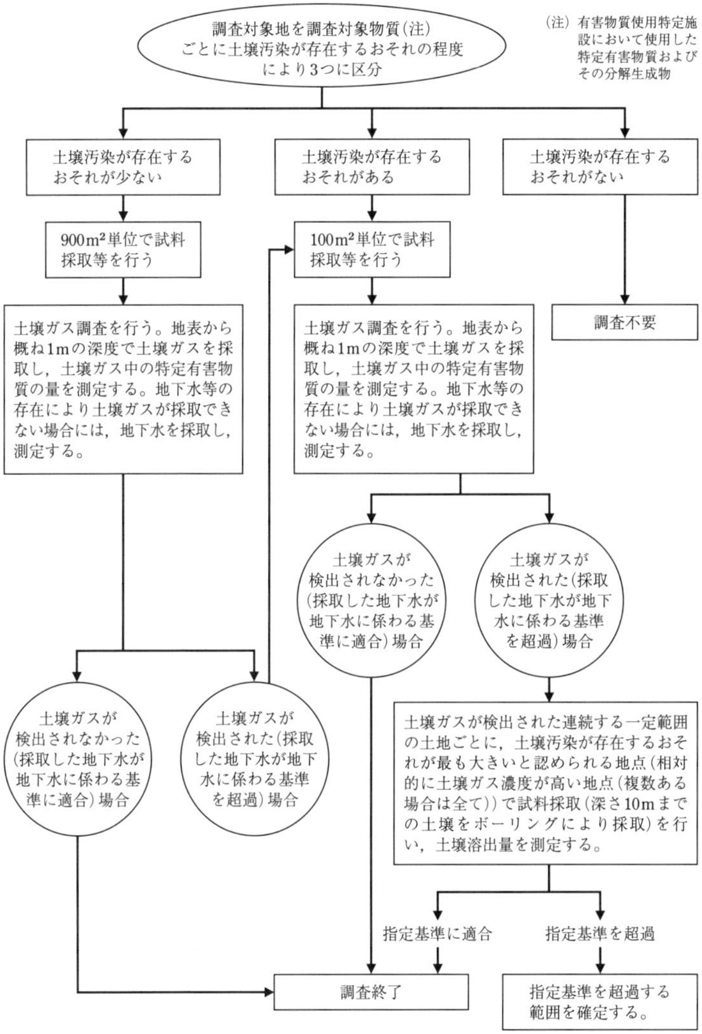

図 3.4　第一種特定有害物質汚染での土壌汚染状況調査（3 条調査）[4)]

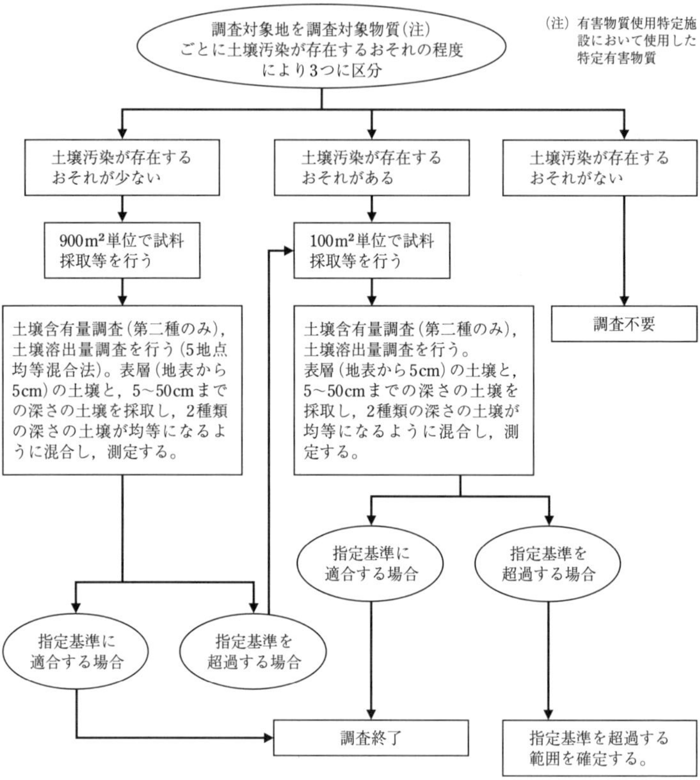

図 3.5　第二・三種特定有害物質汚染での土壌汚染状況調査（3 条調査）[4)]

査）の実施の流れを特定有害物質ごとにまとめると，第一種特定有害物質（揮発性有機化合物）については**図 3.4** のように，第二・三種特定有害物質（重金属等と農薬等）については**図 3.5** のようになる。以下の説明においては，これらの図を参照すると理解しやすい。

3.3.1　3 条調査の対象地と対象物質

（1）調査対象地

3 条調査すなわち調査義務の生じる土地は，原則として，有害物質使用特定施設に係わる工場・事業場の敷地であったすべての土地である。ただし，所有者等が同じでも，たとえば**図 3.6** に示すように，公道等によって分断された土地は調査の対象とはならないなど，いくつかの例外が認められている。また，土地所有者が管理する私道，水路，緑地帯，フェンス，壁などによって，外形上明確に区分されている場合にも，別々の工場・事業場として扱う。ただし，有害物質使用特定施設と配管等によって接続され，特定有害物質を取り扱う工程の一部が置かれている土地および排水を受け入れている土地は同一の工場・事業場と見なされる。

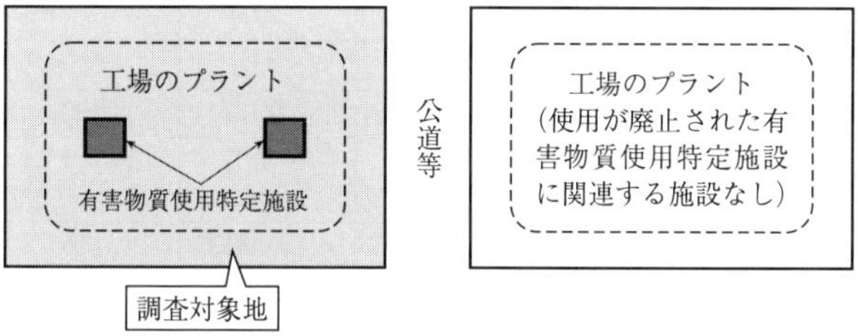

図 **3.6**　敷地が公道によって区分されている場合の例 5),6)

（2）調査対象物質

土対法で規制されている特定有害物質は**表 3.2** に示す 26 項目である。内訳は，第一種特定有害物質（揮発性有機化合物）が 11 項目，第二種特定有害物質（重金属等）が 10 項目，第三種特定有害物質（農薬等）が PCB を含めて 5 項目となっている。なお，**表 3.2** に，これら 26 項目の地下水環境基準，溶出量指定基準，含有量指定基準および第二溶出量基準の数値を示しておいた。

土壌汚染状況調査の対象となる特定有害物質は，使用が廃止された有害物質使用特定施設において使用等していた特定有害物質およびその分解生成物であり，**表 3.2** のすべての物質が，すべての土地で対象となるわけではない。また，重金属等は土壌中で分解することは少ないが，揮発性有機化合物は微生物分解などを受け，他の有害物質に変化することから，指定基準に定められた物質以外に，**表 3.3** に示す物質が対象物質に規定されている。調査にあたっては，調査対象地と調査対象物質について，水質汚濁防止法に基づく届出書類等によって確認することが肝要である。

表 3.2 特定有害物質の種類と指定基準値等

種別	特定有害物質	地下水基準 (mg/L)	溶出量指定基準 (mg/L)	含有量指定基準 (mg/kg)	第2溶出量基準 (mg/L)
第 1 種特定有害物質	四塩化炭素	0.002	0.002		0.02
	1.2-ジクロロエタン	0.004	0.004		0.04
	1,1-ジクロロエチレン	0.02	0.02		0.2
	シス-1,2-ジクロロエチレン	0.04	0.04		0.4
	1,3-ジクロロプロペン	0.002	0.002		0.02
	ジクロロメタン	0.02	0.02		0.2
	テトラクロロエチレン	0.01	0.01		0.1
	1,1,1-トリクロロエタン	1	1		3
	1,1,2-トリクロロエタン	0.006	0.006		0.06
	トリクロロエチレン	0.03	0.03		0.3
	ベンゼン	0.01	0.01		0.1
第 2 種特定有害物質	カドミウムとその化合物	0.01	0.01	150	0.3
	六価クロム化合物	0.05	0.05	250	1.5
	シアン化合物	不検出	不検出	遊離シアン 50	1
	水銀とその化合物	0.0005	0.0005	15	0.005
	アルキル水銀	不検出	不検出		不検出
	セレンとその化合物	0.01	0.01	150	0.3
	鉛とその化合物	0.01	0.01	150	0.3
	砒素とその化合物	0.01	0.01	150	0.3
	フッ素とその化合物	0.8	0.8	4 000	24
	ホウ素とその化合物	1	1	4 000	30
第 3 種特定有害物質	シマジン	0.003	0.003		0.03
	チオベンカルブ	0.02	0.02		0.2
	チウラム	0.006	0.006		0.06
	PCB	不検出	不検出		0.003
	有機リン	不検出	不検出		1

3.3.2 4 条調査の対象地と対象物質

4 条調査すなわち知事の命令による調査での対象地と対象物質は知事が定める。そのときの調査対象地は，その土地あるいは周辺土地の土壌汚染の状態，地下水の汚染状態などから，人の健康被害を防止する観点から定められることになる。具体的には，土壌汚染が明らかな範囲，有害物質使用特定施

表 3.3 調査対象物質としての分解生成物

特定有害物質	分解生成物
テトラクロロエチレン	1,1-ジクロロエチレン，シス-1,2-ジクロロエチレン，トリクロロエチレン
1,1,1-トリクロロエタン	1,1-ジクロロエチレン
1,1,2-トリクロロエタン	1,2-ジクロロエタン，1,1-ジクロロエチレン，シス-1,2-ジクロロエチレン
トリクロロエチレン	1,1-ジクロロエチレン，シス-1,2-ジクロロエチレン

設およびそれに関連する施設が対象地となる。調査対象物質についても，知事が示すことになるが，その土地あるいは周辺土地の汚染状態，地下水の特定有害物質による汚染状態等を勘案して定める。調査の手順等は 3 条調査の場合とほぼ同じである。

3.4 土壌汚染の「おそれ」による土地の分類

土壌汚染状況調査においては，10 m 格子（100 m^2，単位区画という）に 1 地点の密度で試料採取等（試料採取と測定・分析）を実施することを基本としている。しかし，汚染のおそれが少ないと判断された区画については，基本とする密度よりも試料採取等の密度を粗くできる。さらに，汚染のおそれのない部分については，試料採取等を行わなくてよい。したがって，汚染のおそれの分類がかなり重要な事項となる。汚染が存在するおそれの分類は，その土地の過去の土地利用等の資料等から判断する。資料等の情報の把握を十分に行わないと，土壌汚染のおそれがない，またはおそれが少ないと判断され，結果として，措置を行うときに必要となる詳細調査の量が増えることになる。

3.4.1 土壌汚染の「おそれ」を分類するための資料等調査

調査対象地の土地の利用状況および特定有害物質の使用状況等，容易に入手できる範囲内の資料を収集し，これらに基づいて土壌汚染のおそれの程度を分類する。資料としては次のようなものがある。

① 水質汚濁防止法または下水道法に基づき届出が義務づけられている書類等

② 有害物質使用特定施設の使用状況等に関する資料等

表 3.4　土壌汚染のおそれを分類するための主な資料 [6)]

法令等	届出書類等
水質汚濁防止法	・特定施設設置（使用，変更）届出書 ・特定施設使用廃止届出書 ・水質測定記録表
下水道法	・公共下水道使用開始（変更）届 ・特定施設設置届出書 ・特定施設使用届出書 ・特定施設の構造等変更届出書 ・特定施設使用廃止届出書
使用状況等の資料	・有害物質使用特定施設および関連する配管，地下ピット，排水ます等の配置に関する資料 ・特定有害物質の取り扱いに関するもの（廃棄物を含む）

③ その他の公的資料や市販の資料等

具体的な例を**表 3.4** に示す。情報収集の期間は，工場・事業場の操業開始時点までさかのぼって集めた方がよい。とくに，第一種特定有害物質による汚染の可能性がある場合には，対象土地における汚染物質の過去の使用状況，排出状況，対象地盤と周辺の地下水の状況について，既存の資料に基づいて綿密な調査を行うことが重要である。また，アンケート調査，聞き取り調査，現地踏査等を行うとよい。地下水については，水質汚濁防止法に基づく常時監視項目の測定結果を参考にすることもできる [7)]。

アンケート調査は，収集した資料の情報を補完するため，事業所の関係者や過去の土地所有者等を対象に実施する。アンケート項目は，資料等調査において収集すべき情報と同じであり，土壌汚染発生の可能性に関する情報，敷地内外の環境に関する情報，外部環境との関係に関する情報を中心に，記入方式で回答してもらう。アンケート調査で有用な情報が補完できることも多く，アンケート調査で得られた情報が，土壌・地下水汚染発生の可能性の評価や土壌汚染状況調査の立案における根拠となることもある。

さらに補完する情報を得るため，事業所の関係者や過去の土地所有者等に対する聞き取り調査を行う。対象になる人は，操業の歴史，敷地内の配管，生産ライン等，過去および現在の有害物質の使用，保管，廃棄等の履歴に詳しい人がよい。複数の人からの聞き取りは調査の信頼性を高める。

現地踏査は，資料による調査，アンケート調査，聞き取り調査で得られた情報を踏まえ，敷地内および周辺の状況を実際に目視してまわり，いままでの情報の裏づけや，見逃している情報がないか等の確認を行う。現地踏査での主な観察事項は，①油が付着した土や人工的な色のついた土，②水路や水溜りなどの油膜や人工的な着色，③植生や周辺の生態系の異常，④農業生産物の異常，⑤地下水の異臭や異色あるいは空気の異臭，⑥水処理施設，貯水池，保管ドラム，地下タンク等の性状や修理状況あるいは添付してあるラベル，⑦廃棄物保管場所や埋設廃棄物等の状況，⑧不自然な地形の変化や盛土等が含まれる[8]。

3.4.2　土壌汚染の「おそれ」の分類

資料等調査に基づいて，調査対象地の汚染のおそれを，**図 3.7** に例を示すような考え方によって，次のように 3 種類に分類する。

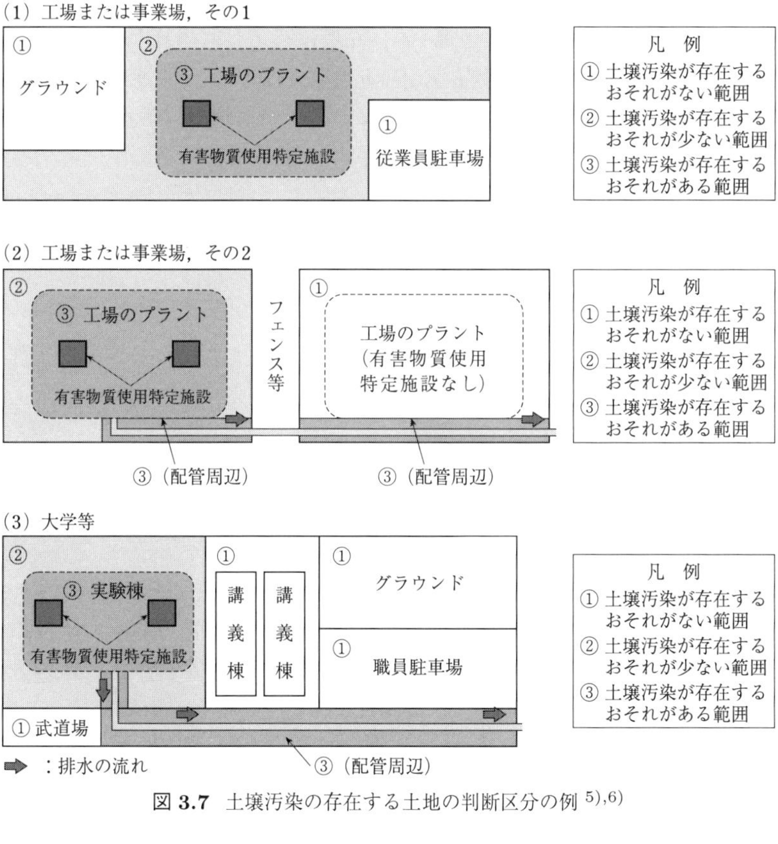

図 3.7　土壌汚染の存在する土地の判断区分の例[5),6)]

① 土壌汚染が存在するおそれがないと認められる土地（以後「汚染のおそれがない土地」という）
② 土壌汚染が存在するおそれが少ないと認められる土地（以後「汚染のおそれが少ない土地」という）
③ 土壌汚染が存在するおそれがあると認められる土地（以後「汚染のおそれがある土地」という）

①の「汚染のおそれがない土地」は，有害物質使用特定施設の敷地から，用途がまったく独立している状態が継続している土地で，山林，緩衝緑地，従業員の居住施設や駐車場，グラウンド，体育館，未利用地などがこの範疇に入る。この土地は土壌汚染状況調査の対象にはならないし，試料採取等も必要ない。

②の「汚染のおそれが少ない土地」は，直接に特定有害物質の使用等を行っている土地ではないが，有害物質使用特定施設およびその関連施設の敷地から，その用途がまったく独立しているとはいえない土地で，事務所，作業場，資材置き場，倉庫，従業員用・作業車用通路，事業用駐車場，中庭等の空き地等がこれに該当する。

③の「汚染のおそれがある土地」は，①と②以外の土地で，土壌汚染が存在するおそれが比較的多いと認められる土地で，たとえば，有害物質使用特定施設およびそれを設置している建物，有害物質使用特定施設とつながっている配管，配管でつながっている建物，特定施設の排水管および排水処理施設，特定有害物質を使用する作業場，保管する倉庫，有害物質等の浸透・埋設場所等が該当する。

3.5 試料採取等のための区画の設定

3.5.1 単位区画の設定

土壌汚染状況調査においては，調査の密度等が恣意的にならないように単位区画を設定し，単位区画を基準にして試料採取等を行う。単位区画の大きさは 10 m 間隔で引いた線で囲まれる 10 m 格子（面積 100 m^2）を基本とする。なお，一部の土地については 30 m 間隔で引いた線による 30 m 格子（面積 900 m^2）を設定する。単位区画を正確に設定するためには，縮尺 1 000 分の 1 以上の図面が必要となる。10 m 格子（単位区画）の設定の手順は次のようである。

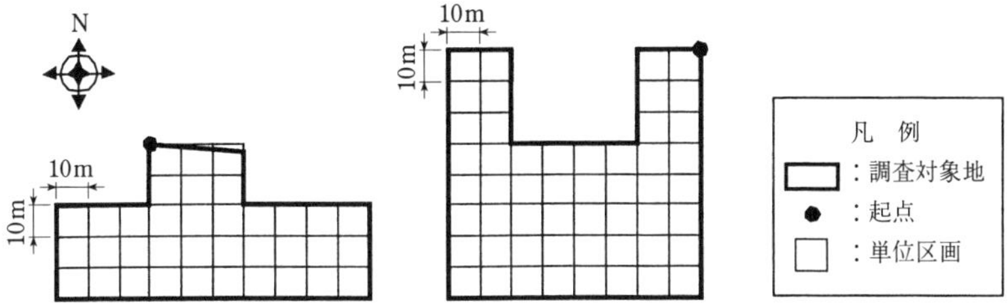

（**a**）基本的な起点配置　　（**b**）最北端が複数ある場合

図 3.8　一般的な単位区画（10 m 格子）の設定の考え方 5),6)

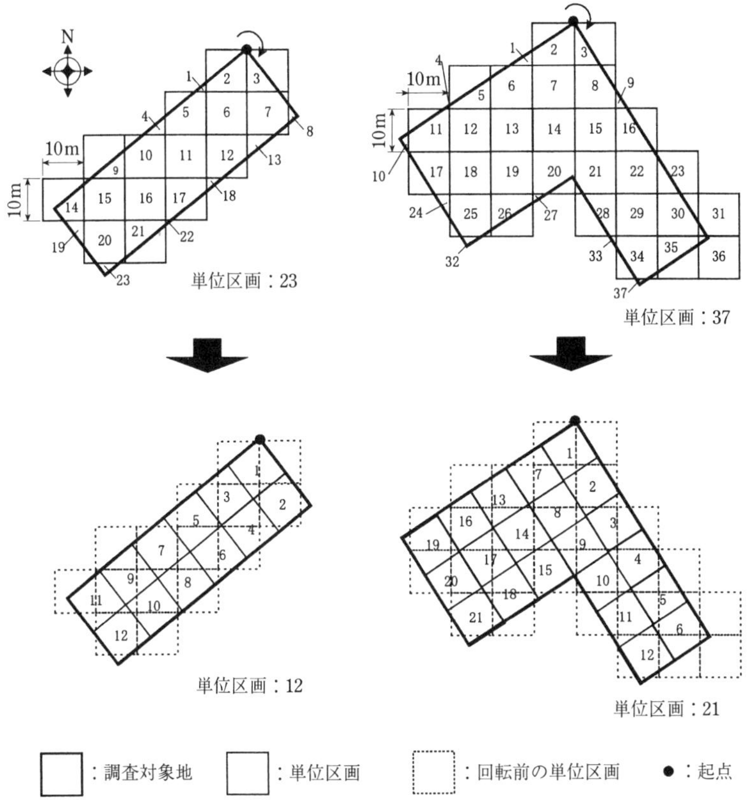

図 3.9　10 m 格子を回転させた場合の単位区画の設定例 5),6)

① 調査対象地の最北端の地点（複数ある場合は最も東にある地点）を起点とする。起点から東西・南北方向に 10 m 間隔で線を引き，調査対象地を 10 m 格子（単位区画）に区画する（**図 3.8**）。

② 単位区画を設定するとき，**図 3.9** に例を示すように，起点を支点として格子の線を右回りに回転させ，単位区画の数をできる限り少なくすることができる。

③ 格子の線を回転させた場合でも，縁辺部には一辺が 10 m に満たない半端な大きさの区画ができる。このような場合は，**図 3.10** に示すように，隣接する区画と合わせて 130 m² を超えない範囲で 1 つの区画に統合してよい。

④ 30 m 格子は，10 m の単位区画を設定した後，**図 3.11** に例を示すように，同じ起点を用いて 30 m 格子に区分する。

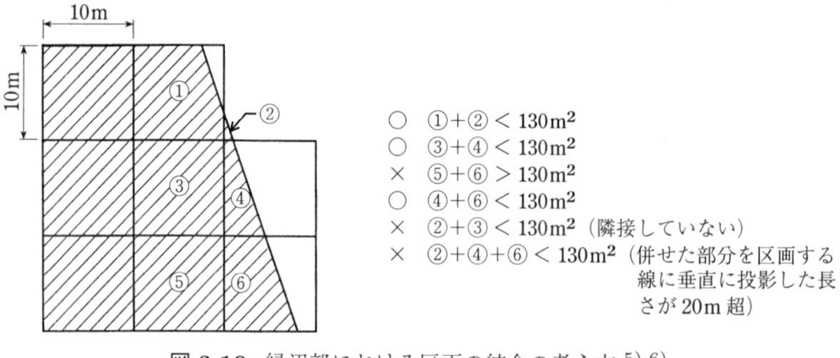

図 3.10　縁辺部における区画の統合の考え方 5),6)

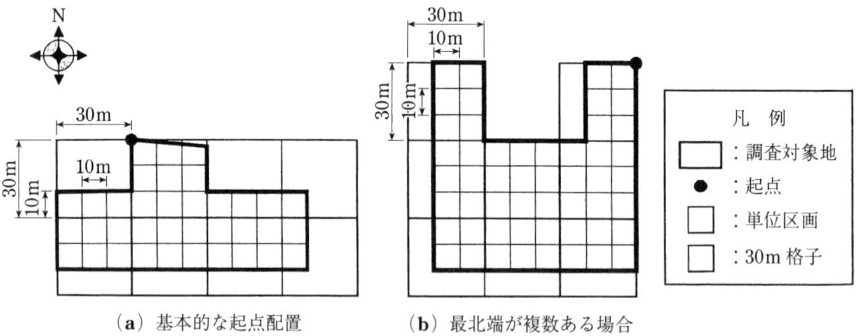

（**a**）基本的な起点配置　　（**b**）最北端が複数ある場合

図 3.11　30 m 格子の設定の考え方 5),6)

3.5.2 試料採取等の基本的な考え方

試料採取等（調査地点）は単位区画を最小単位として実施することを基本とする。しかし，土壌汚染のおそれの区分に応じて，30 m 格子を単位として試料採取等ができる。基本的には次のような方法で試料採取等の区画を設定する（**図 3.4** および**図 3.5** 参照）。

① 汚染のおそれがある土地は単位区画（10 m 格子，面積 100 m^2）ごとに試料採取等を行う。

② 汚染のおそれが少ない土地は，30 m 格子（面積 900 m^2）に 1 点の割合で試料採取等を行い，この結果，土壌汚染が認められた場合には，その 30 m 格子内において改めて 10 m 格子の単位区画ごとの試料採取等を行う。

③ 汚染のおそれがない土地は試料採取等を行う必要はない。

具体的には，**図 3.12**（a）（b）に示すように，まず，単位区画の設定と汚染のおそれの程度によって 3 分類した土地の範囲を確定する。次いで，図の

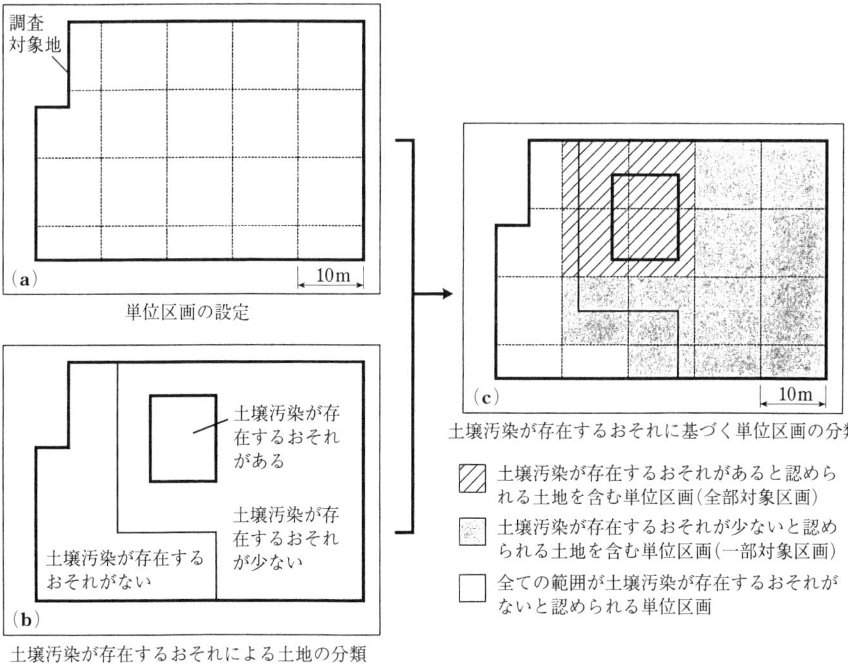

図 3.12　土壌汚染のおそれに基づく単位区画の分類の考え方 [5),6)]

(c) のように，両者を重ね合わせる。重ね合わせの結果，「汚染のおそれがある土地」を含む単位区画は必ず試料採取等区画とする（**図 3.12** (c) の斜線の単位区画)。この斜線のような単位区画を「全部対象区画」という。

「汚染のおそれの少ない土地」を含む単位区画を「一部対象区画」(**図 3.12** (c) の網かけの単位区画）という。この一部対象区画については，一部対象区画を含む 30 m 格子ごとに試料採取等区画を選定する。全部対象区画および一部対象区画以外の土地は基本的に試料採取等の対象とはしない。

試料採取等の基本的な考え方は以上のようであるが，以下に述べるように，試料採取等区画の設定方法は第一・二・三種特定有害物質（調査対象物質）によって異なる。

3.5.3 第一種特定有害物質汚染における試料採取等区画の設定

第一種特定有害物質による土壌汚染における試料採取等区画の設定には次の 3 つの場合がある（**図 3.4** 参照)。

(1) 単位区画内に「汚染のおそれがある土地」を含む場合

単位区画内の一部または全部が「汚染のおそれがある土地」に分類される場合は，その単位区画は全部対象区画となり，試料採取等区画とする。**図 3.13** の斜線を施した単位区画がこれに相当する。

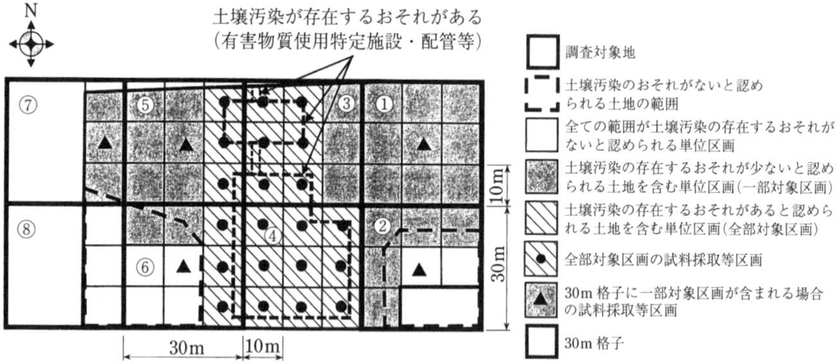

図 3.13　第一種特定有害物質汚染での試料採取等区画設定の考え方 5),6)

(2) 単位区画内に「汚染のおそれが少ない土地」を含む場合

前記（1）の全部対象区画を除き，単位区画内の一部または全部が「汚染のおそれが少ない土地」に分類される場合は，その単位区画は一部対象区画とする。一部対象区画については，30 m 格子単位で試料採取等区画を選定する。この場合の具体的な選定方法は次の 2 つがある。

① 30 m 格子の中心が調査対象地内にある場合：**図 3.13** の①，②，⑤，⑥の 30 m 格子のように，一部対象区画を含む 30 m 格子の中心が調査対象地内にある場合には，中心を含む単位区画で試料採取等を行う（**図 3.13** の 30 m 区画①②⑤⑥の▲）。そのとき，中心を含む単位区画が一部対象区画である必要はない。たとえば，**図 3.13** の③は，全部対象区画としてすでに 30 m 格子の中心で試料採取等が行われているので，その結果を利用する。また，**図 3.13** の⑥の 30 m 格子では，「汚染のおそれがない土地」内での単位区画で試料採取等を行うことになるが，その結果，土壌ガス調査から対象物質が検出されれば，その単位区画は指定基準に適合しない土地となる。

② 30 m 格子の中心が調査対象地内にない場合：**図 3.13** の⑦の 30 m 格子のような場合であり，30 m 格子内にある一部対象区画のうち，いずれか 1 つの一部対象区画を試料採取等の対象とする（**図 3.13** の 30 m 区画⑦の▲）。

(3) 単位区画内のすべての土地が「汚染のおそれがない土地」の場合

図 3.13 の 30 m 格子⑧のような場合であり，このような場合には試料採取等を行う必要はない。

3.5.4 第二・三種特定有害物質汚染における試料採取等区画の設定

第二・三種特定有害物質による土壌汚染における試料採取等区画の設定は次の 3 つの場合がある（**図 3.5** 参照）。

(1) 単位区画内に「汚染のおそれがある土地」を含む場合

第一種特定有害物質の場合と同様に，単位区画内の一部あるいは全部が「汚染のおそれがある土地」に分類される場合は，その単位区画はすべて全部対象区画となり，すべての区画が試料採取等区画となる。**図 3.14** の斜線を施した単位区画がこれに相当する。

(2) 単位区画内に「汚染のおそれが少ない土地」を含む場合

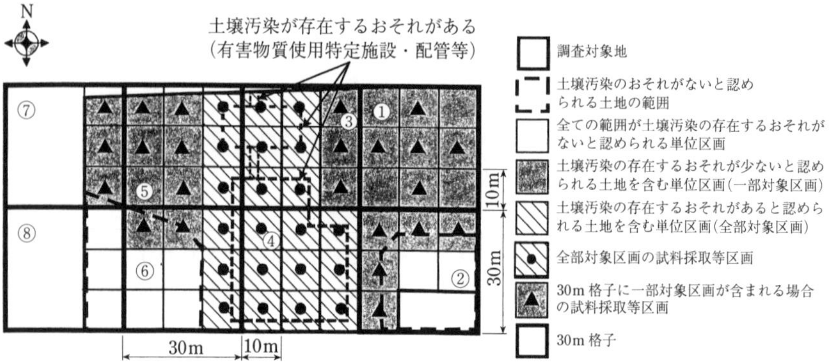

図 **3.14**　第二・三種特定有害物質汚染での試料採取等区画設定の考え方 [5),6)]

前記 (**1**) の全部対象区画を除き，土地の一部または全部が「汚染のおそれが少ない土地」に分類される単位区画は一部対象区画とする。一部対象区画は 30 m 格子単位で試料採取等区画を選定することとし，選定の方法には次の 2 つがある。

① 30 m 格子内の一部対象区画が 6 つ以上ある場合：図 **3.14** の①と⑤の 30 m 格子がこの場合に相当する。このような場合には，30 m 格子内にある一部対象区画のうち，いずれか 5 つの単位区画を試料採取等の対象とする。そのとき，中央およびその周辺を均等に選定することが望ましい。たとえば，図 **3.14** の 30 m 格子①のように，十字方向に選定する等である。

② 30 m 格子内の一部対象区画が 5 つ以下である場合：図 **3.14** の②，③，⑦の 30 m 格子のような場合であり，30 m 格子内にあるすべての一部対象区画を試料採取等の対象とする。

(3) 単位区画内のすべての土地が「汚染のおそれがない土地」の場合

図 **3.14** の 30 m 格子⑧のような場合であり，この 30 m 格子内の単位区画は試料採取等の対象とはならない。

3.5.5　試料採取等地点の設定の考え方

以上述べてきたように，土対法では，溶出量調査，含有量調査および土壌ガス調査とも 10 m 格子に 1 地点以上の割合で試料採取等（調査地点）を均等に選定することを基本としている。このような基準が出てきた根拠は過去の

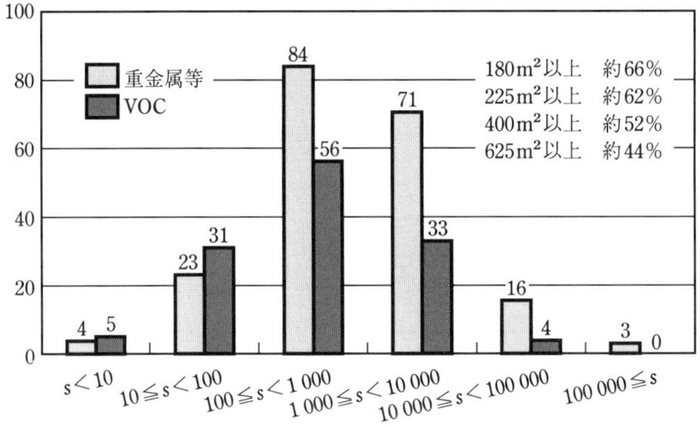

図 **3.15** 土壌汚染の面積ごとの事例数 5),6)

土壌汚染の事例に基づいている。2002（平成 12）年度の環境省環境管理局水環境部による土壌汚染調査・対策事例および対応状況に関する調査結果によると，これまで判明した土壌環境基準を超過している事例のうち，汚染面積が把握されているものの結果は図 **3.15** のようになっている。

全事例 330 のうち，汚染面積が 100 m^2 以上の事例が 267 事例（約 80 %）である。内訳は，揮発性有機化合物では全 129 事例中 93 事例（約 73 %），重金属等では全 201 事例中 174 事例（約 86 %）となっている。このようなことから，おおむね 100 m^2 に 1 点以上の密度で調査を行えば，土壌汚染状況がほとんど把握できるものとしている。

3.6 第一種特定有害物質汚染における試料採取等

3.6.1 基本的な考え方

第一種特定有害物質は地下水等の摂取によるリスクが対象となっていることから（第 **5** 章参照），土壌汚染状況調査における汚染の判断は土壌溶出量調査によることが原則である。しかし，揮発性有機化合物は揮発しやすく，表層の土壌ガス調査によっても汚染の程度をかなり正確に評価できることから，土壌ガス調査によっても判断できることとしている。

図 **3.16** に調査手順を示すように，まず，表層の土壌ガス中の対象物質の濃度を測定し，濃度が定量下限値（0.1 vol ppm 以下，ベンゼンのみ 0.05 vol ppm 以下）未満である場合は土壌汚染はないと判断する。いずれかの区画で土壌

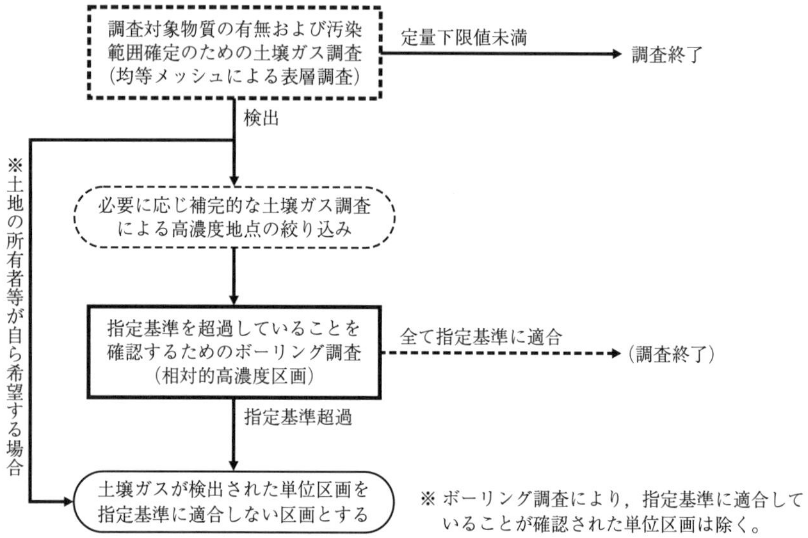

図 3.16 第一種特定有害物質汚染での土壌汚染状況調査の手順 5),6)

ガス中から対象物質が検出された場合には，その区画に隣接するほかの区画に比べて，濃度が相対的に高い試料採取等区画（複数ある場合はそのすべて）において，ボーリング等によって深層までの溶出量調査を行う。

なお，土壌ガス調査によって対象物質が検出された場合において，土地所有者等が望む場合，ボーリング調査を行うことなく，土壌ガス中から対象物質が検出された単位区画のすべてを指定基準に不適合と見なしてもよい。

3.6.2 土壌ガス試料採取等地点の設定

（1）全部対象区画の場合

3.5.3（**1**）に示した方法によって試料採取等の単位区画が設定されたら，図 **3.17**（a）に示すように，その単位区画の中心において試料採取を行うのが基本である。しかし，その単位区画内に濃度の高い土壌汚染が存在する可能性が高い部分がある場合には，図 **3.17**（b）のように，その部分の任意の点で試料採取を行う。可能性の高い部分としては，有害物質使用特定施設やそれに関連する配管，地下ピットなどがあった場所である。

また，試料採取等区画がコンクリートやアスファルト等で覆われている場合でも，穿孔等により可能な限り原則に基づく地点で採取するようにする。

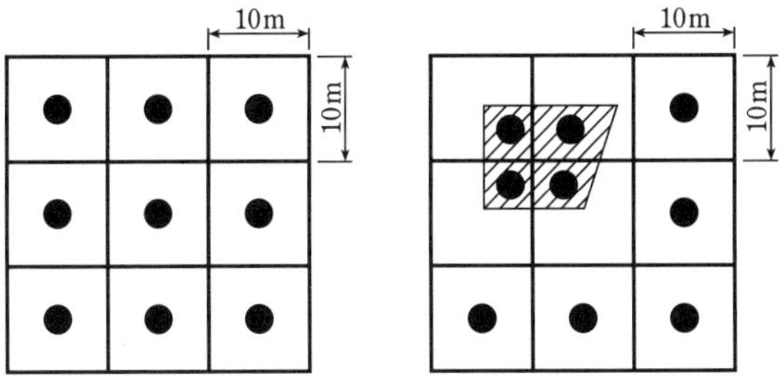

（a）基本的な配置　　（b）有害物質使用特定施設等が存在する場合の配置例

図 3.17　土壌ガス調査での試料採取地点の設定方法 5),6)

しかし，池や河川あるいは急傾斜地のように，原則に基づく採取ができない場合には，その単位区画内の任意の点で採取してもよい。

（2）一部対象区画の場合

3.5.3（2）で述べたように，一部対象区画は 30 m 格子単位で試料採取を行うが（図 **3.18** a），その結果，対象物質が検出された場合は，その 30 m 格子内に含まれるすべての一部対象区画で追加的な土壌ガス調査を行う（図 **3.18** b）。なお，土地所有者等が希望する場合は，追加的な調査を行うことなく，30 m 区画に含まれるすべての一部対象区画で対象物質が検出されたものと見なすことができる。

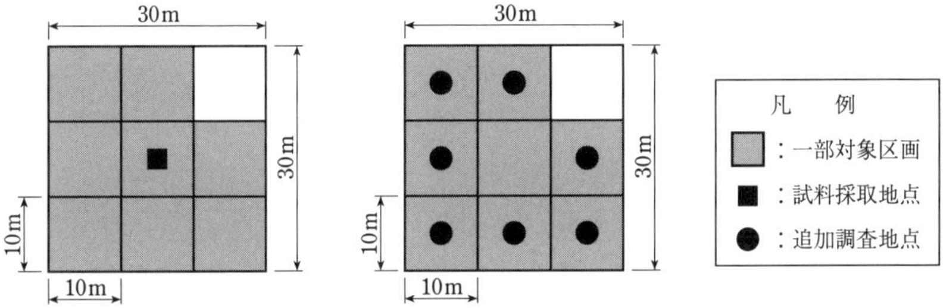

（a）基本的な配置（30 m 格子の中心が調査対象地）　　（b）中央の区画で検出された場合の追加調査の配置

図 3.18　汚染範囲確定のための調査地点選定の考え方 5),6)

3.6.3 土壌ガス調査での試料採取等

ここでは，土壌ガス調査の適用方法を概述することとし，土壌ガス調査手法の詳細は第 **4** 章で述べる。

(1) 土壌ガスの採取深度

土壌ガスの採取深度は地表からおおむね 1 m（0.8〜1.0 m）を基本とする。地上施設等がある場合は，施設床下からおおむね 1 m とし，コンクリートやアスファルトで覆われている場合もその下の地表面を基準とする。粘性土等があって調査に必要なガス量が採取できない場合には採取深度を 1 m より深くしてもよい。

(2) 土壌ガスの試料採取方法

土壌ガスの採取は環境省告示 16 号「土壌ガス調査にかかわる採取および測定の方法」（**巻末参照資料Ⅱ**）に準拠して実施する。環境省告示 16 号においては，採取方法として次のものが規定されている。

① 減圧捕集瓶による試料採取
② 減圧捕集瓶を用いた食塩水置換法による試料採取
③ 捕集バッグ法による試料採取
④ 捕集濃縮管法による試料採取

(3) 土壌ガスの測定（分析）

土壌ガスの測定（分析）方法は，ガス中に含まれる対象物質の濃度の定量が可能で，かつ 0.1 vol ppm 以下（ベンゼンのみ 0.05 vol ppm 以下）の定量下限値を測定できる方法を用いる。測定は分析の精度が確保できれば，室内，車内および野外のいずれで実施してもよい。環境省告示 16 号では次の 5 つの方法が規定されている。

① 光イオン化検出器を用いるガスクロマトグラフ法（GC-PID）
② 水素炎イオン化検出器を用いるガスクロマトグラフ法（GC-FID）
③ 電子捕獲型検出器を用いるガスクロマトグラフ法（GC-ECD）
④ 電気伝導度検出器を用いるガスクロマトグラフ法（GC-ELCD）
⑤ ガスクロマトグラフ質量分析法（GC-MS）

3.6.4 地下水調査（土壌ガスが採取できない場合）

ここでは，土壌ガス調査が実施できない場合に，第一種特定有害物質汚染に関して行う地下水調査の考え方とその概要だけを示す。地下水調査の詳細は第 **4** 章で述べる。

(1) 地下水試料の採取深度

地下水位の高いところで，1 m より浅いところに地下水が存在する場合，土壌ガスの採取が困難である。このような場合には，土壌ガスに換えて地下水中の対象物質を測定することによって土壌汚染の状況を判断する。地下水調査は土壌ガス調査ができない地点でのみ実施されるので，土壌ガス調査地点と地下水調査地点が混在してもかまわない。地下水の試料採取深度は地表からおおむね 1 m より浅いところとするが，採水が困難な場合は最大 2 m 程度まで深くしてもよい。

(2) 地下水試料の採取方法と水質分析

土壌ガス調査のための調査孔を地下水の採取孔として使用する。調査孔の径が小さく採水が困難な場合には，ボーリングに用いられる掘削方法により孔を掘り直して実施する。地下水採取には次のような方法があり，現地の状況に応じて選択する。

① 採水器による方法

② 地上ポンプによる方法

③ 水中ポンプによる方法

地下水の採取方法については，地盤工学会基準「観測井からの環境化学分析のための地下水試料の採取方法」(**巻末参照資料 IX**) および「打撃貫入法による環境化学分析のための試料の採取方法」(**巻末参照資料 VIII**) がある。

採取した地下水の試料容器は，JIS K 0094 に準拠した容器を用い，採取試料の運搬・保管は 0〜4°C の暗所で保管することを原則とする。地下水の水質分析は，環境省告示 17 号「地下水に含まれる調査対象物質の量の測定方法」(**巻末参照資料 III**) に規定する方法によって行う。

3.6.5 ボーリング調査（土壌ガス中に有害物質が検出された場合）

ここでは，土壌ガス調査においてガス中に特定有害物質が検出され，ボーリング調査を行わなければならない場合の考え方の概要について述べる。ボーリング調査手法は第 **4** 章で詳述する。

(1) ボーリング調査実施の考え方

土壌ガス調査により，ガス中に対象物質が検出された場合にはボーリング調査を実施する。具体的には，いずれかの試料採取等区画において，土壌ガス調査から揮発性有機化合物が検出された場合（地下水調査から指定基準を超える揮発性有機化合物が検出された場合を含む），汚染土壌が存在するおそれが最も多いと思われる地点においてボーリング調査を行う。汚染土壌が存在するおそれが最も多い地点とは，隣接する他の区画に比べて相対的に土壌ガスの汚染濃度が高い地点であり，相対的に濃度の高い地点が複数あるときには，そのすべての地点でボーリング調査を行う。

(2) ボーリング調査結果による汚染の判断

ボーリング調査結果による土壌汚染の判断は次のように行う。

① ボーリング調査を行ったすべての地点において，溶出量が指定基準に適合している場合は，調査対象地のすべての土地は指定基準に適合しているものと見なし，指定区域とはしない。

② ボーリング調査を行った地点のいずれか 1 地点でも溶出量が指定基準に不適合の場合には，対象地において土壌ガスが検出された単位区画のすべてが，溶出量の指定基準に不適合と見なして指定区域とする。ただし，土壌ガスが検出された単位区画のうち，ボーリング調査により溶出量が指定基準に適合する単位区画は指定基準に適合するものと見なす。

また，次のような特例を設けている。

① 相対的に濃度が高い地点が複数ある場合，基本的にはこれらのすべての地点でボーリング調査を行うが，いずれかの地点で溶出量が指定基準に不適合な場合には，この時点で，土壌ガスが検出されたすべての単位区画が指定基準に不適合と見なして，残りの地点のボーリング調査を省略することができる。

② 土地の所有者等が希望する場合，ボーリング調査を実施せずに，土壌ガスが検出された単位区画のすべてを，溶出量が指定基準に不適合とすることができる。

なお，土壌ガス調査は間接的な調査であるため，土壌ガスが検出されたことから指定基準に不適合と見なした土地でも，実際には土壌汚染が存在しない可能性もある。したがって，措置を講ずる際に実施する詳細調査においては，まず，複数のボーリング調査により，土壌ガスが検出された範囲内の土壌汚染の存在状況を調査することが必要となる。

(3) ボーリング調査地点の設定

図 3.19 に例を示すように，土壌ガス濃度が相対的に高い区画 A の濃度を周辺の区画の濃度と比較する。区画 A の濃度が，周辺のすべての区画の濃度より高い場合は，区画 A の土壌ガス調査地点を相対的に濃度が高い地点とする。なお，この方法は地下水調査結果に基づくボーリング地点設定において

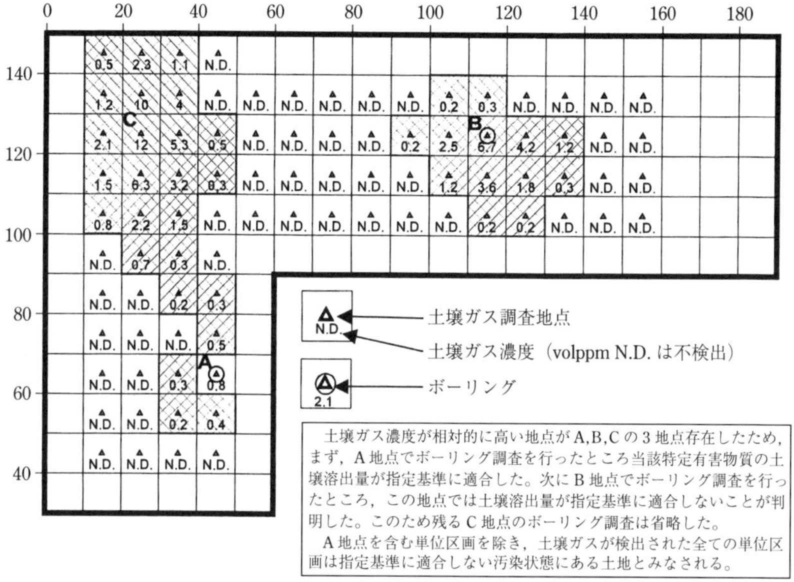

図 **3.19**　土壌ガス調査結果とボーリング調査結果の解釈の例 [5),6)]

も同様である。相対的に濃度の高い地点を判別しやすくするために，濃度区分図や等濃度線図を作成するのも 1 つの方法である。

ボーリング調査は，原則として上記の方法で判定した地点で実施するが，土壌ガス調査から，汚染土壌が存在するおそれが最も高い地点をより正確に知るためには，さらに土壌ガス調査による絞込みを行い，単位区画の範囲内で濃度が最も高くなる地点を求めることが望ましい。

この絞込みのための土壌ガス調査は，濃度の相対的な評価であるから，適切な簡易測定方法を用いてもかまわない。簡易な方法を用いる場合には，少なくとも土壌汚染状況調査で高濃度地点と判断された地点の 2 箇所以上について，簡易な方法と定められた土壌ガス調査方法との測定結果を比較し，簡易方法の妥当性を確かめておく必要がある。

（4）ボーリング深度

ボーリング深度は原則として 10 m までとする。最初の帯水層底面が 10 m 以内にある場合は，1 m ごとの土壌で，帯水層の底面より深い位置にある部分を除いた深さとする。帯水層底面の判断は，粘土質土，シルト質土，基盤岩等の難透水層の層厚が 0.5 m 以上確認された場合とする。

なお，土壌汚染をより正確に把握するには，10 m よりも深いところまで調査した方が効果的なこともある。たとえば，最初の帯水層が 10 m より深いところにある場合には，帯水層の底面までをボーリングすること，あるいは最初の帯水層の底面が 10 m 以内でも 10 m までのボーリングなどである。

(5) 試料採取と測定

掘削方法の代表的なものには，ロータリー式ボーリング，機械式簡易ボーリング，打撃式ボーリング等，種々なものがある（第**4**章参照）。目的に応じて選択する。試料採取については，ここでは採取深度についてのみ触れておく。ボーリング深度が 10 m までの場合には，表層（地表から深さ 5 cm），5～50 cm（原則として 50 cm の深さ），1 m，2 m，3 m，4 m，5 m，6 m，7 m，8 m，9 m および 10 m の 12 箇所で採取する。

最初の帯水層の底面が 10 m 以内にある場合には，帯水層の底面まで採取することが望ましい。たとえば，帯水層が 5.5 m の場合，表層，5～50 cm（原則 50 cm の深さ），1，2，3，4，5 m の 7 深度が基本であるが，5.5 m を入れた 8 深度での採取が望ましい。ボーリング中に変色・異臭等の異常が認められたら，その深度で追加採取を行うことが望ましい。

試料採取においては，掘削後直ちに所定の深度において測定（分析）用の土壌試料を必要量採取するのが基本である。ボーリングによる土壌試料の採取方法として，地盤工学会基準「ロータリー式スリーブ内蔵二重管サンプラーによる環境化学分析のための試料の採取方法」（**巻末参照資料Ⅶ**）および「打撃貫入法による環境化学分析のための試料の採取方法」（**巻末参照資料Ⅷ**）がある。実際にはこれらの基準に準拠して土壌試料を採取する。

採取量は原則として，調査対象物質 1 項目の場合は 50 g 以上，11 項目すべての場合は 100 g 以上とする。試料容器は JIS K 0094「試料容器および洗浄」に準拠した容器を使用する。原則として 0～4°C の冷暗所で保管する。溶出量測定は環境省告示第 18 号「土壌溶出量調査に係わる測定方法」（**巻末参照資料Ⅳ**）に規定する方法により実施する。

3.7　第二・三種特定有害物質汚染における試料採取等

表 3.1 に示したように，第二種特定有害物質に係わる土壌汚染状況調査においては，表層土壌を対象とした溶出量調査および含有量調査の両方を行う。第三種特定有害物質に係わる土壌汚染状況調査においては，表層土壌を対象とした溶出量調査を行う。以下の説明は**図 3.5** を参照すると理解しやすい。

3.7.1　試料採取等地点の設定

(1)　全部対象区画の場合

溶出量調査および含有量調査のための土壌試料を採取する地点は，**図 3.20** (a) に示すように，全部対象区画の中心が基本である。しかし，有害物質使用特定施設や関連配管等がある場合には，**図 3.20** (b) のように，施設の直下あるいは周辺に設定する。全部対象区画がコンクリートやアスファルトで被覆されている場合には，それらに孔を開けて可能な限り原則に基づく地点で試料採取を行う。

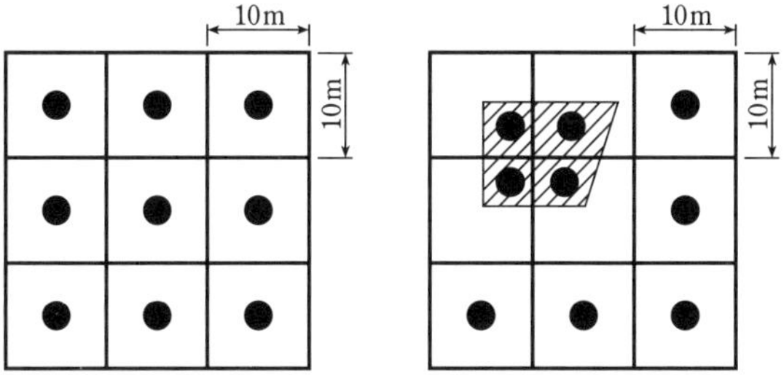

(**a**)基本的な配置　(**b**)有害物質使用特定施設等が存在する場合の配置例

図 3.20　表層土壌調査での試料採取地点の配置の考え方 [5),6)]

(2)　一部対象区画の場合

一部対象区画の場合，30 m 格子単位で調査を行うことになるが，**図 3.21** に示すように，複数の地点から採取した土壌を等重量ずつ混合して 30 m 格子を代表する土壌試料とする。このような試料の採取方法を「複数地点均等混合法」という。混合した土壌試料の測定結果が指定基準に適合している場合は，この 30 m 格子に含まれるすべての単位区画が指定基準に適合しているとして指定区域とはならない。

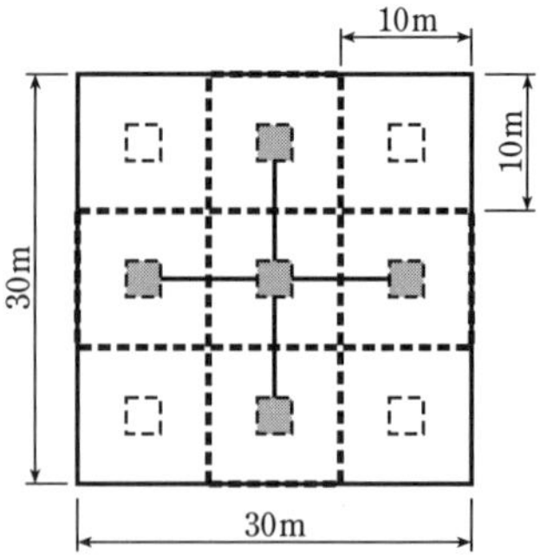

図 3.21　30 m 格子の場合の試料採取地点の基本的な配置 5),6)

一方，混合した土壌試料の測定結果が指定基準に不適合の場合は，この 30 m 格子に含まれるすべての一部対象区画から，追加的に土壌試料を採取し，混合することなく別々に測定する。その結果，指定基準に不適合となった試料採取等区画は指定基準に不適合と判断する。適合した区画は指定基準に適合とする。

なお，土地所有者等が希望する場合，追加的な試料採取を行うことなく，30 m 格子内のすべての一部対象区画を指定基準に不適合とすることができる。

3.7.2 表層土壌調査

（1）試料採取の深度

原則として，表層（地表から深さ 5 cm）および 5～50 cm の土壌を，それぞれ分けて均等に採取する。このとき，地表面がコンクリート等で覆われている場合には，それらを除いた地表面を基準に採取深度を設定する。なお，有害物質使用特定施設等の下で，汚染の可能性が高い部分については，施設の直下を地表と見なして，5 cm および 5～50 cm 間での土を均等に採取する。直下から採取できない場合には，その周辺から同様な深度で採取する。なお，表層土壌調査手法の詳細は第 **4** 章で扱う。

（2）試料採取方法

土壌試料の採取は，移植ごて，スコップ，ダブルスコップ，ハンドオーガー，簡易ボーリングマシン等から，状況に応じて選択して使用する。各深度から採取された土壌試料は別々に風乾し，その後 2 mm ふるいを通過させて等量ずつ均等混合して 1 試料とする。表層土壌の試料採取については，地盤工学会基準「環境化学分析のための表層土試料の採取方法」（**巻末参照資料 Ⅵ**）があり，今後この方法が使用されることになろう。

（3）溶出量と含有量の測定

土壌中の対象物質の溶出量測定は，環境省告示第 18 号「土壌溶出量調査に係わる測定方法」（**巻末参照資料 Ⅳ**），含有量測定は環境省告示第 19 号「土壌含有量調査に係わる測定方法」（**巻末参照資料 V**）の規定に従って実施する。

なお，水銀およびその化合物の場合の溶出量測定においては，水銀（総水銀）とアルキル水銀の定量下限値が同じであるので（0.0005 mg/L），アルキル水銀による汚染が明らかな場合を除き，まず水銀の測定を行って，水銀が検出された場合にアルキル水銀を測定すれば十分としている。

3.8　試料採取等の一部省略規定

土壌汚染状況調査では試料採取等区画のすべての単位区画で試料採取等を行うことが基本であるが，調査を実施する土地所有者等が希望すれば，いずれか1つ以上の試料採取区画で土壌汚染が明らかになった時点で，全部対象区画および一部対象区画のすべてを，指定基準に不適合な単位区画（指定区域）と見なすことができ，これらの区画については調査をせずに土壌汚染状況調査を終了することができる。これは，土地所有者等の経済的負担を軽減することや，措置の実施時の詳細調査との重複を避けるなど，調査の効率化に配慮したものである。

このような例を示したのが**図 3.22** である。**図 3.22**（a）は，星印の単位区画が指定基準に不適合だけによって，すべての区画を不適合にした場合であり，**図 3.22**（b）は，黒丸印の区画は指定基準に適合であったが，星印の3区画が指定基準に不適合であったため，残りのすべての区画を不適合とした場合である。

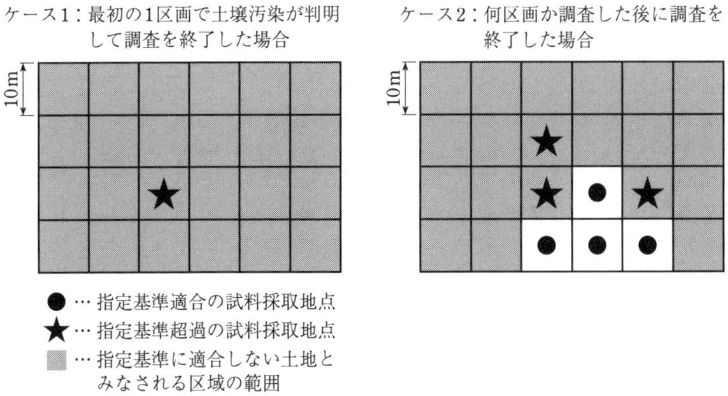

図 3.22　土壌汚染状況調査での土地所有者等の選択の考え方[5),6)]

表 3.5　土壌汚染のおそれと試料採取等のまとめ [5),6)]

<table>
<tr><th colspan="2">特定有害物質の種類</th><th>第一種特定有害物質
(揮発性有機化合物)</th><th>第二種特定有害物質
(重金属等)</th><th>第三種特定有害物質
(農薬等)</th></tr>
<tr><td rowspan="3">試料採取の考え方</td><td>汚染のおそれがある土地</td><td>全部対象区画内の
1 地点</td><td>全部対象区画内の
1 地点</td><td>全部対象区画内の
1 地点</td></tr>
<tr><td>汚染のおそれが少ない土地</td><td>30 m 格子内の
1 地点</td><td>30 m 格子内の一部対象区画で複数地点均等混合</td><td>30 m 格子内の一部対象区画で複数地点均等混合</td></tr>
<tr><td>汚染のおそれがない土地</td><td>必要なし</td><td>必要なし</td><td>必要なし</td></tr>
<tr><td colspan="2">調査方法</td><td>土壌ガス調査
↓
深層部土壌溶出量調査</td><td>表層部土壌溶出量調査
表層部土壌含有量調査</td><td>表層部土壌溶出量調査</td></tr>
</table>

以上に述べてきた，第一・二・三種特定有害物質に係わる土壌汚染状況調査の実施および試料採取等地点の配置をまとめると**表 3.5** のようになる。

3.9　4 条調査（命令的調査）での土壌汚染状況調査の特例

3.9.1　基本的な考え方

いままで 3 条調査（義務的調査）の場合の土壌汚染状況調査を考察してきた。4 条調査（命令的調査）の場合の土壌汚染状況調査も基本的には 3 条調査と同じであるが，4 条調査の特例について簡単に触れておきたい。

地下水等の摂取リスクの観点から，知事から調査命令が出た場合，すなわち 4 条調査を実施しなければならない場合には，土壌ガス濃度が定量下限値（0.1 vol ppm，ベンゼンのみ 0.05 vol ppm）未満で，表層土壌の溶出量および含有量が指定基準以下であっても，さらにボーリング等による地下水調査および深層土壌調査を行い，土壌汚染の有無を確認しなければならない。なお，直接摂取リスクの観点から調査命令が出された場合には，表層土壌が指定基準以下であれば，地下水調査および深層土壌調査を行う必要はない。4 条調査におけるボーリング調査やそれに付随する測定方法は 3 条調査の場合と同じである。

調査命令が出される 4 条調査に該当する土地としては次の 2 つの場合があり，それぞれの場合によって，地下水調査と深層土壌調査の考え方が異なってくる。

(1) 土壌汚染の存在が明らかな土地

この場合の調査は，既往の調査によって，溶出量基準を超過していることが判明している土地について行う。汚染土壌の存在が明らかな土地の任意の地点で地下水を採取し，対象物質の濃度を測定するとともに，深層までの土壌を採取し，溶出量を測定する。このとき，溶出量調査は地下水調査と同じ地点で行うのを基本とし，溶出量調査は地下水が環境基準以下であっても必ず実施する。

(2) 土壌汚染に起因する地下水汚染があると認められる土地

この場合の調査は，汚染土壌が存在する可能性が高いと認められる部分に含まれる任意地点で地下水を採取し，調査対象物質の濃度を測定する。地下水調査を行う地点は漏洩等によって汚染土壌が存在するおそれの高い場所を選定して実施する。その結果，地下水が環境基準を超過している場合には，同じ地点において，深層までの土壌を採取して溶出量を測定する。

3.9.2 ボーリング等による地下水調査と深層土壌調査

地下水調査および深層土壌調査のためのボーリング深度は，**3.6.5** の第一種特定有害物質の場合と同様に，基本的には 10 m までとする。最上部にある帯水層の底面が 10 m 以内にあるときにはその帯水層の底面までとする。

ボーリングによる地下水試料の採取においては，ボーリング孔から直接試料を採取するか，帯水層まで挿入したスクリーン管から採取することを基本とする。ロータリー式ボーリング等において，泥水を使用した場合にはその影響を受けない地下水を採取することが重要である。地下水試料の採取では，事前に孔内の水を汲み出し，新鮮な水を孔内に入れ，水位が回復した時点で採水を行う。

採水深度は最も浅い帯水層とする。ただし，それよりも深い層での地下水汚染が明らかな場合には，土対法の対象外ではあるが，その帯水層についても地下水の採取を行うことが望ましい。採取地下水の運搬や保管は，JIS K 0094「試料容器および洗浄」に準拠して実施する。土壌試料の採取等は **3.6.5** で示した方法と同じである。

3.10　指定区域の指定

土対法においてはリスク管理の概念が導入され，リスクを管理する基準として「指定区域の指定にかかわる基準」いわゆる「指定基準」として，「溶出量指定基準」と「含有量指定基準」が**表 3.2** のように定められた。土壌汚染状況調査の結果，土地が汚染されていると判断された場合，その土地は知事によって指定区域として指定され（土対法第 5 条），指定区域台帳に登録されて閲覧に供せられる（土対法第 6 条）。

原則として，指定区域は 10 m 格子（面積 100 m^2）単位で指定されるが，汚染の可能性の低い土地については 30 m 格子（面積 900 m^2）単位で調査し，30 m 格子単位での指定も可能である。また，いずれかの調査区画で指定基準を超えた場合，土地所有者等が望めば，他の区画を調査せずに調査を終了し，調査地全域を指定区域とすることもできる。指定区域は汚染物質を除去（いわゆる浄化）しない限り指定を解除されない。

3.10.1　第一種特定有害物質汚染での指定区域の指定

（1）判定の方法

土壌ガス調査において対象物質が検出された場合，または地下水調査において「溶出量指定基準」（**表 3.2**）を超過している試料採取等地点がある場合には，この試料採取等地点を含む単位区画（10 m 格子）が指定基準に不適合と見なされ，その単位区画は指定区域に指定される。ただし，土壌ガスから対象物質が検出され，地下水調査の結果が指定基準を超過していても，ボーリング等によって採取した土壌の溶出量が指定基準以下の場合には，その単位区画は指定基準に適合している土地とし，指定区域とはならない。

（2）一部対象区画の取り扱い

30 m 格子には複数の一部対象区画が含まれているわけであるが，この場合，そのうちの 1 つで行った土壌ガス調査で対象物質が検出され，または，地下水調査の結果が指定基準を超過している場合で，**3.8** で述べた汚染範囲の確定のための試料採取等を行わなかった場合には，この 30 m 格子に含まれるすべての一部対象区画が指定基準に不適合と見なされ，指定区域に指定される。汚染範囲確定のための試料採取等を行った場合には，指定基準に適合している単位区画以外の区画が指定区域に指定される。

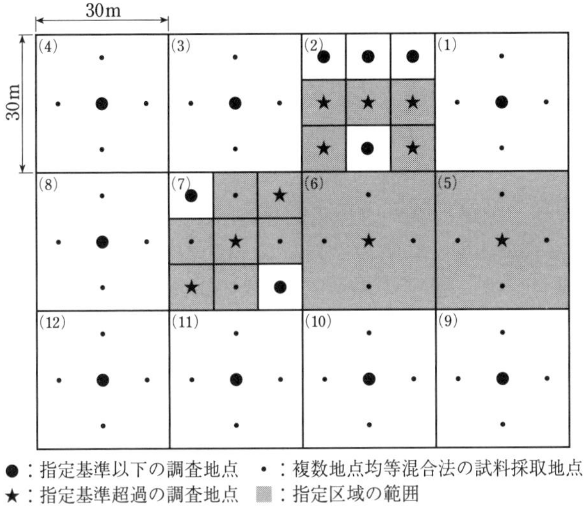

図 3.23　指定区域の指定の一例 5),6)

上記の一部対象区画の取り扱いの例を**図 3.23** に示す。**図 3.23** の（1），（3），（4）および（8）～（12）の 30 m 格子区画は，複数地点均等混合法による測定の結果が指定基準に適合なので，これらの 30 m 格子区画は指定区域とはならない。（5）および（6）の 30 m 格子区画は複数地点均等混合法による測定の結果が指定基準に不適合なので指定区域となる。（2）および（7）の 30 m 格子区画は，汚染範囲の確定のための試料採取等を 10 m 格子単位で実施しているので，10 m 格子区画ごとに指定基準への適合・不適が判定される。

3.10.2　第二・三種特定有害物質汚染での指定区域の指定

（1）判定の方法

第二種特定有害物質の場合には表層土壌についての溶出量測定および含有量測定の結果が，第三種特定有害物質の場合には溶出量測定の結果が，指定基準に不適合な試料採取地点があるときは，その地点を含む単位区画が指定基準に不適合と見なされ指定区域に指定される。

（2）一部対象区画の取り扱い

この場合の考え方は第一種特定有害物質の場合と同じである。30 m 格子には複数の一部対象区画が含まれているため，複数地点均等混合法による溶出量測定および含有量測定を行うが，両者の結果が指定基準に不適合の場合で，

3.8 で述べた汚染範囲の確定のための試料採取等を行わなかった場合には，この 30 m 格子に含まれるすべての一部対象区画は指定基準に不適合な土地と見なされ指定区域に指定される。汚染範囲確定のための試料採取等を行った場合には，指定基準に不適合な単位区画のみが指定区域に指定される。

3.10.3　4 条調査での指定区域の指定の特例

3.10.1 および **3.10.2** の判定方法は 3 条調査の場合である。4 条調査（命令的調査）の場合には，指定区域の指定は次のような方法によっている。**3.9** で述べた特例によるボーリング調査の結果，いずれかの深度の土壌試料についての溶出量が指定基準に不適合な場合には，通常の土壌ガス調査または溶出量調査の結果が指定基準に適合していても，対象地の全域が指定基準に不適合と見なされる。ただし，深層土壌の溶出量が，すべての深度で指定基準に適合している単位区画は，指定基準に適合した土地と見なされる。**3.9** で地下水汚染のみが判明した場合には土壌汚染があるとは判断されない。

3.10.4　土対法施行前に行った調査結果の利用

土対法の施行前に土壌汚染に関する調査を行った土地では，土対法での土壌汚染状況調査と同等程度の精度で調査が行われている場合であって，その調査の後に，新たな汚染が生じたおそれがない場合には，新たに調査することなく以前の調査に基づいて指定基準の適合状態を判断してよい。たとえば，1999（平成 11）年の調査・対策指針に基づき，1 000 m^2 に 1 地点（5 地点均等混合法）の試料採取を行った調査結果は，土対法の 30 m 格子区画での試料採取等の結果と同等の精度があるとされている。

また，土対法施行前の調査結果を利用するためには，上記のような試料採取の密度のほかに，次の要件のいずれかを満たしていることが必要である。

① 土対法施行前の調査が，施行後に指定調査機関に指定された機関により適正に行われていること

② 土対法施行前の調査の内容および調査結果が適正なものであることを指定機関が確認（原則として書類上の確認でよい，必要に応じて現地調査による確認）していること

さらに，試料採取の方法については，原則として土対法に定めるものと同じである必要があるが，汚染を見逃さない範囲で違う方法による調査も認められる。たとえば，検知管による土壌ガス測定は土対法では定められていな

いが，一般に，検知管による測定は，対策法で定める測定法に比べると感度が低いので，土対法で定める方法によっても検出される可能性が高いと考えられる。このようなことから，検知管によって汚染物質が検出された単位区画は，指定基準に不適合な土地と見なすことができる。一方，検知管によって不検出であっても，その土地が指定基準に適合しているとはいい切れないので，土対法に定める方法によって，指定基準への適合性を確認する必要がある。

3.11　指定基準値設定の考え方 [4),6)]

3.11.1　暴露径路

土壌汚染によって人が汚染物質にさらされる場合，すなわち暴露径路としては次のようなものが考えられる。

① 土壌中の汚染物質が地下水等に溶け出し，人がその地下水を飲む（地下水等摂取）
② 汚染された土壌や土ぼこりが，直接口から体内に入ったり，身体に接触して皮膚から吸収される（直接摂取）
③ 土壌中の汚染物質が大気中に揮発し，人がその大気を吸入する
④ 公共水域に汚染土粒子が流出し，汚染物質が魚介類に蓄積し，それを人が食べる
⑤ 汚染物質が農作物・家畜に蓄積され，それを人が食べる

土対法では，このうち，①の地下水等摂取と②の直接摂取の 2 つの暴露径路が考慮されている。この 2 つの暴露径路ごとに，土壌汚染があるかないかの指定区域の判断基準として，溶出量指定基準と含有量指定基準が設定されている。溶出量指定基準は，汚染地の近くに飲用井戸がある等，地下水等摂取のリスクがあるときに適用される。含有量指定基準は，汚染土壌が露出していて一般の人が立ち入ることができる等，直接摂取のリスクがあるときに適用される。上記の 2 つの場合以外については次のような理由によって土対法においては考慮されていない。

③の大気の吸入については，土壌汚染に起因する大気汚染の事例がないこと。大人が呼吸する 1.5 m の高さで大気環境基準を超える大気汚染をひき起こすような土壌汚染であれば，溶出量基準（地下水等摂取に関する基準）も超過する可能性も高いから，独自の基準を設ける必要性が少ない。また，大気

中に揮発すれば，時間とともに土壌濃度が減少し，大気中へ揮発する量も減少する。④の魚介類からの摂取については，十分なデータや知見がなく，現時点では設定が難しい。ただし，後述のように，水銀と PCB については考慮されている。⑤の農作物・家畜からの摂取については，すでに農用地に適用される農用地土壌汚染防止法があるので土対法では対象としていない。

3.11.2 溶出量指定基準の考え方（地下水等摂取リスクに対応）

（1）溶出量指定基準

地下水等摂取リスクに対応する溶出量基準は，土壌中に汚染物質がどれだけあるかという含有量指定基準と異なり，土壌中に含まれている汚染物質がどのくらい水に溶け出すのかという基準である。これは，土壌中の有害物質を 10 倍の水に溶出させて，その溶液（検液）の濃度を測定するものである。溶出量指定基準は地下水を飲用することを前提としているから，地下水を飲む可能性がなければ適用されない。

表 3.2 に示したように，溶出量基準には，汚染土地を指定区域に指定するときに適用する溶出量指定基準と，措置内容の選択時に適用される「第二溶出量基準」とがある。溶出量指定基準は土壌汚染があるという判断基準（指定区域に指定する基準）である。

第二溶出量基準は，廃棄物基準（管理型最終処分場の埋立基準）に準拠していて，溶出量指定基準の 10～30 倍の値で設定されている。第二溶出量基準を超える場合にはより厳しい措置内容が必要という基準である。たとえば，重金属等で第二溶出量基準を超えた場合は不溶化処理はできない。不溶化処理して第二溶出量基準以下としたものは，原位置封じ込めや遮水工封じ込めをすることができる（第 **6**，**7** 章参照）。

揮発性有機化合物で第二溶出量基準を超えた場合は原位置封じ込めはできず，汚染土壌の除去が必要となる。農薬等で第二溶出量基準を超えた場合は原位置封じ込めはできず，汚染土壌の除去または遮断工封じ込めが必要となる。

（2）溶出量指定基準の設定方法

溶出量指定基準の値は，地下水を飲用するというリスクを考慮しているため，水道水質基準とおおむね同じに設定されている。すなわち，水道水質基準 ⇒ 水質環境基準（健康項目）⇒ 土壌環境基準（溶出量基準）⇒ 地下水環境基準 ⇒ 溶出量指定基準というように，もとをたどれば水道水質基準に行き着く。ただし，以下の物質は水道水質基準と異なっている [12)]。

① PCB：PCB の水道水質基準は定められていない。溶出量指定基準は「検出されないこと」と定められている。これは公共用水域の水質環境基準からきている。公共用水域の場合，魚介類での生物濃縮を通じて食品として人体に取り入れられる危険性があるため，飲料水というよりも，むしろこの点を考慮して定められたものである。

② アルキル水銀：水道水質基準では水銀として基準値が定められているが，溶出量指定基準では，総水銀とは別に，アルキル水銀が「検出されないこと」となっている。これも PCB と同様に魚介類の生物濃縮を考慮し，魚介類の食品としての安全性を考慮した公共用水域の水質の基準を基に定められたものである。

③ 1,1,1-トリクロロエタン：水道水質基準（性状項目）が 0.3 mg/L であるのに対し，溶出量指定基準は 1 mg/L となっている。これは水道水質基準が臭味発生防止の観点から定められているのに対し，溶出量指定基準（＝環境基準）が慢性毒性を考慮して定められているためである。

④ 有機リン：有機リンは水道水質基準では定められていない。以前は水質環境基準が定められていたが，公共用水域では 20 年以上基準超過事例がない等の理由により，現在では削除されている。

なお現在，世界保健機構（WHO）の飲料水水質ガイドラインの改定に合わせ，わが国でも，中央環境審議会水環境部会環境基準健康項目専門委員会において，水道水質基準の見直しが検討されているところであり，これらの動向にも注意する必要がある。

3.11.3 含有量指定基準の考え方（直接摂取リスクに対応）

（1）含有量指定基準

直接摂取のリスクに対応する含有量指定基準は，**表 3.2** に示すように，9 物質について，土壌中に人の健康に被害を及ぼす汚染物質がどれだけあるかという観点から設定されている。従来は，1999（平成 11）年の調査・対策指針においては 4 物質について含有量参考値が定められ（**表 1.3**），これらを超える汚染については，土壌の飛散や流出防止の観点からの対策を行うことが望ましいとされていた。この含有量参考値は，健康影響を考慮して設定されたものではなく，全国の市街地を調査した結果に基づく統計上の値であり，（平均値 ＋ 3σ）で定められた値である（σ は標準偏差）。土対法での含有量指定基準は，健康影響を考慮して設定されたものであり，従来の含有量参考値とは値が異なっている。

また，溶出量指定基準とは異なり，揮発性有機化合物，PCB，農薬については，含有量指定基準が定められていない。これは次のような理由によっている。

① 揮発性有機化合物：揮発性有機化合物は土壌中での下層への移動性や大気中への揮発性が高く，一般には，表層土壌中に高濃度の状態のまま長期間（複数年）存在することはないと考えられる。

② PCB：PCBの中で毒性の強いコプラナーPCBは，ダイオキシン類の中の異性体として位置づけられ，すでにダイオキシン類対策特別措置法によって基準値が定められ対策がとられている。また，PCB濃度が危険レベルを超える場合には，コプラナーPCBもダイオキシン基準を超えると推定されている。したがって，ダイオキシン類対策特別措置法による対応で足りると考えられる。

③ 農薬（チウラム，シマジン，チオベンカルブ，有機リン，1,3-ジクロロプロペン）：これらの物質は土壌中で分解が早く，長期間高濃度で土壌汚染が存在することは考えられない。

(2) 含有量指定基準の設定方法

含有量指定基準は以下に示すような考え方によって定められている[13)]。

① 人の体内に入る物質量のうち土壌から入る割合：物質が人の体内に入ってくるのは，土壌から10％，飲料水から10％，食べ物から80％と想定し，わが国で設定されている1日あたりの許容量の10％を割り振るという方法をとっている。実際には，ホウ素以外の物質は1日あたりの許容量が設定されていない。このような場合には，水道水質基準に準拠し，水道水質基準と同じ飲料水（1日2L）を飲んだときに摂取する物質量と同じ量を，土壌から摂取してもよいと考える。なお，1日あたりの許容量は，耐用1日摂取量（TDI：Tolerable Daily Intake）と呼ばれ，一生涯摂取しても健康に影響がないと判断される1日・体重1kgあたりの摂取量である。

② 汚染土壌に暴露される期間（暴露期間）：一般に，重金属等は自然的原因により広範囲に存在しており，汚染されていない土壌の上に居住しても一定の暴露を受けるため，汚染土壌の上に70年間居住すると仮定する。また，毎日汚染土壌にさらされると仮定する。

③ 土壌摂取量：1日あたりの摂取量を大人100mg，子供200mgとしてい

る。これは日本と海外で行われた調査結果に基づいている。中央環境審議会の答申によれば，欧米に比べて摂取量を多く設定している。つまり欧米よりも安全側に設定している。子供の6年間は1日200 mg，大人の64年間は1日100 mgの土壌を摂取するから，生涯平均で1日109 mgとなる。

④ 達成期間のとらえ方：六価クロム，フッ素，シアンの3物質は，水道水質基準の設定に際して，急性毒性または比較的短期な影響を勘案して設定されているため，土壌摂取量の多い子供の時期においても達成されるようにしている。つまり，水道水質基準と同じ飲料水を1L飲んだときの物質摂取量と，200 mgの土壌を摂取したときの物質摂取量が同じになるように濃度レベルを設定している。これに対して，六価クロム，フッ素，シアン以外の物質は生涯平均で考える。TDIが設定されているホウ素を除けば，水道水質基準と同じ飲料水を2L飲んだときの物質摂取量と，109 mgの土壌を摂取したときの物質摂取量が同じになるように設定されている。

⑤ 急性毒性：幼児は年間に1，2回程度，多量の土壌を食べることがあるといわれている（1回10 mg程度）。六価クロム，フッ素，シアンの3物質は急性毒性の懸念があるため，この場合でも問題のない基準としている。

⑥ 吸収率と測定方法：汚染土壌が体内に入っても，土壌に含まれる物質がすべて吸収されるわけではないが，基準ではこの吸収率は考慮していない。ただし，含有量の測定方法については，完全分解による全量測定までは行わない。吸収率と測定方法の両方を考慮すると，一定の安全率が見込まれていることになる。

⑦ 皮膚接触：皮膚からの吸収は結果的に基準値の算定に影響を与えない。物質が皮膚に接触しても，多くの物質の吸収率は1％未満であり，経口摂取量の数％程度であると見られている。対象となる9物質はいずれも吸収率が高いという知見が得られていない。

⑧ 数値の切り捨て等：計算された数値については有効数字2桁とし，切り捨てにより2桁目は0または5とする。

(3) 物質ごとの含有量指定基準

上記のような考え方に基づいて，個々の物質の含有量指定基準の設定根拠は以下のようである。

① 水銀：水道水質基準は0.0005 mg/Lであるが，0.001 mg/Lとして算定されている。これは，1992年に疫学上の結果から0.001 mg/Lとされたものの，水道水質基準の見直しにあたっては，継続性を考慮して据え置かれたという事情があったためである。算定方法は次のようである。0.001 mg/Lの水を2 L飲むと0.002 mgの水銀を摂取する。子供の6年間は1日200 mg，大人の64年間は1日100 mgの土壌を摂取するから，生涯平均では1日あたり109 mgとなる。109 mgの土壌×含有量指定基準＝0.002 mgの水銀を摂取するようにすると，含有量指定基準は0.0000183 %となり，これは18.3 mg/kgに相当する。2桁目は0または5にすることになっているから15 mg/kgとなる。

② カドミウム：水道水質基準の0.01 mg/Lに基づいて設定されている。算定方法は水銀の場合と同じである。

③ 鉛：2003年4月から適用されている水道水質基準の0.01 mg/Lに基づいて設定された。従来の水道水質基準は0.05 mg/Lであった。算定方法は水銀の場合と同じである。

④ 砒素：水道水質基準の0.01 mg/Lに基づいて設定されている。水道水質基準は1992年に0.05から0.01 mg/Lに変更された。算定方法は水銀の場合と同じである。

⑤ 六価クロム：水道水質基準の0.05 mg/Lに基づいて設定されている。ただし，六価クロムは急性毒性が懸念されるので，算定方法は水銀の場合と異なり，生涯平均ではなく，幼児期の土壌摂取を考慮している。すなわち，飲料水の1日摂取量は2 Lではなく1 Lとし，土壌摂取量は109 mgではなく，幼児期の摂取量200 mgを適用している。この結果，基準値は生涯平均に基づいた場合の900 mg/kgではなく，250 mg/kgとなっている。また，このレベルであれば，幼児が多量の土壌（10 mg程度）を摂取しても問題ないとされている。

⑥ フッ素：水道水質基準の0.8 mg/Lに基づいて設定された。この基準は斑状歯の発生を防止するという観点から設定されたため，六価クロムと同様に，幼児期の土壌摂取を考慮している。基準値は，生涯平均に基づいたときの10 000 mg/kgではなく，4 000 mg/kgとなっている。また，このレベルであれば，幼児が多量の土壌（10 g程度）を摂取しても問題ないとされている。

⑦ ホウ素：ホウ素については，わが国で，1日あたりの許容量（TDI）が

96 μg/kg/日と定められている。この量の 10 %を土壌に割り当てている。すなわち，96 μg×10 % ×50 kg（体重）÷109 000 μg（1 日あたりの土壌摂取量 109 mg）=0.0044 % ⇒ 4 400 mg/kg ⇒ 4 000 mg/kg となる。

⑧ セレン：水道水質基準の 0.01 mg/L に基づいて設定されている。算定方法は水銀と同じである。

⑨ シアン：シアンは急性毒性があるので，六価クロムやフッ素と同様に，生涯平均ではなく，幼児期の土壌摂取を考慮して決めている。また，シアンの毒性を考慮し，全シアンではなく遊離シアンを測定することとしている。シアンの水道水質基準は 0.01 mg/L である。毒性試験の結果から 0.06 mg/L とされたが，水道水質基準の見直しにあたっては，継続性を考慮して据え置かれた経緯がある。指定基準値は，0.01 mg/L を用いると 50 mg/kg となり，0.06 mg/L を用いれば 300 mg/kg となる。幼児が多量の土壌（10 mg 程度）を摂取した場合，50 mg/kg であれば問題ないが，300 mg/kg であれば問題がないとはいえないため，指定基準値は 50 mg/kg とされた。

(4) 急性毒性への対応

上記の六価クロム，フッ素およびシアンの項で述べたように，含有量指定基準は慢性毒性だけでなく急性毒性も考慮して設定されている。急性毒性から算定された土壌汚染の濃度レベルを**表 3.6** に示す。これらの数値は，体重 10 kg の子供が 10 g の土壌を食べてしまったとき，中毒症状をひき起こす濃度レベルの数値を 10 で除したものである。10 で除するということは，安全を見込んで厳しい数値にしたことを意味する。

表 3.6 急性毒性から算定した土壌汚染の濃度レベルと含有量指定基準 4)

	致死量から算出した土壌濃度レベル	中毒症状から算出した土壌濃度レベル	土壌含有量基準
水銀	1 000	3 000	15
カドミウム	2 500	2 500	150
鉛	45 000	—	150
砒素	2 200	600	150
六価クロム	410	410	250
フッ素	4 100	—	4 000
ホウ素	50 500	50 500	4 000
セレン	—	3 500	150
シアン化合物	56	1 500	50

3.12 自然原因による土壌汚染の判断[14)]

土対法での土壌汚染は，環境基本法第2条第3項に規定されている，人の活動に伴って生ずる土壌の汚染に限定されるものであり，自然原因による土壌汚染は土対法の対象とはならない。したがって，自然原因の場合は汚染状態が指定基準に不適合であっても指定区域として指定されることはない。自然汚染であることが疑われる場合には，知事は追加的な調査を行い，調査結果が一定の条件を満たすときには，自然汚染と判断して土対法の適用はしないこととされている。ただし，自然原因あるいは人為的原因にかかわらず，指定基準を超えた汚染土壌の取り扱いについては，第**5**，**6**，**7**章で述べるような処置が必要となる。

3.12.1 溶出量指定基準を超過する場合の判断

自然原因によって溶出量指定基準に不適合になっていると予測される場合には，次の3つの観点から検討を行い，これらのいずれの観点からも一定の条件を満たすときには，溶出量指定基準を超過した場合であっても，自然原因によるものである可能性が高いと判断する。

① 特定有害物質の種類等
② 特定有害物質の含有量の範囲
③ 特定有害物質の分布特性

(1) 特定有害物質の種類等による判断

わが国での過去の土壌汚染調査等によると，自然原因により溶出量指定基準を超過する可能性の高い物質は，砒素，鉛，フッ素，ホウ素の4種類の重金属である。水銀，カドミウム，セレン，六価クロムについても自然原因による可能性がある。これらの物質による土壌汚染が自然原因である可能性を評価するためには，対象土地の履歴や周辺の同様な事例，周辺地盤の堆積環境と後背地の状況，海域との関係などの状況を総合的に検討する必要がある。

また，溶出量が基準のおおむね10倍を超える場合は，人為的汚染の可能性が高いが，そのような場合であっても自然原因である場合もある。要するに，特定有害物質の種類から，自然原因である可能性を判断することはかなり難しいといわざるをえない。

土壌環境センターが行った自然原因による溶出量基準超過に関するアンケートによる実態調査（2002年10月実施，45社が回答）の結果は**表3.7**のようで

表 3.7 自然原因と判断された土壌汚染事例数[6),11)]

物質名	砒素	鉛	フッ素	ホウ素	水銀	カドミウム	セレン	六価クロム
事例数	31	18	14	1	8	4	2	0

ある。自然的原因と判断された事例数が最も多い物質は砒素であり，次いで鉛，フッ素，水銀という順序となっている。この結果は必ずしもわが国の平均を表すわけではないが，上位3物質の重金属については，自然原因によって溶出量基準を超過する可能性が高いことを示唆している。水銀，カドミウム，セレンについては，このアンケート調査では全国的に広く分布しているとはいえないようであるが，自然原因と判断された事例が存在する。

(2) 特定有害物質の含有量の範囲等による判断

特定有害物質の含有量（全量分析）が，おおむねわが国における自然レベルの含有量の範囲内にあるかどうかが，自然的原因による汚染の判断材料の1つとなる。そもそも，重金属等は自然界に存在すものであるから，人為的な汚染が及ばない土壌であっても重金属等が含まれている。全国10都市，延べ193地点についての1999（平成11）年度の環境庁の調査結果によると，（含有量の平均値＋3σ）の値は**表 3.8** のようである。

表 3.8 自然レベルと見なせる含有量（全量分析）の上限値の目安[6)]

物質名	砒素	鉛	フッ素	ホウ素	水銀	カドミウム	セレン	六価クロム
上限値の目安	39	140	700	100	1.4	1.4	2.0	—

※法に基づく土壌含有量の測定方法（酸抽出法等）により表 3.8 に示すレベルを超えた場合には，人為的原因による可能性が高いと判断する。
※酸抽出法の物質で，その測定値のすべてが表に示す数値の範囲内にある場合は，当該測定値のうち最も高い試料について全量分析による含有量を求め，この値と表 3.8 の値を比較する。
※全量分析の分解および測定方法については表 3.9 を参照。

1999年の調査・対策指針では，（平均値＋3σ）の値を「これを上回れば何らかの人為的負荷があったともの」として含有量参考値としており，統計的には，**表 3.8** に示す値以上の場合は，何らかの人為的な負荷があった可能性が高いといえる。なお，鉱脈や鉱床の分布地帯等の地質条件によっては，この上限値の目安を超える場合は十分考えられる。

ここで，含有量の測定方法について触れておく。含有量の測定法には，土壌中の重金属等を強い酸やアルカリで分解し全量を測定する全量分析と，体内で吸収される状況を考慮して，より弱い酸で抽出して測定する酸抽出法とがある。従来使われていた全量分析方法を**表3.9**に示す。従来の指針や自治体では全量分析が用いられてきたが，土対法では1規定の塩酸で抽出する酸抽出法が用いられることになった。酸抽出法については第**4**章で述べる。

表3.9 全含有量分析方法の種類[6)]

物質名	前処理方法	測定方法
砒素	酸分解（硝酸–硫酸）	水素化物発生原子吸光光度法
鉛	酸分解（硝酸–塩酸）	フレーム原子吸光光度法
フッ素	アルカリ融解（炭酸ナトリウム）–水蒸気蒸留	ランタン–アリザリンコンプレキソン吸光光度法
ホウ素	アルカリ融解（炭酸ナトリウム）	メチレンブルー吸光光度法
水銀	酸分解（硝酸–硫酸–過マンガン酸カリウム）	還元気化原子吸光光度法
カドミウム	酸分解（硝酸–塩酸）	フレーム原子吸光光度法
セレン	酸分解（硝酸–硫酸）	水素化物発生原子吸光光度法

酸抽出法による結果は全量分析による結果より明らかに小さくなる。したがって，酸抽出法による結果が**表3.8**のレベルを超えていれば，全量分析を行うことなく，自然レベルを超えていると判断できる。地域特性を考慮しなければならないような場合には，周辺の人為的影響を受けていない土地での測定値と比較することも重要である。また，鉛などでは土壌中における存在形態も自然原因か人為的な原因かの判断に役立つ。

（3）特定有害物質の分布特性による判断

特定有害物質の含有量の分布に，その物質の使用履歴場所との関連性を示す局所性のないことが，自然原因による汚染であるかどうかの判断材料の1つとなる。

先に述べた土壌環境センターによるアンケート調査においても，自然原因と判断した最も多い理由が「基準超過の範囲が一様に分布しており，人為的原因とは考えられない」となっている。このようなことから，分布特性から判断する方法は一般的な方法と考えられる。ただ従来，分布特性を見るのに溶出量値が用いられる場合が多かったが，溶出量値は試験条件によって変化しやすいので，含有量値を用いる方が妥当であろう。

人為的な土壌汚染では，汚染物質が浸透した地点の周囲での含有量が多いのが普通である。また，地下へ浸透した場合，深くなるにつれて含有量が低下する傾向がある。一方，自然原因の場合，このような局所的な含有量の高まりや減衰の傾向は見られない。このようなことから，以下の手順によって判断することができる。

① 含有量の平面分布に局在性が認められない場合は人為的原因の可能性は低い。

② 平面分布に局在性はあるが，特定施設等との関連性がない場合には，深層の土壌調査を行い，含有量と深度方向の分布や土質との関連性を検討する。この結果，同一地層内で含有量の深度方向の減衰が見られない場合は，人為的原因である可能性は低いと判断する。

③ 平面分布に局在性があり，特定施設等との関連性がある場合は，人為的原因である可能性が高いと判断する。

④ 地下深部まで溶出量基準の超過がある場合でも，含有量が自然レベルの上限値（**表 3.8**）以下であること，含有量または溶出量の深度方向の明らかな連続的な低下が同一地層内で見られないこと等，有害物質の浸透による影響を受けている可能性が低いと判断することができる深度以下では，人為的原因による土壌汚染の可能性は低いと判断する。

このような手順により，人為的原因による含有量の高まりである可能性が低いと判断された範囲は，自然原因による可能性が高いと判断する。

3.12.2　含有量基準を超過する場合の判断

含有量基準を超過するような場合には，次の 2 つの観点から検討を行い，このいずれの観点についても一定の条件を満たすときには，含有量基準を超過する場合であっても，自然原因によるものである可能性が高いと判断する。なお，これまでの知見によると，自然原因によって含有量基準を超過する可能性のある物質は砒素および鉛と考えられている。

① バックグラウンド濃度または化合物形態等から，対象有害物質が専ら自然的原因によるものであることが確認できること

② 含有量の分布に対象物質使用の使用履歴場所等との関連性を示す局在性が認められないこと

表 3.10 に重金属等の含有量（全量分析）の自然レベルの範囲の目安と含有量基準（酸抽出法）を示す。測定方法に違いはあるが，鉛および砒素以外の

表 3.10　自然的レベルの範囲の目安と含有量基準値の比較 6)

物質名	砒素	鉛	フッ素	水銀	カドミウム	セレン	ホウ素
自然的レベル	39	140	700	1.4	1.4	2.0	100
含有量基準	150	150	4 000	15	150	150	4 000
比率	0.26	0.93	0.18	0.09	0.01	0.01	0.03

物質の自然レベルは，含有量基準よりも十分に小さい値である。このようなことから，鉛と砒素以外の物質では，含有量基準を超えれば人為的原因によるものである可能性が高いといえる。また，これが自然的原因であると判断するためには，周囲の人為的な影響を受けていない土地における土壌中の有害物質の含有量（バックグラウンド濃度）との比較，または化合物形態等の測定によって，自然原因によるものであることを確認する必要がある。

【参考文献】

1) 環境庁水質保全局：土壌・地下水汚染に係わる調査・対策指針および運用基準，土壌環境センター，1999
2) 地盤工学会 編：土壌・地下水汚染の調査・予測・対策，地盤工学会，2002
3) 平田 厚：Q & A 土壌汚染対策法解説，三省堂，2003
4) 土壌汚染対策研究会 編著：土壌汚染対策法と企業の対応，Q & A 101，産業環境管理協会，2003
5) 中央環境審議会：土壌汚染対策法に係わる技術的事項について（答申），環境省資料，2002
6) 環境省 監修，土壌環境センター 編：土壌汚染対策法に基づく調査および措置の技術的手法の解説，土壌環境センター，2003
7) 木暮 敬二：地盤環境の汚染と浄化修復システム，技報堂出版，2000
8) 中島 誠：土壌・地下水汚染にどう対処するか—調査・対策の進め方—，化学工業日報社，2001
9) 環境省環境管理局水環境部：土壌汚染対策法の施行について，環境省資料，2003
10) 環境省土壌の含有量リスク評価検討会：土壌の直接摂取によるリスク評価等について，環境省資料，2001
11) 全国地質調査業協会連合会 編：地質調査技士（土壌・地下水汚染部門）認定講習会テキスト（平成 15 年版），2003
12) 環境庁水質保全局 監修，水質法令研究会 編集：逐条解説水質汚濁防止法，1996
13) 環境庁水質保全局：市街地土壌汚染問題検討会報告書，環境省資料，1986
14) 全国地質調査業協会 編：土壌・地下水汚染のための地質調査実務の知識，オーム社，2004

第4章

土壌汚染に関する調査と試験

本章においては，土壌汚染状況調査等（第**3**章）に用いられる個々の調査方法および試験（測定・分析）方法の技術的事項について考える。調査方法としては，土壌ガス調査，表層土壌調査，ボーリングによる深層土壌調査および地下水調査について述べる。試験方法すなわち測定・分析としては，各種調査方法によって採取した試料すなわち土壌ガス，土壌および地下水に含まれる特定有害物質の測定・分析方法を，公定法や学会基準を中心に紹介する。

4.1　土壌ガス調査

土壌汚染状況調査の1つの手法である土壌ガス調査の概要，すなわち土壌ガス調査の目的と位置づけ，試料ガス採取地点の密度，試料採取方法の基本的事項については**3.6**で述べた。本節は**3.6**の続編ともいえるものであり，主として，土壌ガス採取方法および採取したガスの測定・分析方法などの細部の技術的事項について詳述する。

4.1.1　土壌ガス調査の意義

土壌ガス調査は第一種特定有害物質（揮発性有機化合物）による土壌汚染について実施する（**表3.1**）。この調査の結果は，土壌汚染の可能性の判断資料にするとともに，土壌汚染の平面的な分布を把握することに利用される。土壌ガス調査によって特定有害物質が検出された場合には，基本的に，土壌ガス調査に続いて土壌に関する溶出量調査を行い最終的な土壌汚染の有無の判断を行う。

土壌ガス調査は，揮発性有機化合物の揮発性を利用するものであり，土壌中の揮発性の汚染物質が気化して地表付近にまで拡散してきているという前提のもとに行われる。深層土壌中に汚染物質があったとしても，表層土の土壌ガスが汚染されていなければ，土壌汚染が発生していないと判断される危険性もあり，粘土層のような透気性の悪い地層が，汚染物質の存在する層よりも上部にある場合などには適用できないこともある。このような場合には，透気性の悪い地層よりも下の地層からガスを採取する。

土壌ガス調査によって特定有害物質が検出された場合には溶出量調査を実施する（**表 3.1**）。溶出量調査は，汚染土壌が存在するおそれが最も多いと認められる地点で，表層土壌，深さ 5～50 cm 間での土壌，深さ 1～10 m までの間で 1 m ごとの土壌を採取し，それぞれの土壌に水を加えた検液に溶出する有害物質の量を測定する。

土壌ガス調査に関する技術的な事項の詳細，すなわち土壌ガスの採取方法および採取したガス試料の測定（分析）方法は，2003（平成 15）年 3 月 6 日の環境省告示第 16 号「土壌ガス調査に係わる採取および測定の方法」として定められている。告示第 16 号を**巻末参照資料Ⅱ**に示した。土壌汚染状況調査における土壌ガス調査での試料ガスの採取や測定は告示第 16 号に従って実施する。

4.1.2　土壌ガスの採取・測定（分析）方法

土壌ガス採取および測定方法の具体的で技術的な手法の細部は，環境省告示 16 号「土壌ガス調査に係わる採取および測定の方法」（**巻末参照資料Ⅱ**）に定められている。告示 16 号の前半部分は採取方法を，後半は測定方法を規定している。告示 16 号において，土壌ガス採取装置として，**図 4.1** に概要を示す 4 つの方法が定められている。

いうまでもなく，土壌ガス調査は土壌中の気体または地下水中からの気体に含まれる有害物質の量を測定するものであり，施行規則第 5 条（**表 2.3**）の規定に基づいて定められたものである。土壌ガスの採取と採取されたガスの測定・分析は**巻末参照資料Ⅱ**の手順で実施すればよい。ここでは**図 4.1** の試料採取装置について簡単に説明しておきたい。

図 4.1（a）の減圧捕集瓶法では，保護管上部の密栓を開き，速やかに保護管内に採取管を挿入し，保護管の開口部付近から土壌ガスを採取できるように採取管を設置する。その後，採取管容量の約 3 倍の試料ガスを吸引する。次

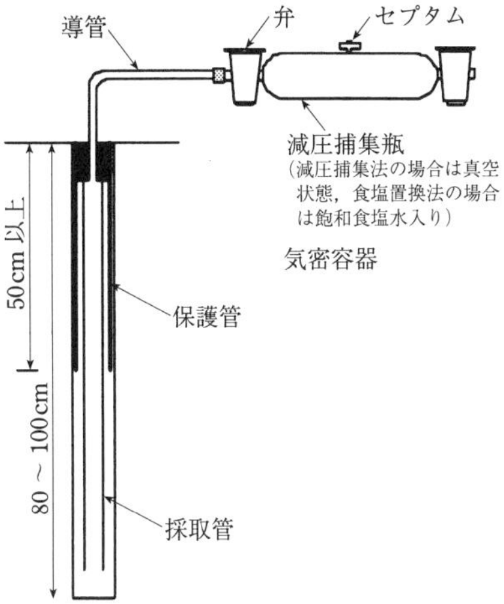

（**a**）減圧捕集瓶法および食塩置換法の場合

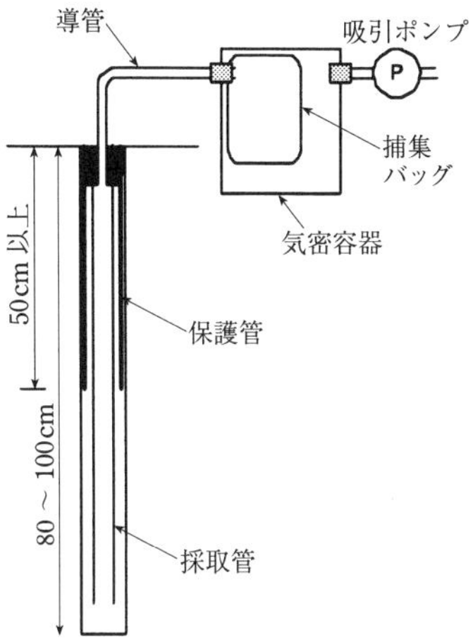

（**b**）捕集バッグ法

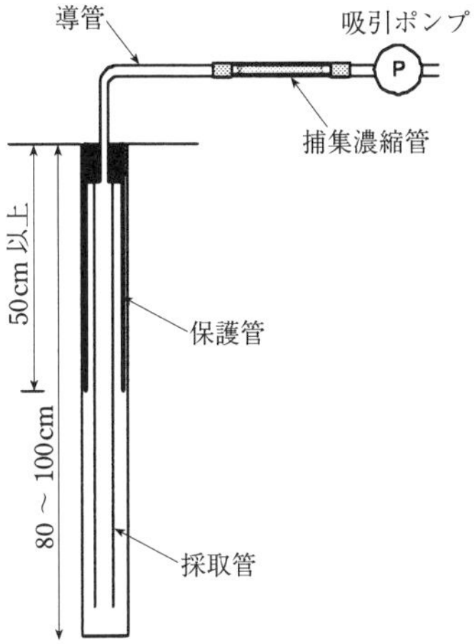

（**c**）捕集濃縮管を地上に設置する方法

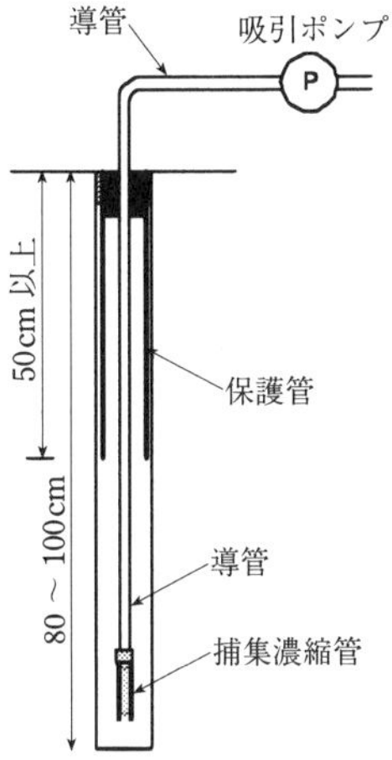

（**d**）捕集濃縮管を地下に設置する方法

図 4.1　試料採取孔および試料採取装置 [10)]

いで，採取管に導管を接続し，減圧捕集瓶の弁を開放し，導管を通じて試料ガスを採取する。食塩水置換法は原理的に減圧捕集瓶法と同じである。減圧捕集瓶に飽和食塩水を充填し，弁を閉じて密栓し，減圧捕集瓶を導管に接続する。減圧捕集瓶のセプタムに注射筒を刺し，減圧捕集瓶の弁を開放し，食塩水を注射筒内に吸引することにより，減圧捕集瓶内の食塩水を試料ガスに置換する。

図 4.1 (b) の捕集バッグ法は，吸引ポンプを稼動し，気密容器を減圧する。気密容器の減圧により，試料ガスを捕集バッグ内に採取する。試料ガス採取後，スリーブにシリコンゴム栓を施す。**図 4.1** (c) (d) の捕集濃縮管法は，捕集濃縮管に接続した吸引ポンプで一定速度により一定量の試料ガスを吸引し，試料ガス中の対象化学成分を捕集濃縮管内の捕集剤に吸着させる。ガスを捕集した捕集濃縮管を密閉し，現地分析を行わない場合はデシケーター内で保存する。

4.1.3 その他の土壌ガス調査法

環境省告示第 16 号においては，土壌ガスの採取および測定（分析）の方法を細かく定めているが，従来から，土壌ガス調査方法については種々の方法が提案され用いられてきた経緯がある。これらの詳細は文献 1)～5) などに解説されている。

告示第 16 号で定める測定方法を含めて，従来，よく使われてきた土壌ガス調査方法を，中島は**表 4.1** のようにまとめている[5)]。ガスの採取方法により受動的サンプリングと能動的サンプリングの 2 つに分け，さらに分析方法や検出方法によっていくつかの方法に分類している。

表 4.1　土壌ガス調査法の種類[5)]

サンプリング方法	種　類		検出器
受動的サンプリング（土壌中埋め込み）		フィンガープリント法	MS
		ゴアソーバー法	MS
能動的サンプリング（ポンプでガスを吸引）	直接分析	検知管法	
		ガスモニター法	PID
		現場ガスクロ法	PID
	ヘキサン固定		MS
	バッグ採取	ガスクロ法	PID
	吸着剤吸着		ECD
			FID

受動的サンプリングは，活性炭のような吸着剤を一定期間地中に埋設し，回収した吸着物質を室内で分析する方法であり，活性炭/電磁加熱脱着/質量分析法（フィンガープリント法）とゴアソーバー法などが実用化されている[6)]。

受動的サンプリングによる方法は絶対値ではなく長期間の平均的な濃度が測定される。

能動的サンプリングは告示 16 号に定められた方法の範疇に入るものであり，採取孔中に集まってくる土壌ガスをポンプ等で吸引し，その中に含まれる汚染物質を測定する方法である。これには，検知管によって直接濃度を測定する方法，ヘキサン，バッグ，吸着管等にガスを捕集してガスクロマトグラフ（GC）等で分析する方法などがある。いずれの方法も瞬間的，短期的な濃度を絶対値として測定する。

測定方法としては，検知管法，ガスモニター法，携帯型 GC 法等による現場測定と，捕集されたガスを分析室に持ち帰り GC で測定する室内分析が用いられてきた。また，吸着/熱脱離/GC 法（モビラ法）のような移動式ラボ（分析車）による方法もある[7)]。

土壌ガス調査における，ガスモニター，ポータブル（携帯型）GC，可搬型 GC の検出器には，光イオン化検出器（PID）が多く用いられてきた[8)]。最近では，ポータブル GC/MS が用いられたり，ポータブル GC の適用が試みられた例もある[9)]。室内分析での GC の検出器としては，電子捕獲型検出器（ECD），水素炎イオン化検出器（FID），質量分析計（MS）などが用いられている。

土壌ガス調査方法は，ガスに対する感度特性により，低感度，中感度，高感度の 3 つに分類できる。調査手法を選定する場合には，対象土地の状況や調査目的に合わせて，感度特性や同時に多成分の分析が可能かどうかを検討して使い分ける必要がある。

低感度調査手法には検知管法，中感度調査手法にはポータブル GC 法，ヘキサン固定法，高感度調査手法には活性炭吸着/電磁加熱脱着質量分析法，吸着/熱脱離/GC 法がある。検知管法以外は同時に多成分の分析が可能であり，告示第 16 号では中感度以上の方法が定められている。

土壌ガス調査方法の特徴を**表 4.2** に示す。これらの適用は，複数の物質による汚染か，汚染物質の同定が必要か，要求される測定の精度や範囲などを勘案し，目的にあった方法を選定することが肝要である。

表 4.2　土壌ガス調査方法の特徴 5)

方　法	感度	定量	同定	時間代表性	現場熟練度	経費	現場電源	現場調査時間
フィンガープリント法 SPME 法 ゴアソーバー法	高	不	可	大	低	高	不要	2～3 週間
採取・ガスクロ法	中	可	可	小		中		10～20 分
ヘキサン固定					低		不要	
バッグ採取					高		要	
吸着剤吸着					高		要	
現場ガスクロ法	中	可	可	中	高	中	要	10～20 分
モビラボ法	高	可	可	小	高	高	(要)	10～20 分
検知管法	低	可	難	小	低	安	不要	5～10 分
パッシブドチューブ	中	中	難	大	低	安	不要	1～2 週間
ガスモニター法	低	可	不	中	低	安	不要	3～8 分

4.1.4　土壌ガス調査での留意点

土壌ガス調査に際して留意すべき点として，以下のようなことをあげることができる。

① 土壌ガス濃度は気圧，温度，降雨等の気象条件によって変化する可能性があるので，土壌ガスを吸引する時間の長い方法を除き，悪天候を避けて短時間に調査することが肝要である。② 多成分の同時分析が可能なガスクロマトグラフ等を用いる場合，水質の要監視項目についても調査することが望ましい。③ 土壌ガスを採取するガス導入管等は汚染物質を吸着しにくい材料（テフロン等）のものを用いる。また，高濃度地点等で使用した器具は頻繁に洗浄または交換する。④ 測定方法にはそれぞれ特徴があるので，対象土壌と汚染物質に応じた方法を選択する。

4.2　表層土壌調査

表層土壌調査の調査地点（試料採取地点）の設定方法，試料採取深度，試料採取方法および調査の適用方法等の概要は **3.7** で述べた。本節は **3.7** の続編ともいえるものであり，主として，表層土壌調査の技術そのものについて解説する。なお，表層土壌の採取は溶出量測定および含有量測定のために行うものである。

4.2.1　表層土壌調査の目的

表層土壌調査は第二種特定有害物質（重金属等）および第三種特定有害物質（農薬等）による汚染を対象として行われる。第一種特定有害物質（揮発性有機化合物）による汚染の場合の土壌ガス調査に代わる調査と考えてよい。表層土壌調査は，表層土壌を採取し，採取した土壌試料について，第二種特定有害物質汚染については溶出量測定および含有量測定を行い，第三種特定有害物質については溶出量測定を行う（**表 3.1**）。表層土壌調査によって，対象地における土壌汚染の有無を判定するとともに，汚染がある場合には平面的な汚染濃度の分布を把握する。

表層土壌調査によって土壌汚染の有無を判定することは，重金属や農薬等が土壌に吸着されやすく，地表から浸透した有害物質が表層土壌に吸着されているという前提に立っている。したがって，汚染物質が地表面から浸透したものでない場合には，表層土壌中の汚染物質の濃度が，土壌汚染の平面的な分布を正確に表していないことがある。このような場合には，状況に応じて土壌試料の採取深度を深くとる必要がある。

4.2.2　表層土壌試料の採取方法

表層土壌調査では地表面下 50 cm までの土壌を採取する。アスファルトやコンクリート等で表面が被覆されている場合には，被覆部を削孔して土壌を採取する。土壌試料の採取地点の設定，採取密度，採取深度，採取した土壌の混合方法などについては **3.7** で述べたとおりである。

表層土壌調査にとって技術的に重要事項である土壌試料の採取方法の基準として，地盤工学会基準「環境化学分析のための表層土試料の採取方法」（**巻末参照資料 VI**）がある。実際の表層土壌試料の採取はこの基準に準拠して実施する。

4.2.3　試料採取での留意事項

溶出量測定および含有量測定のための土壌試料は，表層の土壌（地表から深さ 5 cm）および深さ 5～50 cm の土壌を均等に採取し，それらの同量を均等に混合して 1 試料とする（**3.7** 参照）。そのとき，地表面がコンクリートやアスファルト等で被覆されている場合や，アスファルト等の下に砕石や砂利がある場合，あるいは落葉落枝およびその腐朽物等がある場合は，それらを除いた土壌面を基準とする。

試料採取にあたって注意を要するいくつかの例を**図 4.2** に示す。土壌汚染が起こる可能性が大きい部分が地表から 50 cm よりも深い場合には，その施設の直下を基準とし，採取地点は配管等の近傍とする。表層の土壌の量を確保するために採取範囲を広くとる場合には配管等に沿って採取する。盛土がある場合も地表面（舗装がある場合は舗装の下）を基準とし，旧地表面を基準としない。

試料の採取においては，試料採取地点の状況に応じて基準に準拠して種々の工夫をこらし，良好な試料を採取することが重要である。一般的な注意事項と着眼点として次のような事項をあげることができる。

(1) 表層土壌の採取

舗装部分は，その下の土壌を撹乱しないように，カッター，コアカッター，エアーピック等で掘削する。舗装下に砕石等がある場合は除去する。表層土壌の採取は，移植ごて，スコップ，ダブルスコップ，ハンドオーガー，簡易ボーリングマシン，ロータリー式ボーリングマシン等で表層から深度 5 cm までを採取する。通常，測定に必要な土壌量を確保するため，表層の土壌を多く採取するので，5～50 cm の土壌採取範囲よりも広い範囲で採取する。

(2) 5～50 cm の土壌の採取

深さ 5～50 cm の区間において土壌を均等に採取することが重要である。(1) の場合と同じような機材を用いて，5～50 cm の間を同じ直径で掘削し，掘削土壌すべてを試料とするとよい。1 回のボーリングで土壌量が不足する場合には隣接する地点の複数の孔から採取する。バックホウ等の重機を使用する場合はピットを掘削し，その側面から 5～50 cm の土壌を均等に採取する。

(3) 特定有害物質を使用していた地下ピットがある場合の採取

地下ピットの直下を基準とし，深さ 0～50 cm 区間の土壌を採取する。これが困難な場合には，地下ピットに隣接する地点（1 m 程度まで）から採取する。地下ピットの底が 50 cm より深い場合には，その施設の直下または周辺において，その施設の底から 50 cm の区間の土壌を採取し，これを混合したものを試料とする。直下での採取が困難な場合には，周辺の深さ 50 cm の区間から採取し，これを均等に混合して試料とする。

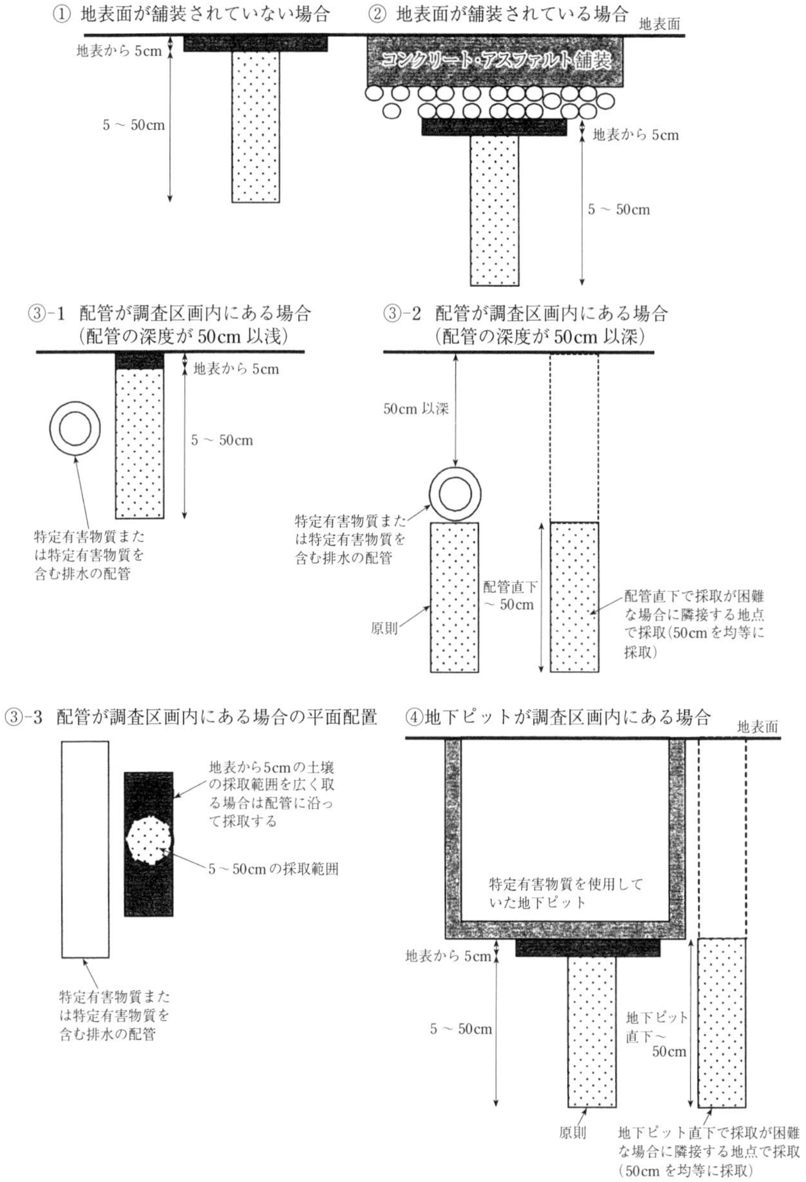

図 **4.2**　試料採取深度の考え方と例[10)]

4.2.4 採取する土壌試料の量

測定（分析）に必要な土壌の量は有害物質の種類および測定方法によって異なる。また，複数の有害物質が対象となる場合には，その組み合わせにより必要量が異なるので，前もって分析担当者と調整しておくとよい。参考として**表 4.3** に特定有害物質の溶出量および含有量測定に必要な風乾土（2 mm ふるい通過分の重量）の目安を示す。

表 4.3 測定（分析）に必要な土壌量（風乾土）の目安[10)]

<table>
<tr><th colspan="2">特定有害物質の種類</th><th>必要な風乾土量*（2 mm 以上の粒子を除いた重さ）</th></tr>
<tr><td rowspan="14">溶出量調査</td><td>カドミウムおよびその化合物</td><td rowspan="10">PCB を除き 1 項目 50 g，PCB は 100 g
10 項目すべての場合は 200 g
ただし，2 項目以上が測定対象の場合，項目の組合せにより必要な土量が異なるので，分析機関に確認すること。</td></tr>
<tr><td>シアン化合物</td></tr>
<tr><td>鉛およびその化合物</td></tr>
<tr><td>六価クロム化合物</td></tr>
<tr><td>砒素およびその化合物</td></tr>
<tr><td>セレンおよびその化合物</td></tr>
<tr><td>フッ素およびその化合物</td></tr>
<tr><td>ホウ素およびその化合物</td></tr>
<tr><td>総水銀およびその化合物</td></tr>
<tr><td>PCB</td></tr>
<tr><td>有機りん化合物</td><td rowspan="4">1 項目 100 g，2～4 項目の場合も 100 g</td></tr>
<tr><td>チウラム</td></tr>
<tr><td>シマジン</td></tr>
<tr><td>チオベンカルブ</td></tr>
<tr><td rowspan="9">含有量調査</td><td>カドミウムおよびその化合物</td><td rowspan="7">1 項目 6 g，2～7 項目の場合も 6 g</td></tr>
<tr><td>鉛およびその化合物</td></tr>
<tr><td>砒素およびその化合物</td></tr>
<tr><td>セレンおよびその化合物</td></tr>
<tr><td>水銀およびその化合物</td></tr>
<tr><td>ホウ素およびその化合物</td></tr>
<tr><td>フッ素およびその化合物</td></tr>
<tr><td>シアン化合物</td><td>10 g</td></tr>
<tr><td>六価クロム化合物</td><td>6 g</td></tr>
</table>

* 現地では湿潤土を礫等を含んだ状態で採取するため，含水量や 2 mm 以上の粒子分を見込んで採取量を決定すること。また，土量は表層の土壌と 5～50 cm の土壌を混合した重さである。

なお，採取した土壌は礫や大きな植物根等を除いた後，ガラス製容器あるいは対象物質が溶出および吸着しない容器に入れておく。ホウ素とその化合物およびフッ素とその化合物は，ガラス製容器から溶出するおそれがあるのでガラス容器は使用しない。採取試料は速やかに試験室へ搬入し測定を行う。測定を直ちに行えない場合には，暗所に保存し，できるだけ早く測定することが肝要である。

4.3　ボーリングによる深層土壌調査

ボーリングによる土壌汚染調査における試料採取地点の設定および試料採取の深度など，ボーリング調査の運用に関する基礎事項は **3.6.5** において概説した。本節は **3.6.5** の続編にあたるものであり，ボーリングによる深層土壌試料の採取等に関する技術的な細部について述べる。

4.3.1　ボーリング調査の位置付け

土対法においては，次の場合にボーリングによる土壌調査あるいは地下水調査を行う。

① 第一種特定有害物質に係わる調査において，土壌ガス調査で特定有害物質が検出された場合。

② 地下水等の摂取によるリスクの観点から，4 条調査の命令が出され，土壌ガス調査の結果が定量下限値未満の場合，または溶出量および含有量が指定基準を超過している場合。

③ 指定基準を超過している汚染土地（または地下水）が確認され，その措置（対策）を講じるために必要な場合。

表 3.5 にも示したように，第一種特定有害物質については，土壌汚染が指定基準を超過しているか否かは，土壌ガス調査だけではなく，ボーリングによる深層土壌の溶出量調査によって最終的な判定が行われることに注意しなければならない。上記③の場合のボーリング調査は，第 **3** 章で述べた土壌汚染状況調査の結果，その土地が指定区域に指定された場合の措置（対策）を計画・実施するための調査である。この場合には，汚染の範囲を三次元的に把握するとともに，周辺環境への影響等を明らかにするため，詳細調査の 1 つとしてボーリングによる調査を実施する。これによって，最終的な土壌汚染の指定条件への適合性を判定し，措置（対策）の必要性や措置計画を立案するとともに措置を実施する。

いずれの場合においても，ボーリング調査の主たる目的は，汚染の鉛直分布，対象地の水理地質構造，措置を講ずるために必要な地盤土質の物理化学的な性質を把握することである。さらに，ボーリング調査に基づいて，汚染物質の移動径路などから，周辺環境への影響について検討する。

一般のボーリング調査における調査と試験の項目は多岐にわたる[11),12)]。これらのうち，土壌汚染調査を目的とする場合は，対象地の土壌の状況と汚染物質を考慮して必要な項目について調査・試験を行うことになるが，多くの場合，土壌汚染に係わるボーリング調査では，地層観察，土壌試料の採取と測定（分析），地下水の採取と測定（分析）等が実施される。

4.3.2　ボーリング掘削方式

土壌汚染調査においては，土壌試料や地下水試料を採取する目的で，さまざまなボーリング方法が実用化されている。土壌汚染調査の場合，普通の地盤調査とは異なり，不撹乱試料の採取を必ずしも必要としない。正確な土壌汚染あるいは地下水汚染の濃度を把握することと，ボーリング実施に伴う二次汚染の防止が重要視されるので，地中の汚染状態をできるだけ変化させることなく試料を採取することが重要である。

ボーリングの掘削方式としては，**図4.3** に概要を示すように，ロータリー式，パーカッション（打撃貫入）式，ハンドオーガー，機械式簡易ボーリングなど，各種の方式が利用されており，対象地盤等の状況に応じて選択して利用できる。土壌汚染調査という観点から，従来のボーリング方法を見ると次のようなことがいえる。

図4.3（a）に概要を示すロータリー式ボーリングは，土壌の分析，地層の把握，土質試験等のための連続した土資料の採取に適していて，最も一般に広く用いられている。また，適用可能な地層や土質の範囲が広く，掘進性能も優れている。パーカッション式ボーリングの概要を**図4.3**（b）に示す。この方法は地層の状況がある程度把握されている地点で，観測井や処理対策用の井戸を設置するような場合に適している。掘削効率はよく，ボーリング孔が曲がることも少ない。ただし，ボーリングによる汚染の拡散に注意する必要がある。

ハンドオーガーボーリング（**図4.3**（c））は，比較的浅い地層（おおむね5m以内）において，不飽和帯の状況や不圧地下水の水位を調査する場合に適している。振動が比較的少なく，狭い場所での使用に適している。この方

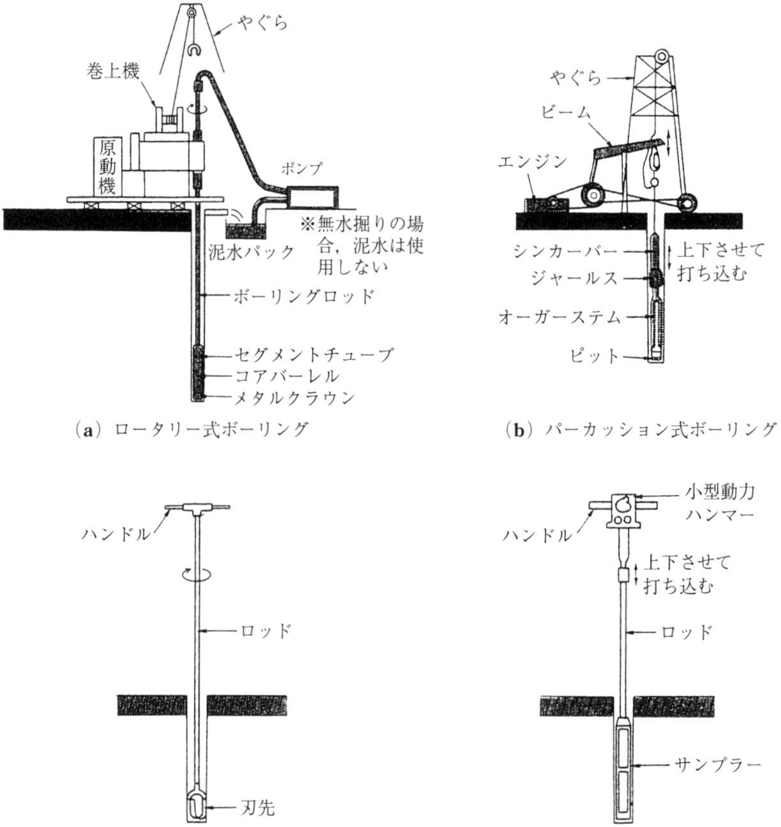

(**a**) ロータリー式ボーリング　(**b**) パーカッション式ボーリング

(**c**) ハンドオーガーボーリング　(**d**) 機械簡易ボーリング

図 4.3　代表的なボーリング掘削方法 4)

法は，地下水以下のゆるい砂層や軟弱な粘土層では，掘削も試料採取も困難である場合が多い。地下水位以上では乱された試料を連続的に採取することができる。

図 4.3（d）に示す機械式簡易ボーリングは，人力運搬が可能な小型の振動式のボーリング機械であり，おおむね 15 m 以内の比較的浅い層で，礫を含まない軟弱な地層（N 値で 15 未満程度）に適している。試料採取は連続的にでき，狭い場所で短時間に掘削と試料の採取ができる。ただし，深い飽和した緩い砂層や，コアチューブより大きな礫を含む礫層では，掘削と試料採取が困難である。また，深部や礫質の地層では，コアチューブの引抜きに時間が

かかり，ロータリー式ボーリングに比べて効率が低下する場合もある。

ボーリングによる調査方法は，広さなどの場所的な適用条件，掘削可能深度，採取試料の品質，掘進効率，騒音などがそれぞれ異なるので，適切な方法を選定することが肝要である。

4.3.3 ボーリングによる土壌試料の採取方法

一般に，採取する土壌試料には，目的に応じて，乱さない試料と乱した試料がある。地層の観察や汚染土壌の試料採取は，乱した試料によって目的を達成できる。一般のボーリング機械による掘削・試料採取において，よく利用されるものとしては次のようなものがある。

① ロータリー式スリーブ内蔵二重管サンプラーは，軟弱粘性土を除く各種の地盤や岩盤に適用できる。乱れの少ない試料の採取ができ採取率もよい。土壌汚染調査では最も多用される方法であり，あとから述べるように地盤工学会基準になっている。このサンプラーは，孔底におろすまでの間に内部を孔内の泥水が通過し，泥水の汚染が試料に付着するおそれがある。

② 標準貫入試験用サンプラー（スプリットバレルサンプラー）は，岩盤以外の軟らかい地層での試料の採取に適している。このサンプラーも孔底におろすまでの間に泥水中を通過するので，泥水が試料に付着するおそれがある。

③ 固定ピストン式シンウオールサンプラーは軟らかい粘土層を対象として用いられ，砂層では試料採取が困難である。土壌試料はシンウオールチューブ内に採取されるので，現場での地層の確認を行うには，試料押し出し機を持ち込む必要がある。泥水の付着は前述の 2 つのサンプラーの場合と同じである。

④ ロータリー式二重管サンプラー（デニソンサンプラー）は，サンプラーを回転させ動的に掘削しながら試料を採取するものであり，比較的硬い粘性土の試料採取ができるが，緩い砂層は採取できない。シンウオールサンプラーと同じ注意が必要である。

いくつかのボーリング掘削方法とサンプラーの組み合わせについて，土壌試料と地下水試料の採取という観点から比較したのが**表 4.4** である。建物の下などで直上部からのボーリングが難しい場所での試料採取のため，誘導式の水平ボーリングによって土壌試料を採取する方法も開発されている [13]。

表 4.4 土壌・地下水汚染調査のためのボーリング方法の評価[5)]

調査法		対象土質・深度	地質試料採取確実度	地下水試料採取確実度	二次汚染			作業効率（火山灰・沖積層）(m/日)	経済性	調査スペース W × D × H (m)	総合評価
					危険性		対応策				
					試料	環境					
ロータリーボーリング	シングルコアチューブ無水掘り	土質に適したサンプラーを使用。深度は機器の能力による（数百 m まで可）。	A	B	B	B	ケーシング セメンティング	4～5	C	5×5×5	標準的な地層汚染調査法の一つ。
	シングルコアチューブ泥水掘り		C	C	D	B	ケーシング セメンティング	4～5	C	5×5×5	試料の泥水による二次汚染の危険性が高い
	ダブルコアチューブ泥水掘り		A	C	C	B	ケーシング セメンティング	4～5	C	5×5×5	標準的な地層汚染調査法の一つ。二次汚染対策として泥水管理が重要。
	ダブルコアチューブ気泡掘り		A	C	C	B	ケーシング セメンティング	3～4	C	5×5×5	泥水を使用せず，コア採取率が良い。掘進率はやや劣る。
	標準貫入試験サンプラー		A	—	B	B	ケーシング セメンティング	4～5	C	5×5×5	シングル無水掘りと合わせて利用すると汚染調査の適用範囲が広まる。
	ノンコアボーリング		—	C	D	C	ケーシング セメンティング	5～7	B	5×5×5	土質と深度に制約なし。原位置の地質・地下水汚染の把握には不適。
オーガー	ハンドオーガー	N 値 <10 MAX 10 m	C	C	C	D	なし	15～20	A	2×2×2	経済的に穴を掘ることができるが，二次汚染対策がない。
	ホロースステム・オーガー	玉石以外 MAX 150 m	A	A	A	B	?	20～25	B	5×5×7	効率は最高。12 インチで 45 m まで。日本での実績はまだ少ない。
打撃・貫入式	SCSC	N 値 <20 MAX 15 m	A	B	B	B	ケーシング	10～15	B	1×1×2	狭い場所で深さ 15 m まで，N 値 <20 の土質の地質試料採取に適。
	打ち込み井戸	N 値 <40 MAX 15 m	—	A	A	A	不要	13～17	A	2.5×2.5×2.5	沖積低地の地下水汚染調査に適している。
	ロータリーパーカッション式ワイヤーライン工法	すべての土質で可	A	C	A	C	不要	20～25	C	5×5×8	すべての土質でコア採取が可。ただし，岩盤ではコアは破砕される。
	Geoprobe Mule	N 値 <50 MAX 30 m	A	A	A	A	ケーシング	20～30	A	2×4.5×2.5	狭い場所で 15 m 以浅の掘削に適している。コーン貫入試験等も可。

（評価区分　A：優，B：良，C：可）

ハンドオーガーについては，掘削時の土壌試料の撹乱が大きく，揮発性有機化合物が揮発してしまうおそれがあることから，揮発性有機化合物汚染には適用が難しい。また，品質の良い土壌試料の採取という点では，無水での掘削が望ましく，無水掘削が難しい場合には，できうる限り清水を用いるべきである。泥水を使用する場合には，ベントナイトの影響で有害物質の溶出性が変化したり，ベントナイト中にもともと含まれていた重金属の溶出に注意する必要がある。また，ボーリング時に発生するスライム等が混入しないためには，目標深度に達してからサンプラーの先端が開くクローズドサンプラーの方が，オープンサンプラーよりも適当ということができる[13]。

以上のように，ボーリング掘削と試料採取にはそれぞれ特徴があるが，従来，深層の地盤調査において多く用いられている方法は，ロータリー式および打撃貫入式のボーリング掘削による各種サンプラーを用いる方式である。このような実情に鑑み，「ロータリー式スリーブ内蔵二重管サンプラーによる環境化学分析のための試料の採取方法」(**巻末参照資料 VII**) および「打撃貫入法による環境化学分析のための試料の採取方法」(**巻末参照資料 VIII**) が，地盤工学会によって基準化された。なお，後者の基準は地下水試料の採取方法についても定めている。今後，これらの基準が土壌汚染調査における土壌試料の採取に適用される。

4.3.4 ボーリングによる試料採取での留意事項

ボーリングによって試料を採取するときに注意を払うべき事項を整理すると次のようになる。

① ボーリングによる地下埋設物の破損を防ぐため，あらかじめ，水道管，ガス管，電話線などの埋設の有無を調査するとともに，ある程度まで手掘りで試掘を行うなどの配慮をする。

② サンプリングによりコア試料に熱が加わらないように十分注意する。とくに，無水掘りを採用する際は，揮発性物質が揮発しないように熱に注意が必要である。

③ 地層分布や汚染濃度がある程度把握された現場においては，必ずしもオールコアによる試料採取を行う必要はない。

④ 汚染されていない難透水層を貫通するなどの不用意なボーリングによる下層への汚染の拡散防止に注意する。確認された汚染地層の下にある非汚染層までボーリングを行う場合は，汚染地層のボーリングのケー

シングをセメントミルク等でふさぎ，固化後に下の層に掘り進むなどの汚染の拡散防止を図る。

⑤ 掘削器具やサンプラーに汚染物質が付着することで，汚染していない地層を汚染地層と誤認したり，汚染を拡大させたりすることのないように，高濃度の汚染物質が検出された深度・地点で使用したボーリング資材は，使用後よく洗浄し，他の深度・地点で使用する際に汚染を生じないように注意する。

⑥ 泥水を用いた掘削の場合，泥水による採取試料の汚染に十分注意する。よく用いられる，ロータリー式スリーブ内蔵二重管サンプラー，標準貫入試験用サンプラー，固定ピストン式シンウオールサンプラーおよびロータリー式二重管サンプラー（デニソンサンプラー）は，孔底に下ろすまでの間にサンプラー内部を孔内の泥水が通過し，泥水の汚染がコア試料の表面に付着するおそれがある。そのため採取したコア試料から分析用試料を採取する際には十分な注意が必要である。

⑦ 掘削に泥水を使用する場合，泥水は孔壁安定化等に効果があるが，孔底や孔壁を目詰まりさせ，透水試験や地下水の水位・水質の測定に障害となるので，掘削後は清水で孔内を洗浄し，泥水を十分に除去する。

⑧ ボーリング調査を行った後に残された孔は，井戸として利用する以外は，迅速に埋め戻しを行う。埋め戻しが不十分な場合には汚染拡大の原因となりやすい。

⑨ ボーリングで発生した泥水やスライム（掘りかす）等は専門の処理業者に処分を委託するなどして適切に処理する。また，泥水中の対象物質の濃度を測定し，汚染拡散のおそれのある場合には適切な措置を講ずる。

一般のボーリング調査の場合と同様に，土壌汚染調査のボーリング調査においても，採取されたコアについて目視による地層観察を行い，透水層や不透水層の構造や性状を把握する。観察項目は一般のボーリング調査の場合と同じであり，最終的に，地質柱状図や水文地質断面図を作成する。

4.4　土壌試料の測定・分析方法

表層土壌調査およびボーリングによる深層土壌調査によって得られた土壌試料は，土壌中の有害物質の測定（分析）試験に供する。測定においては，特定有害物質の種類によって測定項目が異なり，それらの関係は次のようである。第一種特定有害物質（揮発性有機化合物）については溶出量測定を，第二種特定有害物質（重金属等）については溶出量測定および含有量測定の両者を，第三種特定有害物質（農薬等）については溶出量測定を行う（**表 3.1**）。以下，溶出量および含有量の測定方法について，公定法を中心にその概要を紹介する。

4.4.1 土壌溶出量測定

溶出量測定方法は，施行規則第5条（**表 1.3**）に基づいて，2003（平成15）年3月6日の環境省告示第18号「土壌溶出量調査に係わる測定方法」に規定されている（**巻末参照資料Ⅳ**）。なお，溶出量測定のための検液の作成方法は，1991（平成3）年8月23日の環境省告示第46号「土壌の汚染に係わる環境基準について（土壌環境基準）」の付表に示された方法が適用される。土壌環境基準の付表で規定されている検液の作成方法を**巻末参照資料Ⅰ**に示す。

溶出量測定の基本は，汚染土壌試料に水を加え，土壌中の有害物質を水に溶出させ，その濃度を測定・分析する方法である。また，検液中に存在する重金属等は原子吸光法により測定することを基本としている。これらの方法の多くはJIS規格となっているので，実施にあたってはこれらに準拠して行えばよい。

4.4.2 土壌含有量測定

含有量測定は第二種特定有害物質（重金属等）汚染だけを対象として行う。含有量の測定方法は，平成15年3月6日の環境省告示第19号「土壌含有量調査に係わる測定方法」（**巻末参照資料Ⅴ**）に定められている。また，含有量測定のための検液の作成方法は同告示の付表に示されている。

告示19号に定められた方法においては，土壌環境中での化合物の変化および土壌からの特定有害物質の体内での摂取の実態を考慮して，一定の安全性は見込むが，完全分解による全量分析までは行わない測定（分析）方法を採用している。この点が，従来の調査・対策指針で採用されていた「土壌中重金属等の含有量分析法Ⅰ，Ⅱ」（1973年8月および昭和1988年9月，環境庁水質保全局）[4]と異なる。相違点には注意する必要がある。

具体的には，従来の金属類の全量を測定する方法として知られている，アルカリ溶融法やフッ酸混酸分解法といった分解力の非常に強い方法を用いずに，告示第19号では，土壌環境中での化合物の形態の変化および土壌からの有害物質の体内での摂取の実態の両方を考慮した方法（酸抽出法）が用いられている。そして，告示第19号によって測定された含有量の測定結果に基づいて，第**3**章で述べた含有量指定基準（**表3.2**）が定められている。

告示第19号の付表に定められている，含有量測定のための検液の作成までの採取土壌試料は以下のように取り扱う。まず，表層土壌調査あるいはボーリングによる深層土壌調査によって採取した土壌を，ポリエチレン製容器または対象有害物質が吸着もしくは溶出しない容器に収める。試験は採取後直ちに行うのが基本である。試験が直ちに行えない場合は，暗所に保管し，できるだけ速やかに試験を行う。試料は，採取した土壌を風乾し，中小の礫，木片等を除き，土塊，団粒を粗砕した後，非金属製の2mm目のふるいを通過させた土壌を十分混合したものを用いる。なお，**巻末参照資料Ⅳ**の付表に示すように，検液の作成手順は重金属等の種類によって異なる。

4.5　地下水調査

土壌汚染調査のために地下水調査が必要になる場合については，第**3**章の**3.6.4**および**3.9.2**に示した。これらの場合は，土壌汚染状況調査として実施されるわけであるが，第**5**章で述べるように，措置の計画・実施にあたっては，詳細調査としての地下水調査が必要になる。地下水調査は，主として，第一種特定有害物質による汚染に対して実施されるが，第二・三種特定有害

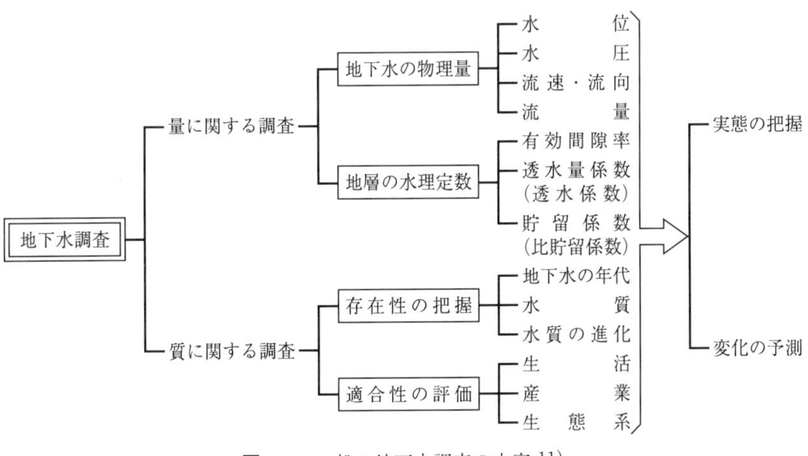

図**4.4**　一般の地下水調査の内容[11)]

物質による汚染の場合についても実施されることがある。

一般の地盤調査での地下水調査の内容は**図 4.4** のようである。このように多くの項目が地下水調査によって測定されるが，汚染調査という観点からは，観測井によって実施する地下水の水質測定が主な調査項目となる。以下においては，観測井を用いた汚染に係わる地下水調査について述べる。

4.5.1　観測井の設置

観測井の構造の中で最も重要なのは，井戸がどの帯水層からの地下水を揚水しているかということである。すなわち，井戸の周囲のフィルター材の設置区間および井戸スクリーンの設置位置が重要である。

図 4.5 に井戸の設置例を示す。図の (a) は，スクリーンが複数の帯水層にまたがって設置されている場合である。このような井戸においては，どの帯水層の地下水が汚染されているか判断できない。また，図の (b) の場合には，同じ汚染地域の近くの井戸であっても，汚染物質が検出される井戸とそうでない井戸が存在することになる。既設の井戸を用いての地下水調査においては，上記のような点に十分な注意が必要である。

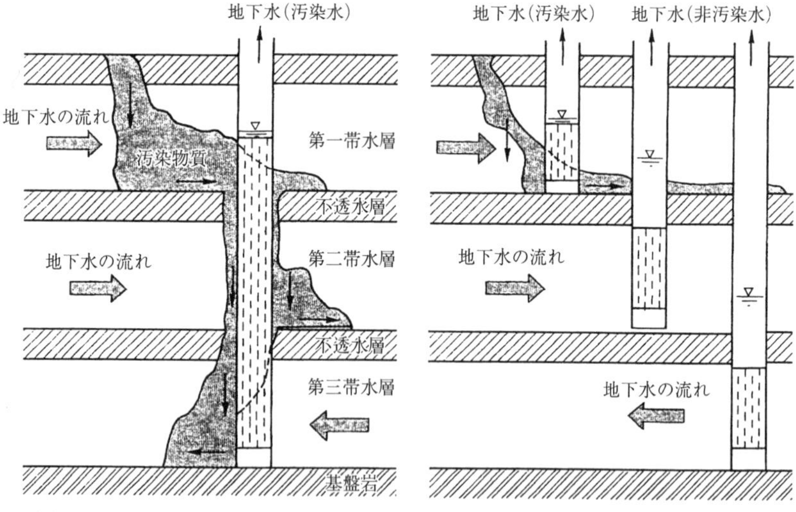

(**a**) 問題の起きやすい井戸構造(多層集水井)　　(**b**) 理想的な井戸構造

図 4.5　問題のある井戸構造 [11)]

土壌・地下水汚染調査のために，新たに観測井を設置する場合は次のような方法による。調査対象地に複数の帯水層がある場合は，まず，最初の帯水層（恒常的に地下水が存在する宙水層または第一帯水層）の地下水を測定対象とすることを原則とし，**図 4.6** に示すように，観測井の深度は最初の帯水層の底面までとする。

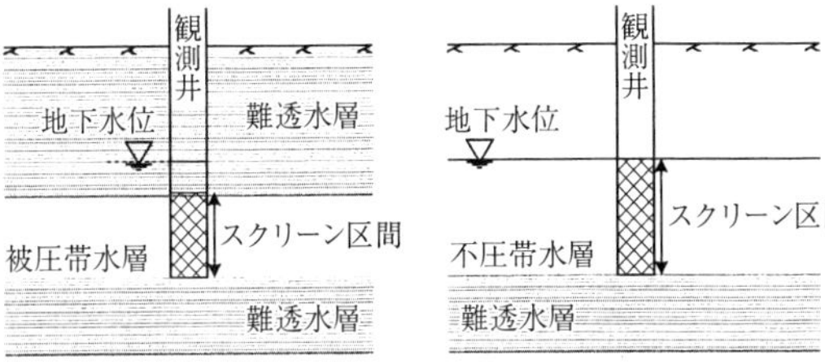

（**a**）被圧帯水層の場合　（**b**）不圧帯水層の場合

図 4.6 観測井の設置とスクリーン設置区間の模式図 [10)]

スクリーンは，被圧帯水層の場合には帯水層の全層にわたって設置する。不圧帯水層の場合には，ボーリング等によって地下水位が確認された深度の上端から帯水層の底面までとする。

4.5.2 観測井の構造

一般的な観測井の構造を**図 4.7** に示す。スクリーン設置区間の構造は，目詰まりを防ぐために網巻きした有孔管を用いたスクリーンを用いる。スクリーンの設置においては，掘削時の孔内洗浄を入念に行い，スクリーンの周りは砂利充填等で保護し，地表水や他の帯水層の地下水が混入しないように適切なシールを施すとともに，管材料からの汚染が生じないように留意する。あとから述べるグラベルパッキングで目詰まりが防止できれば網巻きは不要である。十分に小さい孔の有孔管の例としてスリット幅が 0.15 mm 程度のポリ塩化ビニル管がある。

（1） ケーシングとスクリーン

掘削および孔壁の洗浄が完了した後，帯水層の位置にスクリーンを取り付けたケーシングを挿入する。材質は両者とも汚染物質と反応するようなものは避ける。例として，第二種特定有害物質に対する配管用炭素鋼管は，イオン化により化学反応を起こすことがあること，あるいは工場等においては迷走電流による電蝕をひき起こすことがある。このようなことから，特定有害物質に応じて長期的な観測に耐えうる材料を選択して用いる。一般には，塩化ビニルやステンレス製を用いることになるが，塩化ビニルを用いた場合には，管の継ぎ目はねじ加工とし，接着剤を用いた管継は行わない。

(2) グラベルパッキングとシール

スクリーンとケーシングを挿入後，スクリーンの外周に砂利を充填する。これをグラベルパッキング（砂利充填）といい，帯水層の損壊防止と揚水時の防砂を目的としている。充填砂利の粒径は地質やスクリーンの種類によって異なるが，一般に，5〜10 mm 程度の細礫（豆砂利）を使用する。シール（遮水）は，ケーシングと掘削孔の間隙に，セメントあるいは凝固剤を注入し，地表や上の帯水層から地下水や汚染物質が流入するのを防止するために，スクリーン上端より地表部にわたって施す。

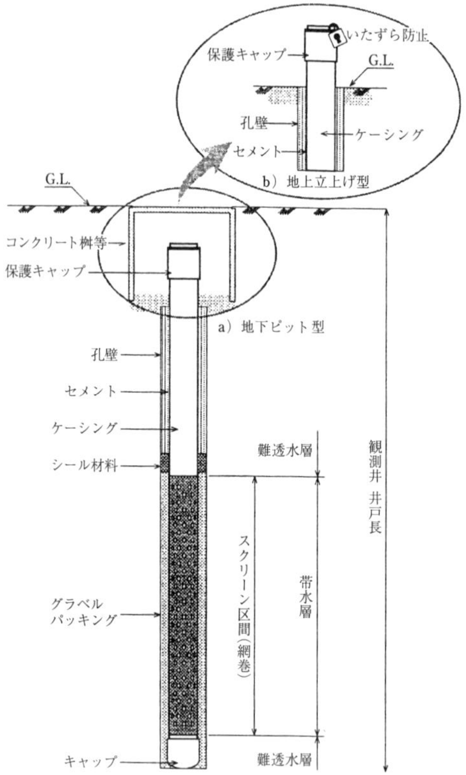

図 4.7 一般的な観測井の構造模式図 [10)]

(3) 観測井の孔径

観測井の仕上がり孔径は，水質測定のみに使用する場合は小孔径（25 mm 程度）でよいが，水位計を設置するような場合や採水前にパージすることを考えると，大きい孔径（50 mm 程度）が望ましい。ポンプ採水に用いるときには，ポンプが設置できるように，ポンプの大きさに合わせた径にすればよい。

(4) 観測井の洗浄

観測井の性能を左右する 1 つが，泥水の排除と孔壁の汚れの除去である。観測井内の水が自然状態の地下水に絶えず置換できるように，清水による洗浄やベーラー（採水器），水中ポンプ，エアーリフトによる洗浄を徹底的に行うことが重要である。なお，洗浄によって発生する泥水やスライムは，必ず有害物質の濃度を測定し，濃度が地下水環境基準に不適合なものは適切に処理して処分する。

4.5.3　観測井からの地下水試料の採水方法

地下水の水質を測定・分析するため，地下水試料を観測井から採取する。採取した地下水の測定（分析）は，2003（平成 15）年 3 月 6 日の環境省告示第 17 号「地下水に含まれる調査対象物質の測定方法」（**巻末参照資料Ⅲ**）に基づき実施する。採水において試料の取り扱いを誤ると，本来の地下水の水質を把握することができなくなるので，適切な採水方法を用いることが重要である。一般的な地下水の採水作業の手順は，採水前のパージ ⇒ 採水 ⇒ 試料の保管 ⇒ 余剰水の処理，となる。以下，上記の手順での実施事項を概述する。

（1）採水前のパージ

常時揚水していない井戸では，孔壁が安定していないことや水が滞留していることなどから，採水した試料水に濁りがある場合が多い。この濁りは，土粒子である場合と，地下水に溶けている鉄分の酸化物である場合がある。このようなことから，孔内に滞留していた水を採水しないため，井戸内の水を十分に揚水し，本来の地下水に置き換えてから試料水を採取する。井戸内の滞留水の揚水による水質の変化の例を図 **4.8** に示す。

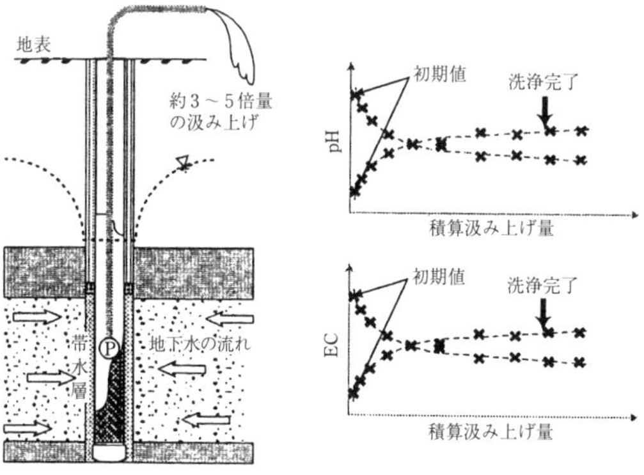

図 **4.8**　滞留水の揚水による水質の変化 [10)]

置き換えのための揚水量は，帯水層の透水性により一概にはいえないが，井戸内滞留量の3～5倍が目安となる。水中ポンプ等で十分に揚水し，目視あるいは透視度測定で濁りがなくなり，さらに，水素イオン濃度指数（pH），電気伝導率（EC）および水温を測定し，水質が安定していることを確認してから採水する。

(2) 採水

観測井から地下水を採取する手段としては次のような方法がある。これらのうちから現地の状況に応じて選択して用いる。地下水の採取深度は，最上部の帯水層を対象とし，スクリーン区間の中間深度で採水するのが基本である。

① 採水器による方法：所定の深度に採水器を挿入するもので，最も一般的な方法である。

② 地上式ポンプによる方法：裸孔内またはスクリーン管内にホースを挿入し，地上に設置した吸引ポンプで地下水を採取する。

③ 水中ポンプによる方法：サンプリング用の水中ポンプを所定の深度に懸垂し，地下水の採取を行う。

現在，地下水採取方法の基準として，地盤工学会基準「観測井からの環境化学分析のための地下水試料の採取方法」（**巻末参照資料Ⅸ**）がある。この基準は，地下水の汚染調査のための条件を具備した観測井が設置されていることを前提として定められている。試料採取方法の種類として，ベーラー（採水器）を用いる方法と揚水ポンプを用いる方法を規定している。なお，化学物質の濃度や化学形態を変えないものであれば，他の採水用具を用いてもよい。今後，汚染調査のための地下水採取については，地盤工学会基準が用いられることになろう。

なお，浅層部の地下水採取は，**巻末参照資料Ⅷ**の地盤工学会基準「打撃貫入による環境化学分析のための試料の採取方法」すなわちボーリング孔を利用して地下水を採取する方法も基準化されている。

(3) 試料の取り扱いと余剰水の処理

採取した地下水は，ガラス製容器等の対象物質が付着・吸着または溶出しない容器を用いて，保冷箱や保冷剤等を利用して運搬や保管を行う。また，採取した地下水資料に濁りがある場合には，調査対象物質が第二・三種特定有害物質の場合に限り，試料を10分から30分程度静置した後，上澄み液を孔径0.45 μmのメンブランフィルターで濾過して濾液を取り，これを検液とする。なお，第二種特定有害物質のうちシアン化合物の試験を行う地下水試料は，採取後，速やかに濾過およびJIS K 0097の7項「試料の保存処理」に従って保存処理する。採水前のパージおよび採水によって生じた地下水の余剰水で，特定有害物質の濃度が地下水基準に合致しないものは適切に処理するのはもちろんである。

4.6　採取した地下水の測定・分析

採取した地下水の濃度測定等は，2003（平成15）年3月6日の環境省告示第17号「地下水に含まれる調査対象物質の量の測定方法」（**巻末参照資料Ⅲ**）に基づいて実施する。この告示に示された個々の測定方法の多くはJIS規格となっている。

なお，告示第17号の補足として「定量下限値および結果の取り扱いについて」として，数値の取り扱い方が次のように定められている。地下水の水質分析では，定量下限値を地下水基準の10分の1を目安とし（地下水基準において検出されないこととなっている4項目については，シアン化合物0.1 mg/L，アルキル水銀0.0005 mg/L，PCB 0.0005 mg/L，有機リン0.1 mg/L），測定値はJIS Z 8401「数値の丸め方」に準拠して数値を丸め，報告値は有効数字を2桁として3桁以降を切り捨てて表示する。

【参考文献】

1) 環境庁水質保全局水質保全課土壌農薬課 監修：土壌・地下水汚染対策ハンドブック，公害研究対策センター，1995
2) 環境庁水質保全局 監修：土壌・地下水汚染に関する調査・対策指針および運用基準，土壌環境センター，1999
3) 平田 健正 編著：土壌・地下水汚染と対策，日本環境測定分析協会，1995
4) 木暮 敬二：地盤環境の汚染と浄化修復システム，技報堂出版，2000
5) 中島 誠：土壌・地下水汚染にどう対処するか—調査・対策の進め方—，化学工業日報社，2001
6) 坂井 茂：地下水汚染の新しい調査方法 “フィンガープリント法” について，公害と対策，Vol.25，pp.827–830，1989
7) 野々口 稔ほか：ATD/GC/PID分析による土壌ガス調査，公害と対策，Vol.27，pp.1212–1214，1991
8) 大郷 勲：土壌汚染の調査・測定技術の現状と課題，資源環境対策，Vol.30，pp.821–834，1994
9) 吉田 英智ほか：ポータブルMSの土壌・地下水汚染調査への適用，地下水・土壌汚染とその防止対策に関する研究集会第7回講演集，pp.245–248，2000
10) 環境省 監修：土壌汚染対策法に基づく調査および措置の技術的手法の解説，土

壌環境センター，2003
11) 地盤工学会 編：地盤調査の方法と解説，地盤工学会，2003
12) 地盤工学会 編：土質試験の方法と解説（改訂版），地盤工学会，2000
13) 中島 誠ほか：水平井戸掘削工法を用いた地盤汚染調査技術，第 3 回環境地盤工学シンポジウム論文集，pp.219–224，1999

第5章

措置の種類と詳細調査

土壌汚染状況調査の結果に基づいて，土地に汚染があると判断されて指定区域に指定されると，措置の実施が知事から命令され，何らかの措置の実施が義務づけられる。本章においては，土対法に定められた措置の種類，措置の選択方法，措置を計画・実施するための詳細調査等について概観する。なお本章では，措置命令を受けた場合の措置方法の決定等，土対法の運用の仕方を中心に述べるが，土対法によらない土地取引等における措置（対策）の技術的事項も，内容的にはここで述べるものと同じと考えてよい。

5.1 措置に関する基本的な考え方

5.1.1 措置決定の基本的な考え方

土地が指定区域に指定され，人の健康に被害が及ぶか，あるいは及ぶ可能性がある指定区域の土地については，知事は汚染の除去等の措置を命ずることができる（土対法第7条）。措置命令が出されたら何らかの措置を計画し実施しなければならない。措置の計画，実施，完了までの手順の概要を示したのが**図 5.1** である。図に示す手順は汚染原因者が判明した場合のものであるが，そうでない場合も汚染原因者が加わらないだけで手順は同じである。

措置命令を出す際には，知事は，行政手続に基づいた聴聞等を通じて，汚染原因者や土地所有者等からヒアリングを行った後に，土壌汚染の状況に応じ技術的に適用できる内容の措置のうちから，命ずる措置の内容を決定する。基本的には，行政（知事）と措置実施者との調整のうえ，技術的基準（土対法7条）に適合する方法以上であれば，措置実施者が希望する措置方法が命

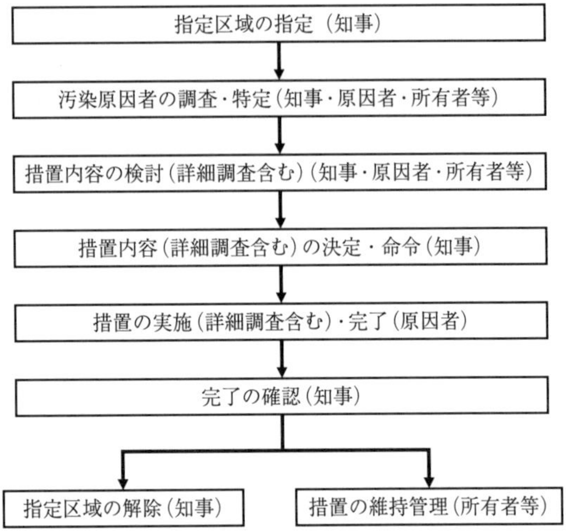

図 5.1　措置命令による場合の措置実施の手順（汚染原因者が判明した場合）

じられる。すなわち，措置命令による場合であっても，措置方法の決定においては，措置実施者の希望に応じた措置を選択できる。措置命令を受けない場合は措置実施者が措置の内容等を決定する。

措置は，1 つの方法に限定して命じられるのが基本であるが，複合汚染の場合や，直接摂取リスクと地下水等摂取リスクとが複合している場合には，複数の措置の組み合わせになる場合もある。なお，健康被害のおそれがきわめて高い場合には，まず，シート等による被覆や地下水の飲用停止等の応急的な措置を講ずる。

5.1.2　措置の実施に関する基本的事項

（1）措置の実施期限

措置の実施期限とは措置命令が出てから措置が完了するまでの期間で，措置命令の場合は，措置を講ずべき土地の範囲，土壌汚染の状態，措置の内容，実施者の費用負担能力および技術的能力等を勘案して，確実にかつできるだけ早期に実施されるように設定する。

（2）措置の実施と完了

措置の実施にあたっては，必要に応じて，深さを含めた汚染範囲を特定するための「詳細調査」を実施する。また，必要に応じて都道府県と相談することが重要である。とくに，指定区域の解除に関する場合や，不溶化・封じ込め等で比較的大きな工事が行われる場合，措置計画書を作成して都道府県と相談することが肝要である。汚染除去の措置を実施した場合には，措置の完了を知事に報告し，指定基準に適合していることが確認されれば，指定区域の指定が解除される。汚染除去以外の措置では指定は解除されず，指定区域として引き続きの維持・管理が必要となる。

(3)　汚染除去以外の措置の場合

汚染の除去以外の措置が実施された場合には，措置の完了後においても，措置済みの指定区域として，引続き実施した措置の効果の維持・管理を行わねばならない。維持管理にあたっては，措置の損壊等によって，土対法に定める技術的基準に適合しなくなった場合には，速やかに修復を行うとともに知事に報告する。

(4)　特殊な場合の対応

①　土壌汚染状況調査において，試料採取等を省略したことにより指定区域とされた単位区画が，詳細調査の結果，汚染が存在しないことが確認された場合には，知事に報告して妥当性が認められれば指定区域から除外される。

②　命令された措置の実施が不可能な場合は知事に報告し，技術的基準に適合した他の措置への変更ができる。

5.2　措置の種類と選択

5.2.1　土壌汚染によるリスク

土壌汚染による企業イメージや土地価額の低下などのリスク問題を別とすると，一般に，土壌汚染をはじめとする環境汚染のリスクつまり危険の生じる可能性の対象として次の2つがある。

①　健康影響へのリスク

②　生活環境や生態系へのリスク

土対法では，①の健康影響へのリスクだけを対象としている。②については，たとえば，人の生活に不快感を与える油による悪臭，油膜などの汚染があるが，この種のものについては，さらに科学的知見を集積してから検討することとしている。

また，土対法においては，土壌汚染による人の健康影響へのリスクだけを対象としているわけであるが，この人の健康影響へのリスクとして次の2つを対象としている。

① 特定有害物質が含まれる汚染土壌を直接摂取することによるリスク（以後，「直接摂取リスク」という）

② 特定有害物質が含まれる汚染土壌からの特定有害物質の溶出による汚染地下水等の摂取によるリスク（以後，「地下水等摂取リスク」という）

土対法においては，以上のような考え方に基づいて，指定区域に対する措置を次のように2つの場合に分けて細部を規定している。

① 土壌の直接摂取による健康被害（直接摂取リスク）を防止するための措置

② 地下水汚染を経由した健康被害（地下水等摂取リスク）を防止するための措置

上記2つの場合の基本的な措置の方法を**表 5.1** および**表 5.2** に示す。①の直接摂取リスクに対する措置命令の発動条件は，土壌の特定有害物質含有量が含有量指定基準を超え，人が立ち入る土地の場合である。この場合の措置としては，立入禁止，舗装，盛土，土壌入換え，土壌汚染の除去（浄化）が適用される。②の地下水等摂取リスクに対する措置命令の発動条件は，水質汚濁防止法での地下水浄化命令の発動基準と同じである。ただし，水質汚濁防止法では，明らかに浄化基準を超えた地下水汚染でなければ浄化命令を出せないが，土対法では，人の健康に害が及ぶか，あるいは及ぶ可能性がある場合には，溶出量が溶出量指定基準を超えていれば，地下水が基準以下でも

表 5.1　直接摂取リスク防止のための措置（規則第27条）[1),2)]

措置の内容	命令が行われる場合
立入禁止又は舗装	土地の所有者等が求めた場合
盛土	原則として，この措置を命じる。
土壌入換え	特別な場合[注1)]。土地の所有者等と汚染原因者の双方が求めた場合
掘削除去又は原位置浄化	特別な場合[注2)]。土地の所有者等と汚染原因者の双方が求めた場合

注1）主として居住の用に供されている建築物の専ら居住の用に供されている場所が盛土をすることで日常の居住の用に著しい支障を生じる場合。

注2）乳幼児の砂遊び若しくは土遊びに日常的に利用されている砂場若しくは園庭の敷地又は遊園地その他の遊戯設備により乳幼児に屋外において遊戯をさせる施設の用に供されている土地であって土地の形質の変更が頻繁に行われることにより土壌入換え若しくは盛土の効果の確保に支障が生ずるおそれがあると認められる場合。

表 **5.2**　地下水等摂取リスク防止のための措置（規則第 23～26 条）[1),2)]

（1）地下水汚染が生じていない場合の講ずべき措置
　原則として地下水のモニタリング。
　但し，土地の所有者等と汚染原因者の双方が求めたときは以下（2）の措置。
（2）地下水汚染が生じている場合の講ずべき措置
　特定有害物質の分類ごとに第二溶出量基準[注 1)]（表 3.2）に対する適否に応じて下表のとおり。

措置の内容	重金属等		揮発性有機化合物		農薬等	
	基準適合	基準不適	基準適合	基準不適	基準適合	基準不適
原位置不溶化又は不溶化埋め戻し	◇	×	×	×	×	×
原位置封じ込め	◎	△	◎	×	◎	×
遮水工封じ込め	○	△	○	×	○	×
遮断工封じ込め	○	○	×	×	○	◎
掘削除去又は原位置浄化	○	○	○	◎	○	◎

注 1）第二溶出量基準：汚染の状況に応じて措置内容を特定するために設定した基準（規則別表第 4）。廃棄物最終処分場（管理型）の埋立基準に準拠しており，物質により溶出量基準の 10～30 倍値。なお，表においては，単に「基準」と記した。

注 2）◎は原則として講じる措置。◇は土地の所有者等が求めたとき，○は土地の所有者等と汚染原因者の双方が求めたときに講じる措置。△は不溶化して第二溶出量基準以下としたときの措置。

措置命令を下すことができる（施行令第 5 条）。この場合の措置としては，不溶化，封じ込め（原位置，遮水工，遮断工），土壌汚染の除去（浄化），地下水のモニタリングが適用される。

5.2.2　措置に関する基本的な考え方

上述のように，措置の目的は「土壌汚染による健康被害の防止」にある。この目的を達成するための措置は，**図 5.2** に示すように，大きく 2 つに分けられる。1 つは「土壌汚染の除去」であり，汚染土地からの特定有害物質の抽出・分解，あるいは搬出による汚染土壌の除去などがこの範疇に入る。2 つは「土壌汚染の管理」であり，暴露管理，暴露径路遮断というような手法である。このように，措置の手法は 2 つに分けることができるが，措置完了後の特定有害物質の存在状況には大きな違いがあり，完了後の取り扱いを区別する必要がある。

措置として土壌汚染の除去を適用した場合には，措置完了後はいかなる土地利用も可能であり，新たな汚染が生じない限り土壌汚染による健康被害のおそれはない。指定区域としての指定も解除される。

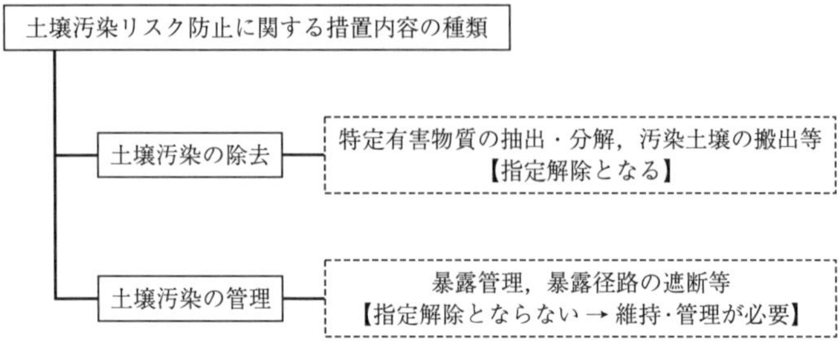

図 **5.2**　措置内容の種類

一方，措置として土壌汚染の管理を適用した場合には，措置完了後も汚染土壌が残存し，措置効果の維持・管理が必要となる。また，場合によっては土地利用が制限される。指定区域の指定も解除されないし，土地の形質の変更を行う場合には知事に届け出る義務が生ずる。

5.2.3　直接摂取リスク防止に関する措置

この措置は，含有量指定基準が定められている第二種特定有害物質による土壌汚染において，含有量指定基準に不適合な汚染土壌に対して適用される。この措置は，図 **5.3** に示すように，暴露管理（人と汚染土壌が接触する機会の抑制），暴露径路遮断（汚染土壌または汚染土壌中の有害物質の移動の抑制），土壌汚染の除去（汚染土壌中の有害物質の抽出あるいは分解，その土地からの汚染土壌の搬出）の 3 つに大別できる。

土壌汚染の除去（原位置浄化，掘削除去）が浄化措置に相当し，これが完了すると指定区域の解除となる。その他の措置は解除とならず，汚染土地としての維持・管理が必要である。土壌汚染が，含有量指定基準だけでなく，溶出量指定基準にも不適合な場合には，地下水等摂取リスク防止措置も対象となり，両方のリスクを防止できる措置を行う。

(1) 原則となる措置は盛土

直接摂取リスク防止措置において，原則となる措置は「盛土」である。ただし，次の 2 つの場合には，「土壌入換え」または「土壌汚染の除去」が原則となる措置となる。

① 盛土により地表面を 50 cm 高くすることが，日常生活に著しい支障が生ずるおそれがあるときには「土壌入換え」措置を行う。戸建住宅やマンションのような居住用の建築物の敷地で，地表から 50 cm までの部

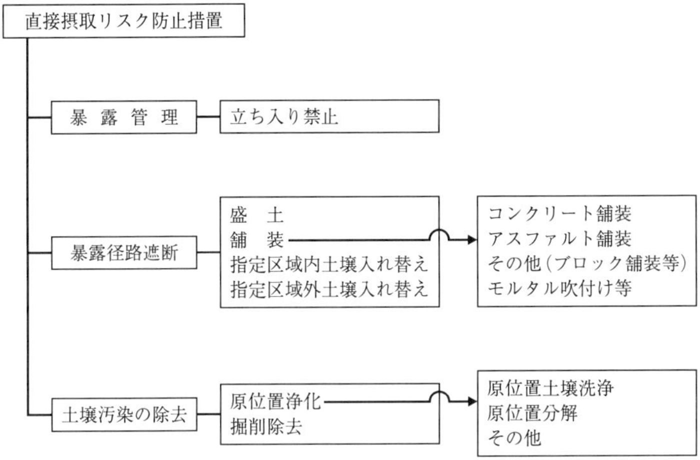

図 **5.3**　直接摂取リスクに関する措置

分が居住用となっている部分などがこれにあたる（規則第 27 条）。

② 乳幼児が日常的に利用する砂場等の場合には「土壌汚染の除去」措置を実施する。砂場や遊園地等の土地では，土地の形質変更が頻繁に行われるために，土壌入換えまたは盛土の効果を，常に確実に維持・管理することが困難であるため，「土壌汚染の除去」措置を行う。

(2) 土地所有者等の希望の反映

措置を行う土地所有者等が，立ち入り禁止措置または舗装措置を希望した場合には，それが命じられた措置となる。ただし，前記の砂場等の特別な場合は，立ち入り禁止および舗装措置を行うことはできない。一方，土地所有者等が，土壌入換えまたは土壌汚染除去を希望した場合には，それが命じられた措置となる。ただし，前記①の場合は土壌入換え措置はできない。

(3) その他の留意事項

① 現在は含有量だけが不適合であるが，今後の土壌の pH の変化等の環境変化によって溶出量が不適合になる場合もある。そのため，土壌状態や有害物質の形態・濃度等を考慮して措置方法を選択することが重要である。

② きわめて高濃度汚染の場合には，措置の軽微な損壊でも大きな影響を与えるおそれがあるので，措置および維持管理の方法について十分な対策を講じる必要がある。

③ 土地の利用形態によって措置の方法が制限されるのは，居住に著しい支障がある場合と砂場等の特別な場合だけであるが，措置の内容によっては，土地利用が制限されることから，結果的には措置内容と土地利用には一定の相関関係があることになる。立入禁止は当面未利用地が対象となり，舗装は全面舗装のうえで，道路，駐車場，オフィス街等の土地利用が考えられる。盛土は戸建住宅，マンション，学校，運動場というような利用が考えられよう。

以上の直接摂取リスクに係わる措置の選択の考え方をまとめると**表 5.3** のようになる。

表 5.3　直接摂取リスクに係わる措置方法の選択 1),2)

	通常の土地	盛土では支障がある土地
立入禁止	●	●
舗装	●	●
盛土	◎	●
土壌入換え	○	◎
土壌汚染の除去	○	○

注 1)「盛土では支障がある土地」とは，住宅やマンション（1 階部分が店舗等の住宅以外の用途であるものを除く）で，盛土して 50 cm かさ上げされると日常生活に著しい支障が生ずる土地

注 2) 特別な場合（乳幼児の砂遊び等に日常的に利用されている砂場等や，遊園地等で土地の形質変更が頻繁に行われ盛土等の効果の確保に支障がある土地）については，土壌汚染の除去を命ずることとなる。

【凡例】◎：原則として命ずる措置，○：土地の所有者等と汚染原因者の双方が希望した場合に命ずることができる措置，●：土地の所有者等が希望した場合に命ずることができる措置

5.2.4　地下水等摂取リスク防止に関する措置

地下水等摂取リスク防止措置は，第一・二・三種のすべての特定有害物質による土壌汚染において，溶出量の指定基準に不適合な汚染土壌に対して行う措置である。なお，第一種特定有害物質は地下水とともに移動しやすいことから，これによる土壌・地下水汚染の場合に，地下水等摂取リスク防止措置が必要になる場合が多い。

地下水等摂取リスク防止措置には，**図 5.4** に示すように，「暴露径路遮断」（汚染土壌中の有害物質が周辺の地下水を汚染することの抑制），「土壌汚染の除去」（汚染土壌中の有害物質の抽出・分解またはその土地からの汚染土壌の

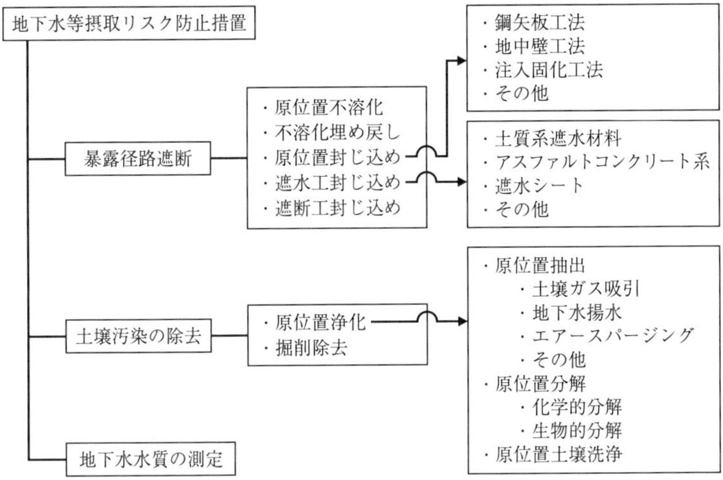

図 5.4　地下水等摂取リスクに関する措置

搬出）および「地下水水質の測定（モニタリング）」の3つの方法がある。しかし，地下水質の測定は，地下水汚染がまだ生じていないときに構ずるべき措置であり，いうなれば，土壌汚染に起因する汚染地下水の摂取を抑制する手法であり，暴露管理に相当するものといえる。

なお，土壌汚染が溶出量指定基準に加えて，含有量指定基準にも不適合なため，直接摂取リスク防止措置を行う場合には，両方のリスクを防止できる措置を行う必要がある。

(1) 原則となる措置

地下水等摂取リスク防止措置において，措置命令が出される場合の原則となる措置は，**表 5.4** に示すように，特定有害物質の種類により異なる。なお，地下水汚染が生じていない場合には「地下水の水質測定」が原則となる措置となる。

① 第一種特定有害物質による土壌汚染ついては，**表 3.2** に示す第二溶出量基準に適合する場合には「原位置封じ込め」が，第二溶出量基準に不適合な場合には「土壌汚染の除去」が原則となる。

② 第二種特定有害物質による土壌汚染については，「原位置封じ込め」が原則となる措置である。なお，第二溶出量基準に不適合な場合には，原位置封じ込め措置の実施にあたり，汚染土壌の不溶化を行って，第二溶

表 5.4　地下水等摂取リスクに関する措置と選択[1),2)]

	第一種特定有害物質（揮発性有機化合物）		第二種特定有害物質（重金属類）		第三種特定有害物質（農薬等）	
	第二溶出量基準[注1)]		第二溶出量基準[注1)]		第二溶出量基準[注1)]	
	適　合	不適合	適　合	不適合	適　合	不適合
原位置不溶化・不溶化埋め戻し	×	×	●	×	×	×
原位置封じ込め	◎	×	◎	◎[注2)]	◎	×
遮水工封じ込め	○	×	○	○[注2)]	○	×
遮断工封じ込め	×	×	○	○	○	◎
土壌汚染の除去	○	◎	○	○	○	◎

注 1)「第二溶出量基準」とは，土壌溶出量基準の 10～30 倍に相当するものである（規則第 24 条及び別表第 4；表 3.2 参照)。
注 2) 汚染土壌を不溶化し，第二溶出量基準に適合させた上で行うことが必要。
【凡例】◎：原則として命ずる措置，○：土地の所有者等と汚染原因者の双方が希望した場合に命ずることができる措置，●：土地の所有者等が希望した場合に命ずることができる措置，×：技術的に適用不可能な措置

出量基準に適合するようにする。

③ 第三種特定有害物質による土壌汚染で，第二溶出量基準に適合する場合には「原位置封じ込め」が，第二溶出量基準を超過する場合には「土壌汚染の除去」または「遮断工封じ込め」が原則の措置である。

(2) 土地所有者等の希望の反映

地下水の水質測定が原則となる措置である場合でも，土地所有者等が別の措置を希望したときには，それが技術的に適用できるものであれば，それが命じられる措置となる。また，上記の①～③に掲げる措置が原則であるときでも，それ以外の措置を希望した場合には同様の取り扱いとなる。地下水等摂取リスク防止措置は以下のような考え方で措置方法を検討する。

① 第一種特定有害物質による汚染については，所有者等と汚染原因者の双方が「遮水工封じ込め」または「土壌汚染の除去」を希望したときは，それが命じられる措置となる。ただし，第二溶出量基準を超過している場合には，遮水工封じ込めを行うことはできない。

② 第二種特定有害物質による汚染については，所有者等が「原位置不溶化」または「不溶化埋め戻し」を希望したときは，それが命じられる措置となる。ただし，第二溶出量基準を超過する場合には，原位置不溶化または不溶化埋め戻しを行うことはできない。また，所有者等と汚染

原因者の双方が「遮水工封じ込め」「遮断工封じ込め」または「土壌汚染の除去」を希望したときには，それが命じられる措置となる。なお，第二溶出量基準を超過する場合の遮水工封じ込めの実施にあたっては，汚染土壌の不溶化を行って第二溶出量基準に適合するようにする。

③ 第三種特定有害物質による汚染については，双方が「遮水工封じ込め」「遮断工封じ込め」または「土壌汚染の除去」を希望したときには，それが命じられる措置となる。ただし，第二溶出量基準を超過する場合には，遮水工封じ込めを行うことはできない。

(3) 措置選択における制約

土壌・地下水の汚染状況等によって措置の選択が制約される場合がある。すなわち，「原位置封じ込め」および「遮水工封じ込め」は，不透水性地層の存在や汚染の状況から，封じ込めにより技術的に十分に地下水への影響を封じ込める場合に限られる。たとえば，汚染土壌の下に連続した不透水性地層がないような場合には，原位置封じ込めは実施が困難となる。また，「原位置不溶化」および「不溶化埋め戻し」は，不溶化により技術的に十分に地下水への影響を防止できる場合に限られる。たとえば，深部での原位置不溶化は薬剤の拡散防止への配慮が必要となる。このように，用いる措置の選択においては，措置の適用可能な条件を十分に把握しておくことが重要である。

(4) その他の留意事項

① 「原位置不溶化」および「不溶化埋め戻し」において，溶出量基準に適合するように不溶化するが，もともと超過していた含有量基準についても結果的に適合するようになることもあるが，そのような場合でも，直接摂取リスクに対する措置が必要である。

② 第二種特定有害物質で第二溶出量基準を超過している場合，第二溶出量基準に適合するように不溶化して原位置封じ込めを行うことが原則となる措置とされているが，そのような場合には，措置の実施および維持管理を適切に行うことがとくに必要である。なお，第二種特定有害物質であっても，きわめて濃度が高い場合には土壌汚染の除去が望ましい。

③ 周辺に飲用井戸が多くある場合，飲用井戸までの距離が近い場合，上水道の水源井戸等の施設に影響を及ぼす可能性がある場合には，地下水等摂取リスク防止措置は将来的にも安全が確保できるものとする。また，そのような場合には，土壌汚染の除去を行った場合を除き，措置完了後も地下水質のモニタリングを継続することが望ましい。

5.2.5 直接摂取と地下水等摂取の両リスク防止に対応する措置

「土壌汚染の除去」は直接摂取リスクと地下水等摂取リスクの両方に適用できる措置である。これには「掘削除去」と「原位置浄化」があるが，原位置浄化は技術的に適用できる特定有害物質が限定される。

原則として，措置命令で出される措置は 1 つの方法とされているが，実際には複数の措置を実施する場合もある。たとえば，次のような場合である。

① 対象とするリスクが異なる場合：直接摂取リスクと地下水等摂取リスクの両方が考えられる場合である。たとえば，第二溶出量基準には適合するが，溶出量指定基準を超過し，かつ，含有量指定基準に適合しない汚染土壌には，地下水等摂取リスクの観点から不溶化を施し，直接摂取リスクの観点からは盛土を行うというような場合がある。

② 複数の特定有害物質に汚染されている場合：第一・二・三種特定有害物質が共存し，それぞれに対する措置が異なる場合がこれに相当する。

③ 同じ特定有害物質による汚染であるが，区域によって汚染の状態が異なる場合：一部の区域では第二溶出量基準を超え，他の区域では溶出量指定基準を超えているが第二溶出量基準には適合するような場合である。

このように，複数の措置を適用する場合，どのような順序，方法で措置を実施するかが重要となる。

5.3 措置のための詳細調査

5.3.1 基本的な考え方

措置命令を受けて措置計画を策定するとき，必要に応じて，汚染範囲を詳細に把握するための詳細調査を行う。詳細調査は汚染土壌の範囲（平面および深さ）を確認することが目的である。

(1) 土壌汚染の平面的な範囲の確認

土壌汚染状況調査（第 **3** 章）は，原則として，10 m 格子（100 m^2）の単位区画で 1 点の試料採取を行い，土壌汚染の平面的な範囲の把握を目的とした。いいかえれば，土壌汚染状況調査によって，指定区域の平面的な範囲はすでに把握されているので，詳細調査では平面的な汚染範囲を確認する必要はない。ただし，土壌汚染状況調査において，土地の所有者等の希望により，試料採取等を行わずに指定区域とした単位区画については，汚染が存在しない可能性がある。このような場合には以下のように対応する。

① 汚染深度把握を必要とする措置を実施する場合：地下水の水質測定を除く，地下水等摂取リスク防止措置および土壌汚染の除去措置を実施する場合には，土壌汚染の深度を把握する必要がある。ただし，原位置封じ込めの場合であって，不透水層の深さが既知の場合で，かつ第二溶出量基準に適合していることが明らかな場合には，深度を正確に把握する必要はない。汚染の深度の把握はボーリング等の調査により行われるが，調査地点は，措置の対象となる単位区画ごとの汚染の状態（含有量あるいは溶出量）を把握できるように設定する。したがって，措置命令の対象となった単位区画において，土壌汚染状況調査と同等な調査を実施し，深度方向の土壌汚染状況を把握することになる。

② 上記以外の措置を実施する場合：この場合には，必ずしも単位区画ごとに汚染状況を知る必要がないため，基本的には試料採取等を行わず，指定区域の単位区画の汚染状況を把握する必要はない。ただし，土壌汚染状況調査を省略した単位区画において，自主的に土壌汚染状況調査と同等な調査を実施することにより，実際に施工の対象とする範囲を特定し，措置に要する費用を軽減することができる場合がある。

(2) 土壌汚染の深度方向の範囲の把握

① 深度方向の範囲の把握の必要性：措置の計画・実施にあたって，深度方向の汚染範囲を把握する必要性のある措置を，リスクの種類ごとにまとめたのが**表 5.5** である。深度方向の汚染範囲の把握の必要性は，対象とするリスクの種類および選択する措置の種類により異なる。

② 深度調査の密度：土壌汚染の深度方向の分布が適切に判断できる間隔で深度調査を実施するが，一般に，次のような地点で実施する。イ) 土壌汚染状況調査において，溶出量が第二溶出量基準に適合しない地点（第二・三種特定有害物質）。ロ) 特定有害物質が浸透したおそれが高い地点（第一種特定有害物質）。ハ) 上記以外の範囲では，水平方向の濃度変化は小さいと考えられることから，30 m 格子（900 m^2）に 1 地点程度で深度調査を行う。ただし，上記以上の密度で調査してもよい。

③ 深度調査の地点：深度調査の地点は，土壌汚染状況調査において試料採取を行った地点と同じ地点で実施することが基本となる。ただし，第一種特定有害物質の場合には，30 m 格子に 1 地点の土壌ガス調査の結果から，相対的に土壌ガス濃度が高い地点を求め，さらにこの地点を中心に詳細な土壌ガス調査を行い，その結果から有害物質の浸透地点を推定

表 5.5 リスクと措置による深度方向の汚染範囲把握の必要性[1),2)]

措置名	直接摂取によるリスク	地下水等の摂取によるリスク
立入禁止	×	—
舗装	×	—
盛土	×	—
指定区域内土壌入換え	○(深度方向の汚染状況の把握)	—
指定区域外土壌入換え	×	—
地下水の水質の測定	—	×
原位置不溶化	—	○
不溶化埋め戻し	—	○
原位置封じ込め	—	△(汚染の確認と不透水層の確認)
遮水工封じ込め	—	○
遮断工封じ込め	—	○
土壌汚染の除去	○	○

○：必要，△：場合により必要，×：不必要，—：適用外

し，その地点を深度調査地点に含めることが望ましい。このようにする主な理由は，イ) 第一種特定有害物質は，比較的狭い範囲から浸透する事例が多く，汚染深度を的確に把握するためには，浸透箇所の特定が重要であること。ロ) 第一種特定有害物質による地下水汚染事例が多いため，第二・三種特定有害物質と比べて，精度の高い調査が必要であること。ハ) 過去の事例から，表層土壌ガス濃度が高い地点で深層に高濃度の汚染が見られる場合が多いこと。

④ 深度別試料の採取：原則として，一定深度（たとえば1m）ごとに試料を採取して濃度を測定する。必要に応じて，地層等の状態を考慮して，さらに詳細な試料採取を行うことが適当な場合もある。

5.3.2 第一種特定有害物質汚染での深度調査

第一種特定有害物質汚染については，溶出量指定基準だけが適用され，含有量指定基準は定められていない。したがって，第一種特定有害物質汚染に対する措置は地下水等摂取リスク防止措置が対象となる。措置の計画・実施においては，原則としてボーリングによる土壌試料の採取等を行い，汚染土壌の存在する深さを把握することが必要である。ただし，原位置封じ込めを行う場合で，第一不透水層よりも深いところまで汚染が達していないときには，詳細な深度調査を行うことなく，第一不透水層までの封じ込めを行うことが可能である（**表 5.5**）。

なお，土壌汚染状況調査においては，基本的には，土壌ガスから有害物質が検出された地点を含む単位区画（土壌ガスが採取できないことから，採取した地下水が地下水基準に適合しない区画も含む）は指定区域に指定される。しかし，土壌ガス調査は間接的な調査であるため，これらの単位区画は指定区域に指定されていても，実際には汚染がないこともありうる。したがって，詳細調査でのボーリング調査により，土壌ガスが検出された地点における土壌汚染の存在の有無を含めた評価が行われることになる。

(1)　深度調査地点の設定

①　浸透地点を特定するための調査地点

土壌汚染状況調査での表層土壌ガス調査（単位区画に1地点）結果から求められる，相対的に濃度が高い地点を有害物質が浸透した地点とする。なお，さらに濃度の高い単位区画を中心に，2～5 m 間隔で実施する詳細土壌ガス調査を行い，その結果を勘案して浸透地点を推定することが望ましい。

②　土壌ガスが検出された範囲での土壌汚染の有無の評価のための調査地点

土壌ガス調査から，浸透地点と推定された場所で深度調査を行った結果，いずれの深度においても溶出量が指定基準に適合する場合には，図 **5.5** に示すように，その単位区画に隣接する3つの単位区画（指定区域である単位区画）の中心で深度調査を行う。また，隣接する指定区域の単位区画が2つ以下の場合には，そのすべてで深度調査を行う。

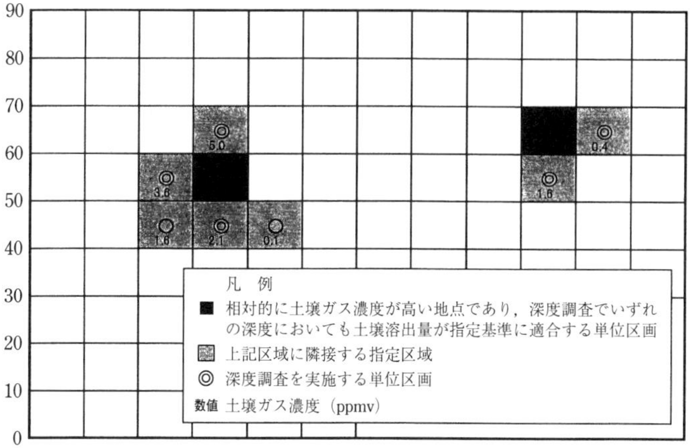

図 **5.5**　汚染源における深度調査地点の設定例 [1)]

上記の深度調査の結果，すべての地点と深度で溶出量が指定基準に適合している場合には，相対的に高い濃度の土壌ガスが検出された地点についても，土壌汚染が存在しないものと判断する。ただ，このような結果から，その単位区画が指定区域から解除されるものではない。指定区域の解除は，その単位区画で深度調査を行い，指定基準に適合することを確認することが原則であることから，このような場合でも，指定の解除の判断は知事によって行われることとなる。

③ 汚染源周辺における深度調査

相対的に濃度の高い地点がある単位区画で行った深度調査の結果，いずれかの深度で指定基準の超過がある場合には，それに隣接する単位区画において深度調査を行う。なお，隣接する単位区画の深度調査の結果，いずれかの深度で指定基準の超過がある場合には，さらにその単位区画に隣接する単位区画において深度調査を行う。

(2) 深度調査の深度と試料測定（分析）方法

第二・三種特定有害物質は地下浅部にとどまる場合が多いのに対し，第一種特定有害物質は地下深部にまで到達する場合が多い。原則として，調査深度は土壌汚染状況調査と同じく 10 m とするが，10 m の深度においても汚染の到達深度が確認できない場合には，到達深度が確認できるまで深度調査を継続する。深度調査においても，土壌・地下水中の特定有害物質の測定（分析）は，土壌汚染状況調査の場合と同様に公定法に従って行う。

(3) 土壌汚染の深さの確認

① 表層から最初の帯水層の底面までの土壌の採取を行う。帯水層の底面および底面から 1 m 浅い深度において指定基準に適合する場合には，土壌試料の採取を終了する。ただし，帯水層の底面に達しなくても，表層から 10 m より深いところにおいて，2 m 以上続けて指定基準に適合することが確認できれば，その深度で土壌試料の採取を終了してもよい。たとえば，深度 8 m で適合していなくても，深度 9 m，10 m で適合していれば，帯水層の底面に達していなくても土壌試料の採取を終了してよい。この場合の汚染の到達深度は 9 m となる。

② 最初の帯水層の底面および（または）底面から 1 m 浅い深度において指定基準に適合しない場合には，原則として，次の帯水層の上端まで調査を行う。次の帯水層の上端および上端から 1 m 浅い深度において指定基準に適合する場合には，土壌試料の採取を終了する。ただし，次の帯

水層の上端に達しない場合でも，2 m 以上続けて指定基準に適合することが確認できれば，その深度で土壌試料の採取を終了してもよい。

③ 次の帯水層の上端および（または）上端から 1 m 浅い深度においてもなお指定基準に適合しないときには，次の帯水層の下端まで土壌試料の採取を実施する。次の帯水層の下端およびそれよりも 1 m 浅い深度において指定基準に適合する場合には，土壌試料の採取を終了する。次の帯水層の下端に達しない場合でも，2 m 以上続けて指定基準に適合することが確認できれば，その深度で土壌試料の採取を終了してもよい。

④ ③で指定基準に適合することが確認できない場合には③を繰り返す。

5.3.3　第二・三種特定有害物質汚染での深度調査

第二種特定有害物質汚染については，溶出量指定基準と含有量指定基準の両方の基準が適用される。したがって，第二種特定有害物質による汚染に対する措置は，地下水等摂取リスクを対象とする場合と，直接摂取リスクを対象とする場合の 2 つがある。第三種特定有害物質汚染については，溶出量指定基準だけが適用されるので，措置は地下水等摂取リスクに対する措置だけとなる。

（1）深度調査地点の設定

① 第二溶出量基準に不適合な単位区画およびその周辺での調査地点

第二・三種特定有害物質汚染とも，溶出量指定基準に不適合な場合には，地下水等摂取リスク防止措置が必要になる。措置の対象が地下水等摂取リスクの場合には，土壌汚染状況調査の結果より，まず，**図 5.6** に示すように，第二溶出量基準に不適合な単位区画を特定する。そして，その単位区画およびそれに隣接する指定区域の単位区画で 1 点以上の深度調査地点を設定する。

② 第二溶出量基準に不適合な区画から離れた区画での調査地点

上記①の方法によって調査の対象とならなかった区画については，30 m 格子に含まれる措置の対象となる単位区画のうち，溶出量または含有量が最も高くなる単位区画を選び，その単位区画内に深度調査地点を設定する。そのとき，30 m 格子に含まれる措置が必要な単位区画の数が 2 以下であり，かつ隣接する 30 m 格子において深度調査地点が設定されている場合には，その 30 m 格子内の深度調査を省略してもよい。

③ 直接摂取リスクのみを対象とする措置の場合の調査地点

②と同様に，まず，30 m 格子に含まれる措置の対象となる単位区画のうち，

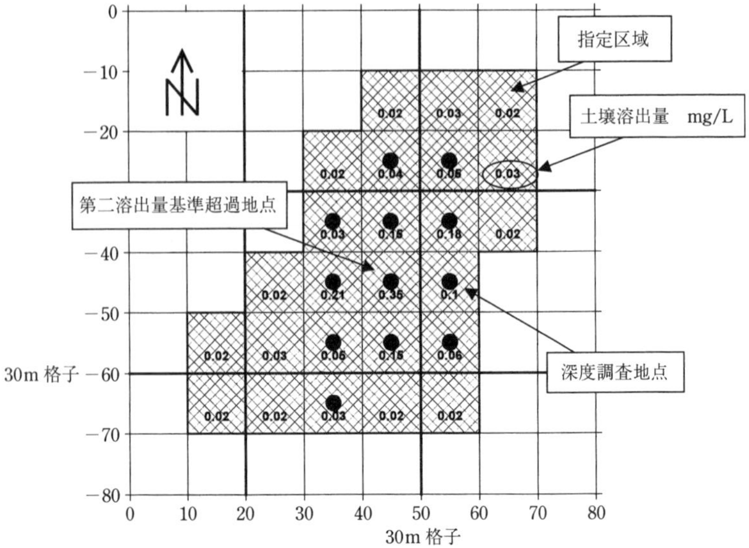

図 5.6　深度調査地点の設定の考え方 [1),4)]（土壌溶出量基準が 0.01 mg/L, 第二溶出量基準が 0.3 mg/L の場合）

含有量が最も高い単位区画内に深度調査地点を設定する。なお，30 m 格子に含まれる措置が必要な単位区画の数が 2 以下であり，かつ隣接する 30 m 格子において，深度調査地点が設定されている場合には，その 30 m 格子内の深度調査を省略してもよい。

(2) 深度調査の深度と試料測定（分析）方法

これまでの経験から，第二・三種特定有害物質による土壌汚染は 5 m 程度の深さまでと考えられている。しかし，一律に 5 m までの試料を採取することは負担増につながることから，土質の状況に応じて適切な採取深度を採用することとしている。すなわち，基本的には 5 m までの深さとするが，汚染の到達深度が浅い場合には 5 m より浅くてもよい。なお，深度 5 m においても指定基準に不適合な場合には，適合する深さまで調査を実施する。

採取した土壌・地下水試料の測定（分析）は，第 **4** 章に示した公定法に従って実施する。そのとき，溶出量または含有量が，それぞれ指定基準に適合することが確認されれば，それ以深の試料についての測定は不要である。

(3) 土壌汚染の深さの確認

土壌汚染の深さの確認は，原則として，連続した 2 m 以上の範囲において，指定基準に適合することが確認された場合とする。たとえば，深度 2 m で指定基準超過であり，深度 3，4 m で適合する場合でも，土壌汚染の深さは深度 3 m とする。なお，汚染深度の確認は指定調査機関によって実施することが望ましい。対象物質が第二種特定有害物質の場合には，汚染の深度とは，含有量と溶出量の両指定基準に適合する深さであり，第三種特定有害物質の場合には，溶出量の指定基準に適合する深さとなる。

5.3.4　最終的な土壌汚染の範囲の確定

措置のための詳細調査を実施し，それに基づく土壌汚染の範囲の確定は以下のような方法による。なお，詳細調査により，指定区域外の土地に汚染土壌の存在が判明した場合には，以下の方法で設定された範囲の周囲にまで措置（対策）範囲を広げることが望ましい。

（1）平面範囲

土壌汚染の平面範囲は単位区画ごとに設定する。詳細調査において，第 **3** 章の土壌汚染状況調査と同等な調査により，指定基準に適合することが判明した単位区画を除き，措置が命令された指定区域内の単位区画のすべてにおいて土壌汚染が存在すると見なす。

（2）深度範囲

平面範囲と同様に，土壌汚染の深度範囲は単位区画ごとに設定する。そのとき，深層までの深度調査が実施されている単位区画では，**図 5.7** に示すよ

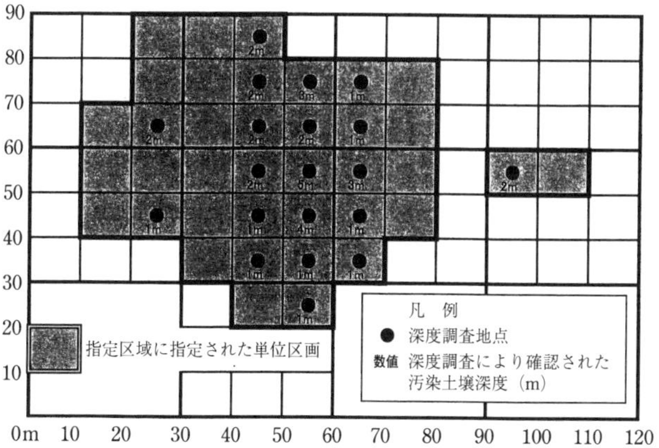

図 5.7　深度調査が実施されている単位区画の土壌汚染の深度範囲の例 1),4)

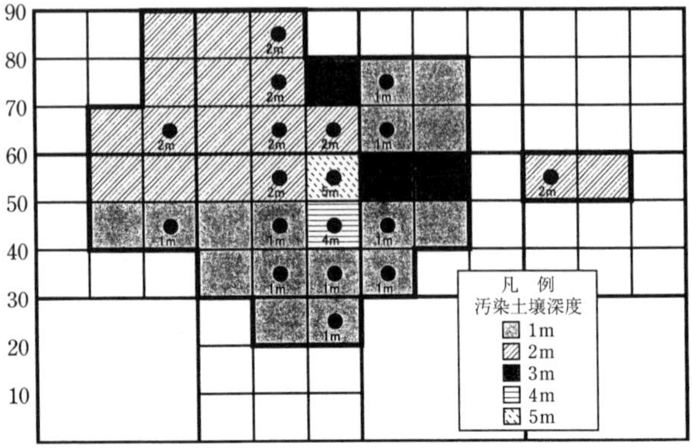

図 5.8　深度調査が実施されていない単位区画の土壌汚染の深度範囲の例 [1),4)]

うに，深度調査によって求められた汚染の到達深度を土壌汚染の深度範囲とする。深度調査が実施されていない単位区画については，**図 5.8** に示すように，その単位区画の中心から最も近い深度調査地点における汚染の到達深度を土壌汚染の深度範囲とする。そのとき，その単位区画の中心から，距離が等しい複数の深度調査地点が存在する場合には，汚染の到達深度が深い値を採用する。

5.4　土地の形質変更の制限

健康被害を防止するための措置ではないが，指定区域に指定されると，健康被害を防止するための措置のほかに，土地の形質変更に制限が加えられ，通常の土地管理のための軽微な変更以外は知事に届け出る必要がある（土対法第 9 条)。ここでいう軽微な変更とは，たとえば，面積 10 m^2 以下で深さ 50 cm 以下の掘削や，深さ 3 m 以下の掘削などである。そして，形質変更を行う場合には次のような措置を講じる。

① 汚染土壌や汚染物質の飛散防止

② 汚染土壌が帯水層と接触しないこと

③ 形質変更後は土対法の技術基準と同等以上の措置を施すこと

④ 汚染土壌を指定区域外へ搬出するときは適切な管理を行うこと

【参考文献】

1) 環境省 監修，土壌環境センター 編：土壌汚染対策法に基づく調査および措置の技術的手法の解説，2003
2) 土壌汚染対策研究会 編著：土壌汚染対策法と企業の対応，Q & A 101，産業環境管理協会，2003
3) 全国地質調査業協会連合会 編：地質調査技士（土壌・地下水汚染部門）認定講習会テキスト，平成 15 年度版，2003
4) 中央環境審議会：土壌汚染対策法に係わる技術的事項について，2002
5) 全国地質調査業協会連合会 編：土壌・地下水汚染のための地質調査実務の知識，オーム社，2004

第6章

直接摂取リスク防止に関する措置

直接摂取リスク防止に関する措置は，第二種特定有害物質（重金属等）汚染を対象とするものであり，溶出量指定基準に適合するが，含有量指定基準に不適合な場合に用いる。直接摂取リスク防止措置と地下水等摂取リスク防止措置の双方を命令された場合には，本章の直接摂取リスク防止措置および第**7**章の地下水等摂取リスク防止措置を併用するか，第**8**章で述べる「直接摂取・地下水等摂取の両リスク防止に関する措置」を適用する。直接摂取リスク防止措置の種類についてはすでに示した（図**5.3**）。本章においては，直接摂取リスク防止措置として，立入禁止，舗装，盛土，指定区域内土壌入換え，指定区域外土壌入換え，原位置浄化について概述する。

6.1 立入禁止措置

立入禁止措置は，図**6.1**に概要を示すように，指定区域の周囲に囲いを設け，そこへの人の立ち入りを防止することで，汚染土壌の人への暴露を管理するものである。この措置を適用する場所には制限があり，空き地，その他人の立ち入らない土地が対象となる。囲いの出入り口には関係者以外の立ち

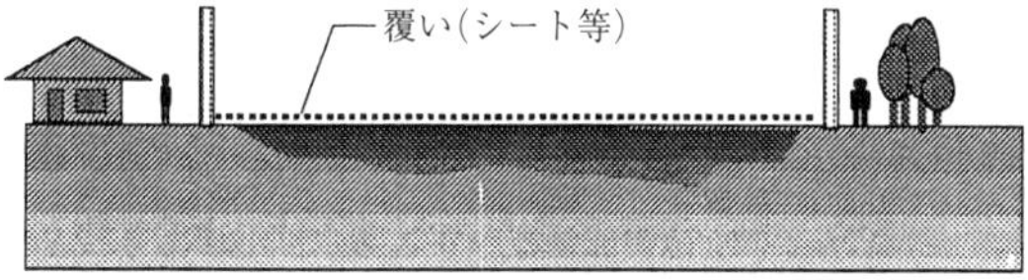

図 6.1 立ち入り禁止措置の概念 1)

入りを禁止することを表示し，出入り口には施錠する。また，汚染土壌に雨水等が浸入することを防止するとともに，汚染土壌の外部への飛散等を防止するため，シート等によって適切な覆いをする。立入禁止措置は，その土地をまったく利用しない場合の措置である。

立入禁止に要求される事項等は**表 6.1** のようである。また，囲いの方法としては**表 6.2** のようなものが考えられる。措置を実施する範囲は，基本的には汚染範囲の周囲とするが，汚染土壌が存在する平面範囲より 50 cm 程度の余裕をもって囲いを設けることが望ましい。

表 6.1　立ち入り禁止措置の要求事項等 2)

A. 要求事項	B. 要求機能	C. 確認項目
①みだりに人が立ち入るのを防止することのできる囲いを設けること	人が容易に立ち入れないものである	人が容易に立ち入れないものとなっているか
②汚染土壌の飛散等（汚染土壌又は特定有害物質の飛散，揮散又は流出）の防止対策がなされていること	汚染土壌が容易に飛散等しない対策	汚染土壌が容易に飛散等しない対策となっているか
③入り口の見やすい箇所に関係者以外の立ち入りを禁止することを表示する立て札その他の施設を設けること	人が立ち入り禁止であることがわかるような表示	人が立ち入り禁止であることがわかるような表示となっているか

表 6.2　立ち入り禁止措置での囲いの例 2)

囲いの仕様	内容
塀	土木工事用万能塀，ブロック塀等があげられる。容易に人が越えることのできない高さ（例えば最低 1.8 m 程度の確保）が必要となる。
フェンス	ネットフェンスも，容易に人が越えることのできない高さと強度を持つものであれば利用できる。指定区域境界に設置する場合には雨等で汚染土壌が周辺に流出しないような措置を併用する必要がある。具体的には下部に流出防止のブロック等を設置する。
柵・ロープ	工事用柵やロープ，有刺鉄線等も利用できるが，工場又は事業所内等で人が管理できるような場所での使用の場合に限る。

6.2　舗装措置

6.2.1　舗装措置とは

舗装措置は指定区域の上面をコンクリートやアスファルトで舗装することによって，汚染土壌の人への暴露を遮断するものである。**表 6.3** に示すような事項が要求される。舗装措置の概念を**図 6.2** に示す。この措置においては，汚染土壌の覆いすなわち舗装が損壊しない限り上面の利用は可能であり，全面舗装の可能な駐車場や商業地等が対象となる。舗装は利用方法によって損壊の度合いが異なるので，計画時から利用形態を定め，土地利用に合致していて使用に耐えうる舗装を造成する必要がある。

表 6.3　舗装措置の要求事項等[2)]

A. 要求事項	B. 要求機能	C. 確認項目
①堅牢，かつ，土壌の飛散等の遮断の効力を有するものにより覆うこと	堅牢，かつ，土壌の遮断の効力の確保	・堅牢，かつ，土壌の遮断の効力を有する品質の舗装材を使用する計画となっているか ・上部を駐車場等で使用する場合，実際の道路使用状況において必要とされる品質と同等のものとなっているか
②覆いの損壊防止措置がなされていること	流出・陥没しないような品質	・汚染土壌は十分転圧される計画となっているか ・上部を駐車場等で使用する場合，路盤に陥没しにくい材料が選択されているか ・陥没を生じない程度の転圧を行う計画となっているか

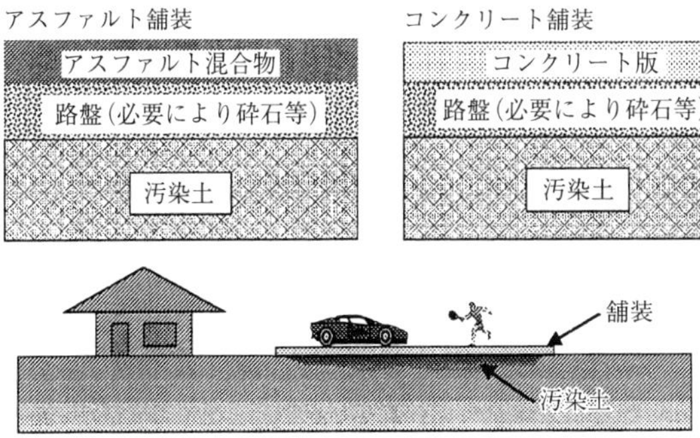

図 6.2　舗装措置の概念[1)]

直接摂取リスクの観点から指定区域とされた土地が，急傾斜地あるいは舗装工事に必要な重機が使用できないような土地の場合には，モルタル等の吹き付けで舗装に代えることができる。ただ，モルタル等の吹き付けは強度が低いので，モルタル吹き付け後は表面を利用しないことが前提であり，可能な限り立入禁止としての維持・管理を行うことが望ましい。

なお，含有量指定基準を超える指定区域において，封じ込め（原位置，遮水工，遮断工）を行い，その上面を舗装と同等の効力を有するものにより覆う場合も，上面は舗装と同等と位置づけられる。

6.2.2　舗装の種類と特徴

一般的に用いられる舗装の種類を**表 6.4** に，汚染土壌の人への暴露という観点からの舗装の特徴を**表 6.5** に示す。モルタル等吹付工等の例を**表 6.6** および**図 6.3** に示す。

表 6.4　一般的な舗装の種類 2)

舗装の種類の名称	内容
コンクリート舗装	堅牢，かつ，汚染土壌の飛散等の防止及び雨水浸入の抑制の効力を有するコンクリートにより覆うことにより汚染土壌の人への暴露を防止する。最低 10 cm の層厚とする。
アスファルト舗装	堅牢，かつ，汚染土壌の飛散等の防止及び雨水浸入の抑制の効力を有するアスファルトにより覆うことにより汚染土壌の人への暴露を防止する。最低 3 cm の層厚とする。
その他 （ブロック舗装等）	ブロック舗装は堅牢，かつ，汚染土壌の飛散等の防止及び雨水浸入の抑制の効力を有するコンクリートの二次製品であるインターロッキングブロック等を利用する。施工にあたっては，目地等からの雨水の流入も抑制できるように配慮する。 ブロックやタイルであっても同様の特性が得られれば問題なく使用することができる。

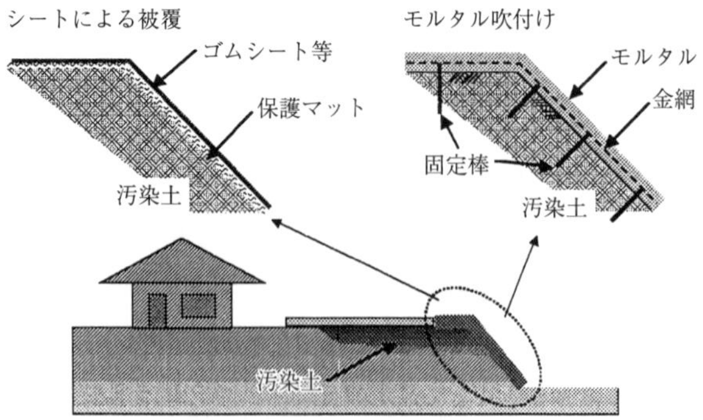

図 6.3　モルタル吹き付け（舗装）の例 1)

表 6.5　汚染土壌の人への暴露という観点からの舗装の特徴 2)

	コンクリート舗装	アスファルト舗装	ブロック舗装
長所	①路面が波打ったり，変形したりしない ②盤として耐力が期待できるため，接地圧が大きい集中荷重に強い ③耐用年数が長い（参考：20年以上） ④路面の耐摩耗性が大きく，ひっかきに対して強い	①可撓性があり，不等沈下にある程度順応できる ②措置の実施後の養生期間が短く，すぐ使用ができる ③補修が容易である	①不等沈下にある程度順応できる ②補修が容易である ③措置の実施後直ちに供用できる ④耐用年数が長い（参考：20年以上） ⑤路面の耐摩耗性が大きい
短所	①気温の影響による伸縮膨張影響を受けやすい，そのため目地を設ける必要があり，そこをはじめとする破損に注意が必要 ②措置の実施後，コンクリートの養生期間として設計強度までに 28 日程度かかる ③補修に手間がかかる ④不等沈下に追随性がなく破損することが多い	①利用の方法や維持管理の程度により異なるが寿命が比較的短い（参考：10 年程度） ②接地圧の大きい静止荷重や同一地点の繰返し荷重で，へこみやわだち掘れができやすい ③油に弱く，気温の影響も受ける ④下地の跛根が不十分な場合は根の成長で破壊する	①目地からの土壌の露出がないように維持する必要がある ②措置の実施が手作業であり，措置の実施期間が長い

表 6.6　モルタル等吹付工の例 2)

分類	工種	目的・特徴	選定にあたっての留意点
構造物による法面保護工	・モルタル吹付工 ・コンクリート吹付工	風化，浸食防止	・安定勾配よりも急な法面の場合に利用することが多い。 ・割れ目の多い軟岩の場合に適しているが，湧水がある場合は注意を要する（基本的には実施すべきではない）。 ・極力人が立ち入ることのないようにする必要がある
その他	・合成樹脂シートを用いた覆い措置	風化，浸食防止	・法面の凹凸で破損するおそれがあるので下地処理に注意を要する。 ・極力人が立ち入ることのないようにする必要がある。

6.2.3　舗装の施工

(1)　路盤の造成

舗装は，コンクリートやアスファルトの表層と，それを支える路盤や路床の複合構造である。道路舗装については設計基準がある。車両走行の影響のない歩道の場合の目安は**表 6.7** のようであり，この目安は最低限の舗装厚さ

表 6.7 舗装による被覆の厚さの目安[2)]

舗装の種類	舗装仕様	路盤仕様	一般での用途
コンクリート舗装	10 cm	10 cm（砕石又は路盤の安定処理等）	歩道程度
アスファルト舗装	3 cm	10 cm（砕石又は路盤の安定処理等）	歩道程度

と考えることができる。実際には，路床・路盤の支持力を考慮して，予想される外力に対し安全な舗装を設置する。

(2) 舗装の範囲と維持管理

基本的には指定区域の全面とするが，汚染土壌が存在する平面範囲より50 cm 以上の余裕をもたせる方がよい。措置完了後においては舗装を定期的に点検し，損壊があるときには速やかに補修し，必要な場合には損壊防止措置を講ずる。点検は基本的には目視によって実施し，ひび割れ，めくれ，陥没，下部の土壌噴出等が対象となる。

6.3 盛土措置

6.3.1 盛土措置とは

盛土措置は，**5.2** で述べたように，直接摂取リスク防止のための原則とする措置であり，指定区域の上面を盛土材で覆うことにより，汚染土壌の人への暴露を遮断するものである。盛土自体に汚染土壌の覆いとしての機能を期待するので，盛土が飛散や流出等によって損壊しないことが要求される。そのため，盛土の厚さが 50 cm 以上であること，また，盛土材は汚染されていないことが条件となる。盛土措置の概念を**図 6.4** に，要求される事項等を**表 6.8** に示す。

盛土は，流出・陥没しないような品質をもち，上部に構造物がない通常の使用状況では，宅地造成が可能な程度の強度を有していればよい。上部に構造物やその他の土地利用がある場合には，それらに耐えうる支持力をもつ盛土が必要となる。また，盛土措置を命ぜられた場合でも，一部に人が入れないような急傾斜地などが存在し，盛土の流出等が懸念される場合にはモルタル吹き付け等を実施する。さらに，必要に応じて盛土表面に植生工等の表面保護工を施すことが望ましい。

舗装は路盤の下はすぐに汚染土壌であり，舗装が損壊した場合には容易に汚染土壌と接触するのに対して，盛土は人が土いじりをしても汚染土壌に接

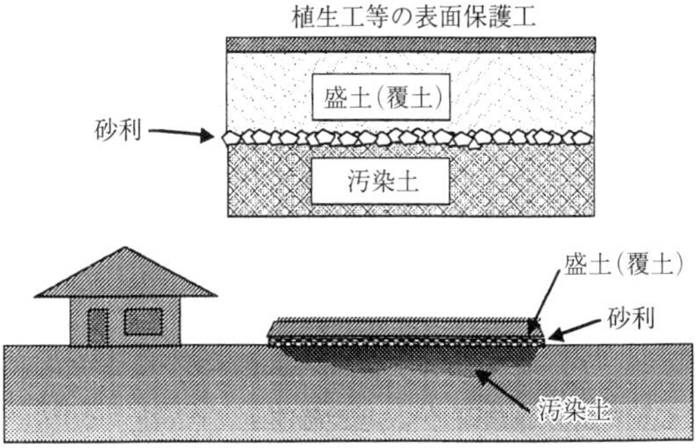

図 6.4　盛土措置の概念[1)]

表 6.8　盛土措置に要求される事項等[2)]

A. 要求事項	B. 要求機能	C. 確認項目
①50 cm 以上の盛土	・厚さの確保 ・汚染されていない土であること	・十分な厚さの計画内容となっているか ・使用土壌の履歴を確認しているか（建設残土，不溶化した履歴があると疑われる場合は分析による確認が必要）
②盛土と汚染土壌の間に仕切りがあること	汚染土壌と盛土の境界面が識別できる	砂利等，汚染土壌と盛土を区別できる材料を使用する計画となっているか
③盛土の損壊防止措置がなされていること	流出・陥没しないような品質を有していること	・流入・陥没しにくい材料が選択されているか ・陥没を生じない程度の転圧を行う計画となっているか

触しにくいという特徴をもっている。しかし，盛土と汚染土壌との区別がしにくいため，両者の間に，汚染拡散防止，将来の掘削時の目印あるいは盛土流出時の限界点というような目的で，両者を区分できるような仕切り，たとえば砂利等の仕切り材を敷設する。

6.3.2　盛土材に必要な性質

（1）力学的性質

直接摂取リスク防止のための盛土は，汚染土壌を覆い，飛散させないことが必要であるから，このような目的に合う土質材料を用いる。盛土材料には砕石，山砂，山土等として市販されているもの，あるいは建設発生土等がある。多くの場合，砂，普通の土，粘性土（コーン指数 4 程度以上の含水量の低いもの），あるいはこれらを混合したものが使用される。

表 6.9　土質材料の盛土への適用性 2)

土質区分＼用途等	コーン指数 q_c	土地造成
砂，礫及びこれらに準ずるもの	—	そのままで使用が可能（最大粒径に注意）
砂質土，礫質土及びこれらに準ずるもの	8 以上	そのままで使用が可能（最大粒径に注意）
通常の措置の実施性が確保される粘性土及びこれに準ずるもの	4 以上	そのままで使用が可能

表 6.10　盛土に必要とされる品質の目安 2)

材料規定	最大粒径	100 mm 以下（転石 300 mm 以下）
	粒度	ϕ37.5 mm 以上の混入率 40 %以下
	コンシステンシー	—
	強度	$q_c \geqq 4$　場合により　$q_c \geqq 2$
措置の実施管理規定	含水比	最適含水比に近い状態
	締固め度	$D_c \geqq 85$ %
		$V_a = 2$〜15 %
	一層の仕上厚	まき出し厚さ　30〜50 cm
基準等		住宅・都市整備公団工事共通仕様書

注）本表に示した要求品質は，本書では参考扱いとしており，実際の適用にあたっては，利用側で定められている諸基準等に従うこととなる。
【凡例】V_a：空気間隙率，—：特に規定なし，（　）：望ましい値，q_c：コーン指数，D_c：平均締固め度

上部に構造物がない場合は，一般的には，宅地造成が可能な程度の品質であれば十分である。盛土材としての適用性の概要を**表 6.9** に，盛土に要求される品質の目安を**表 6.10** に示す。

(2) 化学的性質

盛土には溶出量および含有量の両方の指定基準に適合した材料を用いる。とくに，他の現場の汚染土壌を浄化して用いる場合には，おおむね 100 m^3 ごとに 5 点から約 100 g ずつ採取し，これらを均等混合した試料について指定基準に適合することを確認してから使用する。コンクリートを破砕した砕石などでは pH が上昇し，重金属の溶出を起こすおそれがあるので試験施工等で確認してから使用する。

(3) 仕切り材

仕切り材の目的は汚染土壌と盛土を区別することにあり，以下のような効果が期待できる。① 盛土施工時に下部の汚染土壌との混合を防止できる。②

新たな掘削等において，汚染土壌の範囲がわかり，盛土や周辺土壌と汚染土壌の混合を防止できる。③盛土厚さが減少してきた場合などにおいて，適切な維持管理ができる。このようなことから，仕切り材は汚染土壌と盛土を区分できる機能をもっていればよく，砂や砂利で十分である。また，シート等も強度と透水性を考慮すれば仕切り材として用いることができる。

(4) 盛土の実施範囲と完了後の留意事項

盛土法面は 50 cm の厚さが確保できないこと，あるいはその部分での締固めが不十分になりやすいことから，盛土の範囲は指定区域より最低 50 cm 程度大きくすることが望ましい。盛土では雨水による浸食・流出を完全に防ぐことは難しい。そのため，盛土を定期的に点検し，損壊のおそれがある場合には損壊防止の措置を講ずる必要がある。損壊した場合には速やかに修復する。

6.4 指定区域内土壌入換え措置

この措置は，汚染土壌およびその下の非汚染土壌を掘削除去し，掘削した汚染土壌を深部に，非汚染土壌を浅部に埋め戻すことによって，汚染土壌の人への暴露を遮断する方法（いわゆる天地返し）である。指定区域内土壌入換えの概念を**図 6.5** に，要求される事項等を**表 6.11** に示す。盛土措置では地表面が 50 cm 以上高くなるが，土壌入換えでは地表面の高さは変化しないように施工する。

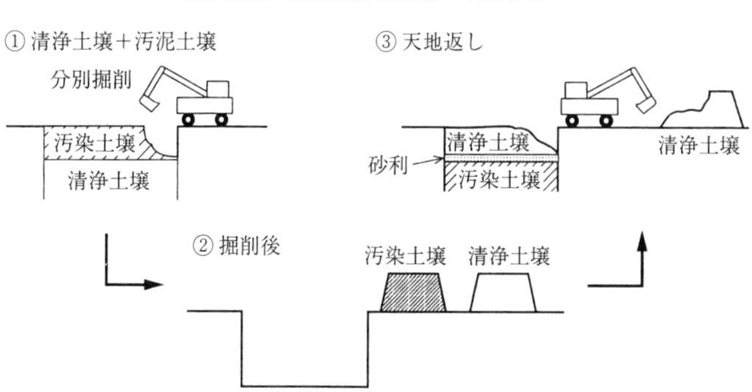

図 6.5 指定区域内土壌入換え措置の概念 9)

表 6.11　指定区域内土壌入換え措置に要求される事項等 2)

A. 要求事項	B. 要求機能	C. 確認項目
①50 cm 以上の同位置指定区域内の汚染されていない土壌による盛土	・厚さの確保 ・汚染されていない土であること	・十分な厚さが確保できる計画内容となっているか ・盛土に用いる土は，分析によって汚染されていないことの確認がなされているか
②盛土と汚染土壌の間に仕切りがあること	汚染土壌と盛土の境界面が識別できること	砂利等，汚染土壌と盛土を区別できる材料を使用する計画となっているか
③盛土の損壊防止措置がなされていること	流出・陥没しないような品質を有していること	・流出・陥没しにくい材料が選択されているか ・陥没を生じない程度の転圧を行う計画となっているか
④周辺環境配慮がなされていること	地下水位を把握し，埋め戻した汚染土壌の底面の深度が地下水位以下となる場合は適用を避けることが望ましい	地下水位決定の根拠となる資料提出と埋め戻しの措置の実施断面図の提出がなされているか（地下水位が不明の場合は，本措置の実施にあたって周辺状況を考慮し，協議・決定することが望ましい）

この措置は，汚染土壌を指定区域外に搬出する必要がないという長所があるが，汚染土壌が深部にまで存在する場合には掘削除去が困難になる。地下水位以下での適用は避けるべきである。

施工は，ボーリング調査等で汚染範囲を確認した後，汚染土壌をすべて掘削除去し，さらにその下の非汚染土壌を掘削除去する。掘削した汚染土壌を先に埋め戻し，その上面に砂利等の仕切りを設置し，次いで，掘削した非汚染土壌によって，厚さが 50 cm 以上になるように覆う。工事においては，仮置き場所での汚染土壌の飛散等に十分注意することが肝要である。実施の範囲は基本的には指定区域の全域である。深度については，非汚染土壌で 50 cm 以上覆うので，汚染土壌の下の非汚染土壌については 50 cm 以上の掘削が必要になる。

本措置は，直接摂取リスク防止のためのものであるが，汚染土壌中の有害物質が地下水に溶出・拡散することのないように，以下の点に注意することが重要である。① 汚染土壌が入れ替え後において地下水と接触する状況は避ける。② 環境の変化による有害物質の溶出を避けるため，実施前後の土壌の pH，有害物質の形態，溶出特性を考慮する。完了後の定期点検の必要性等は他の措置の場合と同様である。深部に汚染土壌を入れたことから，地下水モニタリングの実施が望ましい。

6.5　指定区域外土壌入換え措置

汚染土壌の上部を掘削除去し，掘削した跡を非汚染土壌で埋め戻すことによって，汚染土壌の人への暴露を遮断する方法である。汚染土壌を掘削した底面に砂利などによる仕切りを敷設し，掘削した汚染土壌から有害物質を除去した浄化土壌あるいは別の非汚染土壌により，厚さ 50 cm 以上覆うことによって，人に対する影響を防止する。指定区域外土壌入換えの概念図を**図 6.6** に，要求事項等を**表 6.12** に示す。

この措置では地表面の高さは変化させない。また，覆いとなる土壌が汚染されていないこと，損壊が起こらないような施工が重要となる。また，指定区域内土壌入換えと異なり，汚染土壌を指定区域外へ搬出する行為が必要となる。このとき，搬出汚染土壌の扱いは，環境省告示第 20 号「搬出する汚染土壌の処分方法」（平成 15 年 3 月 6 日）に従って実施し，告示第 20 号以外の方法で指定区域外へ搬出することはできない。なお，外部へ搬出される汚染土壌の取り扱いに関しては，第 **8** 章で扱う掘削除去措置の場合と同じである。

本措置の平面的な実施範囲は基本的には指定区域の全域である。施工中における汚染土壌の飛散防止への配慮，完了後の定期点検の実施等は，指定区域内土壌入換えの場合と同様である。また地下水モニタリングを実施することが望ましい。

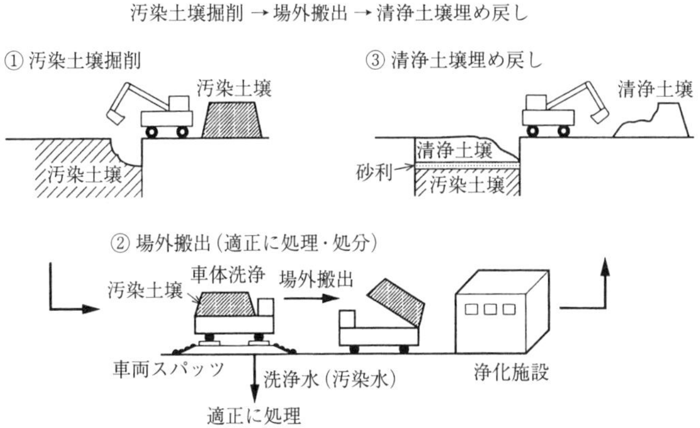

図 6.6　指定区域外土壌入換え措置の概念図 2)

表 6.12 指定区域外土壌入換え措置の要求事項等 2)

A. 要求事項	B. 要求機能	C. 確認項目
①50 cm 以上の盛土	・厚さの確保 ・汚染されていない土であること	・十分な厚さの計画内容となっているか ・使用土壌の履歴の確認がなされているか（建設残土，不溶化した履歴があると疑われる場合は分析による確認が必要）
②盛土と汚染土壌の間に仕切りがあること	汚染土壌と盛土の境界面が識別できる	砂利等，汚染土壌と盛土を区別できる材料を使用する計画となっているか
③盛土の損壊防止措置がなされていること	流出・陥没しないような品質を有していること	・流出・陥没しにくい材料が選択されているか ・陥没を生じない程度の転圧を行う計画となっているか
④決められた場合以外には掘削した汚染土壌を他の場所へ搬出しないこと	汚染土壌を搬出する場合には，処分方法告示に従うこと	搬出先の許可等の確認がなされているか
⑤搬出する際には周辺環境に注意する	環境中に汚染土壌の飛散等させないこと	措置の実施計画書には飛散等防止，一般工事の騒音・振動などの周辺環境対策が含まれているか
⑥搬出先において汚染土壌から特定有害物質の除去，適正な処分が行われること	・確認方法告示に従い搬出に関する確認をすること ・処分の内容が適正であったことを確認すること	・汚染土管理票の運用を行う計画となっているか ・搬出先（処分担当者）は，汚染土壌から特定有害物質の除去，適正な処分が行われたことを証明する書類（完了報告書）を作成し，提出することとなっているか

6.6 原位置浄化措置（直接摂取リスク対応）

6.6.1 原位置浄化措置とは

原位置浄化措置は，直接摂取および地下水等摂取の両方のリスク防止に適用されるが，措置内容は両者によって異なる。ここでは，直接摂取リスクに係わる原位置浄化について考える。地下水摂取等リスク防止のための原位置浄化措置は第 **7** 章で取り扱う。

直接摂取リスク防止のための原位置浄化は，含有量指定基準に不適合な汚染土壌に含まれる第二種特定有害物質を，原位置において抽出または分解により除去し，含有量指定基準に適合する状態にする方法である。この措置を実施し，効果が確認できた後においては指定区域が解除され，土対法のうえでは土地利用に制限がなくなる。

表 **6.13**　原位置浄化措置に要求される事項等 2)

A. 要求事項	B. 要求機能	C. 確認項目
①原位置で特定有害物質を取り除くこと	・浄化手法であること ・現地の土壌を移動しないで行われる手法であること	過去の実績や事前の現地土壌試験により，特定有害物質が抽出又は分解されることが確認されているか
②特定有害物質が抽出又は分解される手法で指定基準を満たすものであること	・土壌含有量基準及び土壌溶出量基準に適合していること ・特定有害物質の不溶化や希釈などによる基準値適合ではないこと	・過去の実績や事前の現地土壌試験により，特定有害物質が抽出又は分解されることが確認されているか ・土壌浄化の確認方法 (1) 第二種特定有害物質及び第三種特定有害物質の場合には，100 m^2 に 1 点とする (2) その他の場合の確認方法，頻度については浄化方法に合わせて協議・決定する
③措置の実施場所の地下水下流側で水質の測定を実施すること	1 年に 4 回以上地下水の水質を定期的に測定し，地下水基準に適合した状態が 2 年間継続することを確認すること。	地下水観測井を設置した場所が適切な位置であることの確認がなされているか
④周辺環境配慮がなされていること	周辺環境中に悪影響のある物質を流出・拡散させないこと	・措置の実施計画書に毒物・劇物の使用を原則禁ずることの明記がなされているか ・措置の実施中に計画書に記載のない毒物・劇物を使用していないことの確認がなされているか
⑤発生した廃棄物の処分が適正に行われていること	措置によって発生した特定有害物質の適正な処分が行われること	搬出先（処分者）は，廃棄物処理法等に従い，汚染土壌から抽出した特定有害物質の適正な処分が行われたことを証明する書類を作成する計画になっているか

原位置浄化に要求される事項等は**表 6.13** に示す内容であるが，原位置浄化の方法は，現場の条件や汚染物質等に応じて多くの方法が提案されているし，今後も新しい方法が開発される可能性も大きい。このような状況であるので，すべての場合の浄化方法を逐一紹介することは難しい。ここでは，浄化計画を策定するうえで参考となる資料を提供する観点から，現在考えられているあるいは適用されつつある方法を紹介することとする。ここで述べる方法についても，最終的な効果が確実でない場合もあるし，また効果についての保証もできないことを念頭におく必要がある。

どのような原位置浄化を適用したにせよ，実施完了の確認においては，浄化した範囲 100 m^2 に 1 点の割合で浄化を行った深度までの試料採取を行い，1 m ごとの深度の試料について，含有量指定基準に適合することを確認することが必要である。用いた方法にかかわらず，指定基準に適合すれば指定区域が解除され，土対法上の義務はなくなる。

6.6.2 原位置浄化措置の種類

(1) 原位置土壌洗浄

原位置土壌洗浄法は，原位置の汚染土壌中に水を通過させ，通過した水をポンプで揚水し，揚水した水から廃水処理装置を用いて有害物質を除去することにより，汚染土壌中の第二種特定有害物質の濃度を低下させていく方法である[3),4)]。原位置土壌洗浄の概念を**図 6.7** に示す。周辺への有害物質の拡散がないように，原位置封じ込めと同等の拡散防止措置を併用する場合が多い。

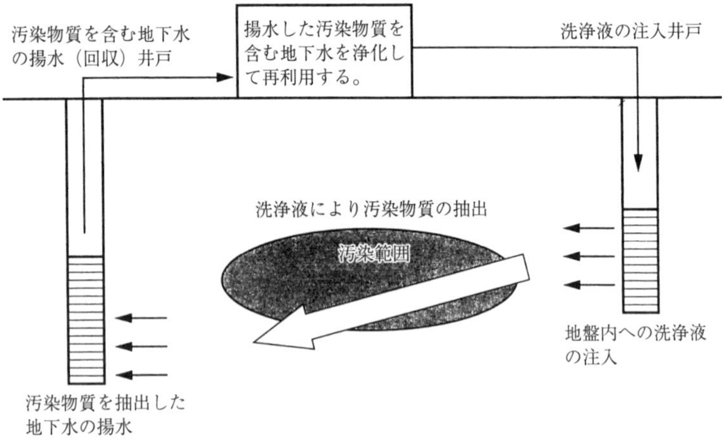

図 6.7 原位置土壌洗浄の概念[9)]

この方法では，有害物質をいったん液体（水）中に溶かすか洗い出すことが前提であるので，汚染土壌を通過した水を確実に集められるような地質構造の場所で，周辺地下水の状況や水質を測定しながら実施することになる。高濃度の第二種特定有害物質汚染には基本的に適用が困難で，適用する際には，事前に評価試験を行うことが必要である。

(2) 原位置分解

この措置が第二種特定有害物質汚染に適用されることはほとんどない。ただ，第二種特定有害物質のうち，シアンは分解が可能である。(**1**) の原位置土壌洗浄の応用で，シアンを分解する物質を使用することなどが考えられる。

この方法の適用においては，周辺への有害物質の拡散がないように，遮水工封じ込めと同等の拡散防止措置を併用することが必要となる。

(3) その他の原位置浄化法（ファイトレメディエーション）

植物の機能を利用して環境修復を図る方法をファイトレメディエーションという。土壌汚染にこの方法を適用する場合の概念を**図 6.8** に示す。海外においては，ファイトレメディエーションによって土壌中の有害物質の含有量を低下させることが実用レベルになっている [6]。しかし，わが国においては，まだ実証試験の段階にある [8]。この方法の最大の欠点は，効果を得るのに年単位の非常に長期の浄化期間が必要なことである。また，汚染濃度が高い場合にも適用できない。この方法だけで完全な効果を得ることは難しく，他の浄化方法で濃度を下げた後に適用されることが多い。浄化期間が長期にわたる場合には，措置が完了するまで指定区域のままで管理され，管理方法は土壌汚染の除去以外の措置の場合と同じ扱いとなる。

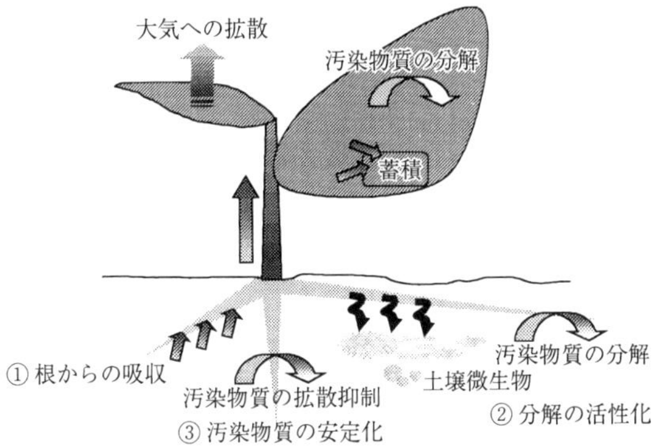

図 **6.8** ファイトレメディエーションの概念 [7]

6.6.3 原位置浄化での留意事項

(1) 観測井の設置

実施中の汚染の拡散を監視するため，実施前から区域内に観測井を最低 1 ヶ所設置することが望ましい。観測井の深さは汚染土壌が存在する地層の下の最初の不透水層までとし，区域の下流側とする。必要に応じて観測井の数を増やす。なおここで，第 **6**，**7**，**8** 章で示す各種措置の実施に伴う地下水の水質調査の内容等について一括して**表 6.14** に示す。

表 6.14　措置の種類と地下水水質の測定内容等 [2)]

措置の種類	対象となる土地の範囲	観測井設置箇所	水質の測定		水位の測定	
			頻度	確認事項	頻度・(期間)	確認事項
地下水の水質の測定	土壌汚染に起因する地下水汚染が生じていない場合に実施 対象となる土地の範囲は土壌汚染に起因する地下水汚染の状況を的確に把握できる地点とする	1 以上	・当初 1 年目：定期的に 4 回以上/年 ・2～10 年目：1 回以上/年 ・11 年目以降：1 回以上/2 年	現に地下水汚染が生じた場合には以下の措置に移行することとなる。	—	—
原位置不溶化	措置を実施した範囲にある地下水の流れの下流側周縁	1 以上	定期的に 4 回以上/年	地下水汚染の生じていない状態が 2 年継続すること	—	—
不溶化埋め戻し	措置を実施した範囲にある地下水の流れの下流側周縁	1 以上	定期的に 4 回以上/年	地下水汚染の生じていない状態が 2 年継続すること	—	—
原位置封じ込め	汚染土壌の囲い込みを実施した範囲にある地下水の流れの下流側周縁	1 以上	定期的に 4 回以上/年	地下水汚染の生じていない状態が 2 年継続すること ※ 1	—	—
	汚染土壌の囲い込みを実施した範囲内	1 以上	—	—	※ 1 の要件が確認されるまで	地下水位の上昇がないことの確認
遮水工封じ込め	措置を実施した範囲にある地下水の流れの下流側周縁	1 以上	定期的に 4 回以上/年	地下水汚染の生じていない状態が 2 年継続すること ※ 2	—	—
	措置を実施した範囲内	1 以上	—	—	※ 2 の要件が確認されるまで	地下水位の上昇がないことの確認
遮断工封じ込め	措置を実施した範囲にある地下水の流れの下流側周縁	1 以上	定期的に 4 回以上/年	地下水汚染の生じていない状態が 2 年継続すること	—	—
土壌汚染の除去　原位置浄化	汚染土壌のあった範囲	1 以上	定期的に 4 回以上/年	地下水汚染の生じていない状態が 2 年継続すること	—	—
土壌汚染の除去　掘削除去	埋め戻しを行った土地	1 以上	定期的に 4 回以上/年	地下水汚染の生じていない状態が 2 年継続すること	—	—
	※上記のうち措置実施前に地下水汚染が認められていない場合	1 以上	1 回	地下水汚染が生じていないことの確認	—	—

(2) 留意事項

原位置浄化での品質管理は，実施後，原則として浄化範囲 100 m^2 に 1 地点の割合で，浄化を行った深度までの試料採取を行い，1 m ごとに含有量基準に適合することを確認する。

直接摂取リスク防止のための原位置浄化は，含有量指定基準のみに不適合な第二種特定有害物質汚染を対象とするものであるが，これらの物質はもともと溶出しにくい性質を有するため，原位置浄化で含有量指定基準に適合させるためには，きわめて長い期間が必要となる。そのため，強制的に溶出を促進させる薬剤あるいは分解させる薬剤（シアン）を使うことが考えられるが，このような手段を用いても溶出量指定基準にまで含有量を低下させることは困難な場合が多い。事前の適用性の試験あるいは実施後の溶出量変化の測定等のほか，実施における品質管理の徹底が重要である。

原位置浄化は指定区域の解除を目指した有害物質の除去（抽出または分解）であるため，酸抽出法による含有量指定基準には適合するが，全量分析による含有量が低減しない場合は，不溶化措置と同等と見なすことが現段階では適当とされている。また，本措置によって，当初問題のなかった溶出量の超過が生じた場合は，本措置に原因があると考えられるので，速やかな対策の実施が必要である。

【参考文献】

1) 中央環境審議会：土壌汚染対策法に係わる技術的事項について（答申），2002
2) 環境省 監修，土壌環境センター：土壌汚染対策法に基づく調査および措置の技術的手法の解説，2003
3) 木暮 敬二：地盤環境の汚染と浄化修復システム，技報堂出版，2000
4) 美坂 康有：汚染地下水の浄化対策技術，地質と地下水，1998–3，pp.28–34，1998
5) 地盤環境技術研究会 編：土壌汚染対策技術，日科技連出版，2003
6) 軽部 征夫 監修，池上 雄二・角田英夫 訳（W. C. Anderson 編著）：バイオレメディエーション—微生物による環境修復技術の実際—，シュプリンガー・フェアラーク東京，2000
7) 近藤 敏仁ほか：重金属汚染土壌の植物による浄化技術（ファイトレメディエーション），月間エコインダストリー，Mar.，3，pp.5–8，2003
8) 矢木 修身：バイオレメディエーション技術の現状と今後の展望，土壌環境センター技術ニュース，No.7，pp.51–56，2003
9) 全国地質調査業協会連合会 編：土壌・地下水汚染のための地質調査実務の知識，オーム社，2004

第7章

地下水等摂取リスク防止に関する措置

地下水等摂取リスク防止のための措置（**図5.4**）は，溶出量指定基準に不適合な汚染土壌に対して行う措置である。本章においては，これに属する措置として，地下水の水質測定措置（地下水モニタリング），原位置不溶化措置，不溶化埋め戻し措置，原位置封じ込め措置，遮水工封じ込め措置，遮断工封じ込め措置について概述する。地下水の水質測定措置は，地下水汚染がまだ生じていないときに講ずべき措置であり，他の措置と少し考え方が異なる。なお，溶出量指定基準に加え含有量指定基準にも不適合な場合には，地下水等摂取と直接摂取の両方のリスクを防止できる措置を行う。

7.1 地下水の水質測定措置

地下水等摂取リスク防止のための措置の１つとして「地下水の水質測定」がある（**図5.4**）。この措置は「溶出量指定基準に不適合であっても，地下水汚染が発生していない場合には，地下水飲用による人の健康への影響が発生することはない」という考え方に基づいて定められたものである。地下水の水質測定は，汚染が地下水へと拡散していく状態にないことを，地下水のモニタリングによって継続的に監視することによって実施する。モニタリングの結果，地下水汚染の発生がある場合には，汚染の除去等，地下水の水質測定以外の措置を講ずる。

地下水の水質測定は観測井によって行われるが，**表6.14**に示したように，観測地点は土壌汚染に起因する地下水汚染の状態を的確に把握できる１地点以上とする。具体的には，対象とする土地の溶出量指定基準に適合しない地点のうち，最も溶出量が高い地点を基本とし，資料等調査から推定される地下水の流れからみた下流側の地点にも配置することが望ましい。このようなことを配慮したうえで，これらの観測井の地下水位の測定結果から地下水の流動方向を把握し，土壌汚染に起因する地下水汚染の状況を的確に把握しうる地点を選定する。

モニタリングの頻度は，開始してから当初の 1 年間は 4 回以上の測定を定期的に行う。測定間隔は原則として 3 ヶ月程度とする。2 年目から 10 年目までは 1 年に 1 回以上の測定を行う。さらに，11 年目以降は 2 年に 1 回以上の測定を定期的に実施する。2 年目以降の測定は原則として 1 年のうちの同時期に行う（**表 6.14**）。

7.2　原位置不溶化措置

7.2.1　原位置不溶化措置とは

本措置は，第二種特定有害物質による土壌汚染において，汚染の程度が第二溶出量基準（**表 3.2**）以下の場合に用いられ，汚染土壌中に薬剤を注入あるいは注入・攪拌し，有害物質が地下水中に溶出しないように不溶化し，汚染の程度を溶出量指定基準に適合するように処理した後，不溶化した土壌の上部に適切な飛散等防止措置を行うものである。本措置は第二種特定有害物質による土壌汚染のみを対象としている措置であるので，第一・三種特定有害物質が共存している場合には，それらを除去した後でない限り用いることが

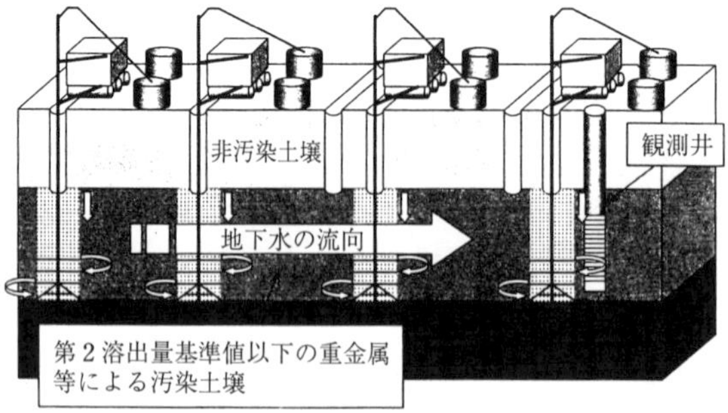

図 7.1　原位置不溶化措置の概念図 2)

表 **7.1**　原位置不溶化措置に要求される事項等[1)]

A. 要求事項	B. 要求機能	C. 確認項目
①第二種特定有害物質であって第二溶出量基準に適合する土壌を対象とし，原位置で実施すること	・第二溶出量基準に適合する土壌を対象とすること ・土壌は移動されないこと	不溶化対象とする土壌の分析値の確認がなされているか
②特定有害物質の不溶化が効果的に行われること	・不溶化措置によって土壌溶出量基準に適合すること ・不溶化した範囲 $100\,m^2$ に 1 地点の割合で不溶化を行った深度までの採取を行い，1 m ごとの深度において採取した試料について，土壌溶出量基準に適合することを確認すること	・特定有害物質を不溶化したことの証明がなされているか ・現地の土質を用いた実証実験の結果の確認がなされているか
③直接摂取によるリスクを考慮すること	・土壌含有量基準に適合しない場合には直接リスクの観点による措置を行うこと ・不溶化した土壌の飛散等を防止すること	・土地利用形態等から適切な直接リスクに係る措置を選択しているか ・飛散等を防止する適切な覆いを設置する計画となっているか
④措置の実施場所の地下水下流側で水質の測定を実施すること	1 年に 4 回以上地下水の水質を定期的に測定し，地下水基準に適合した状態が 2 年間継続することを確認すること	地下水観測井を設置した場所が適切な位置であることの確認がなされているか
⑤周辺環境配慮がなされていること	周辺環境中に悪影響のある物質を流出・拡散させないこと	・毒物・劇物の使用等の有無の確認がなされているか ・流出防止等ができる施工となっているか

できない。本措置に要求される事項等を**表 7.1** に，また方法の概念を**図 7.1** に示す。

後述する不溶化埋め戻し措置と比較して，地下水面より下の汚染土壌に適用できることが特徴である。本措置では，不溶化するための薬剤を汚染土壌中に注入するので，薬剤が周辺に拡散する懸念が残る。それを防止するため，地下水中の有害物質の濃度および薬剤の濃度のモニタリングを実施し，拡散している場合には鋼製矢板等あるいは周辺地下水を揚水するなどして，薬剤が周辺地下水に拡散しないように対処する。また，確実を期するために，薬剤の地下水中への拡散状態を，トレーサー物質を用いた地下水追跡調査や地下水流動解析等により把握した後に薬剤を注入する場合もある。

本措置では薬剤の添加により溶出量を低下させることができるが，効果の持続性はすべての不溶化剤で保証されているわけではなく，環境変化による再溶出の可能性もあるので，実際の汚染土壌について適用試験を実施し，さらに不溶化効果の理論的な裏付けが確認できるもののみを使用する。また，措置後の汚染土壌の飛散等を防止する措置としてシートによる覆い等が必要となる。上面の利用方法によっては盛土または舗装を実施することもある。

7.2.2 原位置不溶化の施工

(1) 注入・攪拌方法

不溶化の薬剤としては一般的なグラウト剤が使用される。注入・攪拌の方法としてはオーガー等による深部の土壌までの攪拌（図 **7.1**）やスタビライザーによる表層土壌の攪拌等がある（図 **7.2**）。

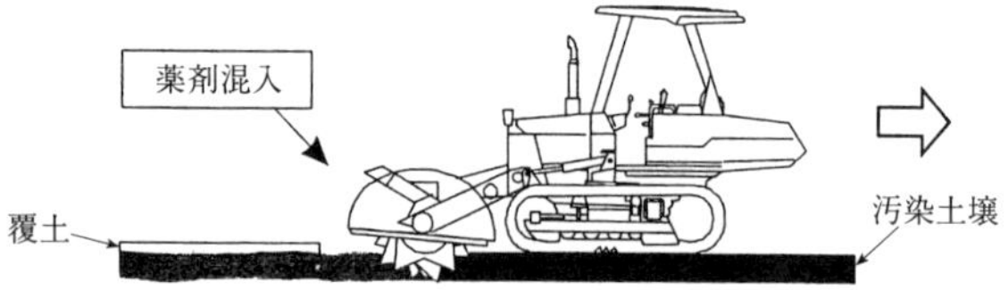

図 **7.2**　スタビライザーによる攪拌不溶化の一例 1)

地下水位以上の部位を不溶化する場合には，一般に，薬剤の溶液を注入するだけでは均一に不溶化することが困難なので，機械的な攪拌を行いながら薬剤を注入することが多い。地下水位より下での不溶化では，薬剤を注入するだけでも不溶化できる場合もあるが，一般的には機械攪拌を行いながら薬剤を注入する。また，圧力注入を行う場合は，意図しない部位にまで拡散していくおそれがあり，遮水壁等による周辺拡散防止措置を実施したうえで行うことが望ましい。

(2) 不溶化剤の種類

第二種特定有害物質を不溶化するための薬剤としては，第二鉄系，第一鉄系，リン酸系，キレート剤，硫化物，チタン系，セリウム系，カルシウム系，マグネシウム系が使用される。多くは水溶液として用いられる。不溶化においては，第二種特定有害物質の化学形態，pH，酸化還元電位，共存イオンの種類，土壌のイオン交換容量，有機物含有量等を考慮して，化合物の形態に合った薬剤を適用試験を行って選定する。

薬剤の使用にあたっては，毒物および劇物取締法，危険物船舶運送および貯蔵規則，消防法等の法令を遵守し，取り扱いには十分な注意を必要とする。硫化物を使用する場合の硫化水素の発生など，化学反応により別の生成物が生じたり，不溶化の補助剤として用いたセメント自体から六価クロムが溶出したりするおそれがあるほか，pH の上昇によって，鉛のようにアルカリ側でも溶出量が増える金属類もあるので，不溶化剤の選定には十分な検討が必要である。

粉末の薬剤を利用する場合には，溶解時等に薬剤が周辺に飛散等しないように，集塵機機の設置，散水，フェンスの設置等を行い，防塵マスク，眼鏡等によって作業者の保護措置を講ずる必要がある。

(3) 不溶化の安定性の検討

原位置不溶化処理の場合，pH や酸化還元電位の変化あるいは微生物の影響などによって有害物質が溶出してくるおそれがある。そのため，不溶化処理土壌がおかれる環境を考慮して不溶化処理の条件を検討する。とくに，pH の変化は酸性雨あるいはコンクリート打設などによって起こることがあり，溶出に影響を及ぼす度合いも高いので注意を要する。

不溶化処理土壌が酸あるいはアルカリにさらされた場合の安定性を評価する方法として，たとえば，土壌環境センターが提案している酸添加溶出試験法とアルカリ添加溶出試験法がある[3)]。このような溶出試験法を利用して不溶化処理の安定性を検討することが望ましい。

(4) 品質管理

原位置不溶化に関する品質管理については，不溶化を実施した後，原則として不溶化した範囲 100 m^2 に 1 地点の割合で不溶化を行った深度までの土壌を採取し，深さ 1 m ごとに溶出量指定基準に適合することを確認する。

施工中においても，観測井を下流側にあたる原位置不溶化を実施する場所の周縁（5 m 以内）に最低 1 箇所に設置し，薬剤の注入による周囲への拡散を監視する。原位置不溶化によって異常が認められた場合には，直ちに措置を停止するとともに拡散防止措置を実施する。原位置不溶化後は，1 年に 4 回以上地下水の水質を定期的に測定し（基本的には 3 ヶ月ごと），地下水基準に適合した状態が 2 年間継続することを確認する（**表 6.14**）。

措置完了後は，不溶化した汚染土壌の飛散等がないよう定期的に点検を行うとともに，適正な頻度で地下水の水質の測定を行い，措置内容を維持管理する。

7.3　不溶化埋め戻し措置

7.3.1　不溶化埋め戻し措置とは

不溶化埋め戻し措置は，第二種特定有害物質による汚染土壌が，第二溶出量基準（**表 3.2**）以下である場合に，汚染土壌を掘削し，掘削した汚染土壌に薬剤を混合・攪拌して不溶化し，原位置に埋め戻し，埋め戻した不溶化土壌の上部に適切な飛散防止措置を行う方法である。この措置に要求される事項等を**表 7.2** に，その概念を**図 7.3** に示す。本措置は第二種特定有害物質による汚染土壌のみを対象としている措置であり，第一・三種の特定有害物質が共存している場合には，それを除去した後でない限り用いることができない。

本措置は，地下水位以上の汚染土壌に適用されることが多いが，地下水位以下の汚染土壌を掘削する場合には，鋼矢板等で遮水して掘削し，地下水にも適切に対処することが要求される。なお，不溶化土壌を地下水位以下に埋め戻す場合には適切な遮水構造とするなどの配慮が望まれる。

不溶化埋め戻しを行う際には，掘削した汚染土壌をいったん指定区域に隣接した土地に仮置きし，仮置きした場所で不溶化を施してそれを埋め戻すこととなるが，この場合の汚染土壌の仮置きは指定区域外への搬出とは見なされない。

不溶化効果の持続性はすべての不溶化剤で保証されているわけではなく，環境変化による再溶出の可能性もあるので適用試験を実施し，さらに不溶化効果の科学的な裏付けが確認できるもののみを使用することが肝要である。

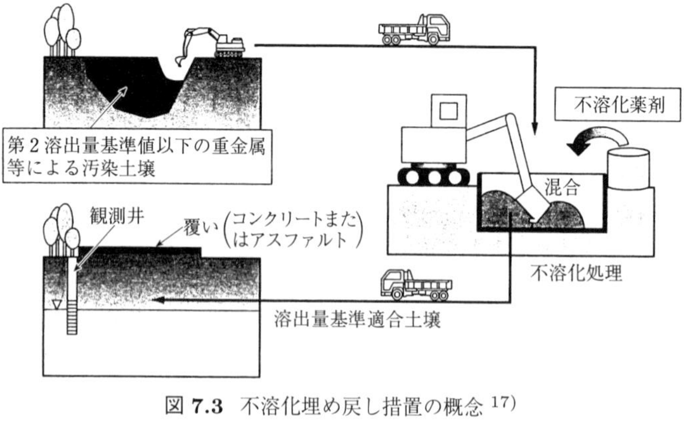

図 7.3　不溶化埋め戻し措置の概念 [17)]

表 7.2 不溶化埋め戻し措置に要求される事項等 [1)]

A. 要求事項	B. 要求機能	C. 確認項目
①第二種特定有害物質であって第二溶出量基準に適合する土壌を対象とし，掘削，不溶化して埋め戻されること	・第二溶出量基準に適合する土壌を対象とすること ・土壌は掘削され不溶化されること	不溶化対象とする土壌の分析値の確認がなされているか
②特定有害物質の不溶化が効果的に行われること	・不溶化措置によって土壌溶出量基準に適合すること ・不溶化した容量 100 m^3 毎に 5 点から 100 g ずつ採取して均等に混合した試料について，土壌溶出量基準に適合することを確認すること	・特定有害物質を不溶化したことの証明がなされているか ・現地の土質を用いた実証実験の結果の確認がなされているか ・措置後の土壌の濃度測定が適正になされているか
③直接摂取によるリスクを考慮すること	・土壌含有量基準に適合しない場合には直接リスクの観点による措置を行うこと ・不溶化した土壌の飛散等を防止すること	・土地利用形態等から適切な直接リスクに係る措置を選択しているか ・飛散等を防止する適切な覆いを設置する計画となっているか
④措置の実施場所の地下水下流側で水質の測定を実施すること	1 年に 4 回以上地下水の水質を定期的に測定し，地下水基準に適合した状態が 2 年間継続することを確認すること	地下水観測井を設置した場所が適切な位置であることの確認がなされているか
⑤周辺環境配慮がなされていること	・周辺環境中に悪影響のある物質を流出・拡散させないこと ・埋め戻した不溶化した土壌は，極力地下水位以浅に置かれること	・毒物・劇物の使用等の有無の確認がなされているか ・流出防止等ができる施工計画となっているか ・地下水位決定の根拠となる資料提出と埋め戻しの措置の実施断面図の提出がなされているか（地下水位が不明の場合は，本措置の実施にあたって周辺状況を考慮し，協議・決定することが望ましい）

不溶化土壌には使用薬剤が含まれることもあり，これの飛散等も考慮しなければならない。また，措置後の汚染土壌の不用意な拡散を防止する措置としてシートによる覆い等が必要となる。上面の利用方法によっては盛土または舗装を施すこともある。

7.3.2 不溶化埋め戻しの施工

(1) 掘削・攪拌

掘削後，汚染土壌を不溶化して埋め戻すまでに時間がかかるので，一般に，土留めなど掘削面の保護が必要となる。また，掘削した汚染土壌の仮置きや混合機の設置場所などの確保が必要である。薬剤を混合する方法としては，バックホウや専用の混合機等が利用される。掘削や仮置きや混合作業等においては，雨水の浸透対策，有害物質の飛散防止対策，散水，万能塀などの設置，集塵機の設置等の対策が必要である

(2) 不溶化剤の種類と安定性

7.2 で述べた原位置不溶化措置において使用される不溶化剤が使用される。使用上の留意事項も同様である。また，不溶化埋め戻し措置での不溶化土壌の安定性の検討も原位置不溶化措置の場合と同様な方法で検討する。

(3) 品質管理

不溶化にあたっては，原則として不溶化土壌 100 m^3 ごとに 5 点から約 100 g ずつ採取し，均等に混合した試料について溶出量を測定し，溶出量指定基準に適合することを確認した後，掘削場所に埋め戻す。不溶化後の溶出量の測定あるいは周縁地下水の測定を行う場合，試料液の pH，酸化還元電位，電気伝導率，使用薬剤，反応生成物等も測定し，これらの値がそれぞれの有害物質の不溶化効果を維持するために適した範囲にあることを確認する。

また，汚染土壌の一部を外部へ搬出する必要が生じる場合には，その部分は掘削除去措置に該当し，汚染土壌の適正な処分が必要となる。不溶化埋め戻し措置後は，1 年に 4 回以上地下水の水質を定期的に測定し（基本的には 3 ヶ月ごと），地下水基準に適合した状態が 2 年間継続することを確認する（**表 6.14**）。措置完了後の維持管理は原位置不溶化の場合と同じと考えてよい。

7.4 原位置封じ込め措置

7.4.1 原位置封じ込め措置とは

原位置封じ込め措置は，第二溶出量基準に適合するが溶出量指定基準（**表 3.2**）に適合しない汚染土壌を原位置において封じ込めることにより，地下水汚染による健康被害を防止することを目的とする。原位置封じ込めに要求される事項を**表 7.3** に，概念図を**図 7.4** に示す。

表 7.3　原位置封じ込め措置に要求される事項等 1)

A. 要求事項	B. 要求機能	C. 確認項目
①第二溶出量基準に適合する土壌を対象とすること	第二溶出量基準に適合する土壌を対象とすること	封じ込める土壌の濃度測定を行う計画となっているか
②不透水層が適切な遮水効果を有すること	厚さが 5 m 以上であり，かつ，透水係数が毎秒 100 nm（岩盤にあってはルジオン値が 1）以下である地層又はこれと同等以上の遮水効果を有する地層であること	不透水層の分布状況と所定の透水性を有している根拠となる資料提出があるか
③遮水壁が適切な遮水効果を有すること	厚さが 5 m 以上でありかつ透水係数が毎秒 100 nm 以下である地層と同等以上の遮水効果を有するものであること	廃棄物処理法に基づく処分場の構造基準に準拠しているか
④覆いが適切な飛散等防止及び遮水効果を有すること	地表から雨水等の浸入を防げる構造であること	・厚さが 10 cm 以上のコンクリートの層，又は厚さが 3 cm 以上のアスファルトの層等により覆われて十分な遮水効果を有するか ・表面が上記であることが適切でないとき，土による覆いもあわせて行う計画となっているか
⑤覆いの損壊防止措置がなされていること	流出・陥没が生じないような材料の品質と施工	・品質と施工の確認がなされているか ・上面利用にあたっては使用目的にあった損壊防止措置がなされているか
⑥措置の実施場所の地下水下流側で水質の測定を実施すること	1 年に 4 回以上地下水の水質を定期的に測定し，地下水基準に適合した状態が 2 年間継続することを確認すること	地下水観測井を設置した場所が適切な位置であることの確認がなされているか
⑦封じ込め内部の地下水位観測を実施すること	水位の測定が可能な観測井の設置	観測井の位置と構造の確認がなされているか

土壌汚染の範囲を囲むようにして，汚染土壌の下の最初の不透水層まで鋼矢板等の遮水壁を打ち込み，土壌汚染が拡がるのを防ぐ。さらに，降雨等の浸透による封じ込め内部の地下水位への影響が生じないように，遮水機能を保有する材料で上面を覆う。上面は舗装措置と同様に厚さが 10 cm 以上のコンクリートの層または厚さが 3 cm 以上のアスファルトの層により覆い，さらに必要に応じて土による覆いを行う。上面を利用する場合には，覆いの損壊を防ぐために，利用に応じた耐久性のある構造とする。

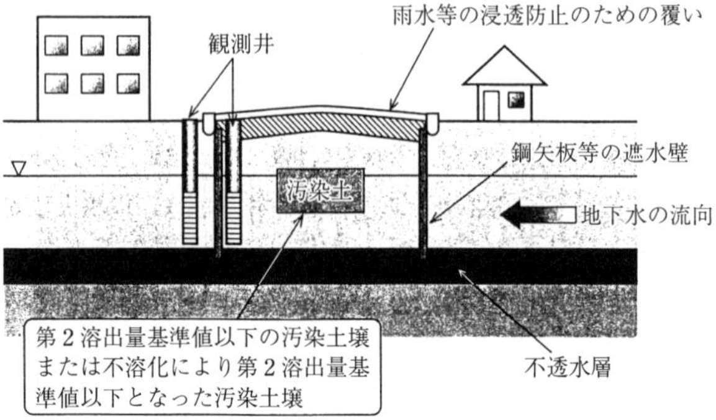

図 7.4　原位置封じ込め措置の概念図 [2)]

本措置は，すべての特定有害物質による土壌汚染に適用できるが，第二溶出量基準に適合しない汚染土壌にはそのままでは適用できない。第二溶出量基準に適合しない汚染土壌が存在する場合は，第二種特定有害物質については，原位置不溶化または原位置浄化により，第二溶出量基準に適合させてから原位置封じ込めを実施する。

また，第一・三種特定有害物質による汚染で，第二溶出量基準に適合しない場合には，原則として「土壌汚染の除去」が命令されるが，これらの特定有害物質であっても，原位置浄化により第二溶出量基準に適合するまで汚染の除去がなされた場合は，原位置封じ込めを適用することができる。また，高濃度の油分を含有する土壌等，遮水材料に影響を与えるような物質が共存する場合には，遮水材料に影響がないことを確認して適用する。

措置完了の確認は，封じ込めを行った場所の周縁の地下水の下流側に1箇所以上の観測井を設け，地下水中の有害物質の濃度を1年に4回以上定期的に測定し，地下水基準に適合した状態が2年間継続することを確認することによって行う（**表 6.14**）。また，封じ込めを行った場所の内部の1ヶ所以上に観測井を設け，封じ込めの周縁の地下水が地下水基準に適合した状態が2年間継続するまで封じ込め内部の水位を測定し，封じ込め内部に異常な水位の上昇がないことを確認する。封じ込め内部に異常な水位の上昇がある場合は，揚水による水位の低下や遮水構造の補強等，適切な対策を講じる。

本措置では封じ込め構造を破壊しない範囲での上面の利用は可能であるが，汚染土壌は指定区域内に残るため，措置実施後は封じ込め構造の維持管理が必要である。

7.4.2　原位置封じ込めの構造物

原位置封じ込めの構造物は，廃棄物処理法に基づく「一般廃棄物の最終処分場および産業廃棄物の最終処分場に係る技術上の基準を定める命令」に準拠して構築する。基本的には，汚染土壌の下に厚さが 5 m 以上かつ透水係数が 100 nm/s（岩盤にあってはルジオン値が 1）以下である不透水層，またはこれと同等以上の遮水効果を有する地層があることが，封じ込め構造の下面の条件となる。なお，nm（ナノメートル）の n（ナノ）は単位の接頭語で，$1\,\mathrm{nm}=10^{-9}\mathrm{m}$ である。

さらに，汚染土壌の範囲を囲むようにして，汚染土壌の下の不透水層まで，鋼矢板等の遮水壁等（厚さが 5 m 以上で，かつ透水係数が 100 nm/s 以下である地層と同等以上の遮水効果を有する鉛直遮水工が望ましい）を施すことが封じ込め構造の側面の条件である。

原位置封じ込めの構造物は，管理型処分場のように排水施設を有しないため，封じ込めた範囲内に雨水等が浸入すると封じ込め内部の水位が上昇し，周囲の地下水位よりも高くなるおそれがある。このため，上面には雨水等の浸入を防止するための覆いを設置する。また，原位置封じ込めを行った場所の上部を利用する際には，覆いの機能を破損しないような対策がなされていることが必要である。このため，必要に応じて上面の覆いの上に土による覆いを行うか，用途によっては舗装と同等の強度を有したコンクリートあるいはアスファルトによる被覆でも差しつかえない。

原位置封じ込めを実施した後の地表面は現状の地盤高に復元することを原則とする。そのためには，封じ込めを行った部分の上部にある土壌の一部を掘削し，外部へ搬出する必要が生ずる場合もある。外部への搬出物が汚染土壌を含む場合には，土地の形質変更による汚染土壌の搬出に該当し，適正な処分とその確認を行う必要がある。ただし，土地利用上の問題がなく，所有者等に異存がない場合には，封じ込めを行った土地の地盤高を現状の地盤高よりも高くすることができる。原位置封じ込め完了後も，封じ込め機能の維持管理が必要であり，封じ込め措置の内外に設置した観測井を利用して継続的に監視を行う。

7.4.3　原位置封じ込めに用いられる遮水壁

一般の遮水工としては図 **7.5** に示すような方法がある。通常の土木建築工事においては，木矢板，コンクリート矢板，鋼矢板が用いられるが，原位置封じ込めの鉛直遮水壁には，① 鋼矢板工法，② 地中壁工法，③ 注入固化工法，④ その他の工法が用いられる。このうち，主として鋼矢板工法と地中壁工法が使用され，その他は特殊な場合の補助工法として用いられる。

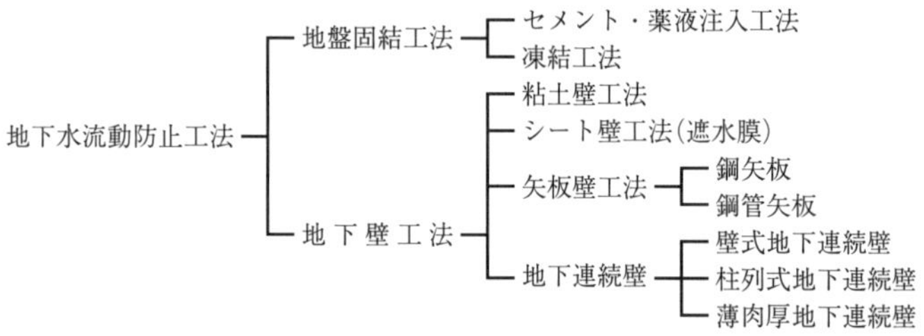

図 **7.5**　遮水工の技術 [9)]

(1) 鋼矢板工法

鋼矢板による遮水壁工法は図 **7.6** のように分類できる。鋼矢板の形状には図 **7.7** に示すように種々なものがある。U 形と呼ばれるものが最もよく用いられる。大きく分けると，構造体と遮水壁を兼ねるいわゆる鋼矢板工法と，遮水だけの薄鋼板止水矢板工法とがある。前者は，鋼矢板，鋼管矢板，軽量鋼矢板等を連続的に不透水層まで打ち込み鉛直遮水壁とする工法である。後者は，遮水効果のみを期待するもので，薄い鋼板（厚さ 2.7〜4.5 mm）の打ち込みにより連続性の遮水壁を設置し，継ぎ手部には不透水性のグラウト材を充

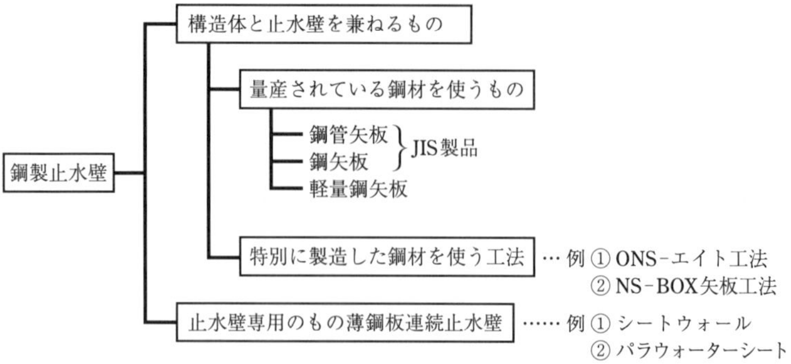

図 **7.6**　鋼矢板による遮水壁の分類 [9)]

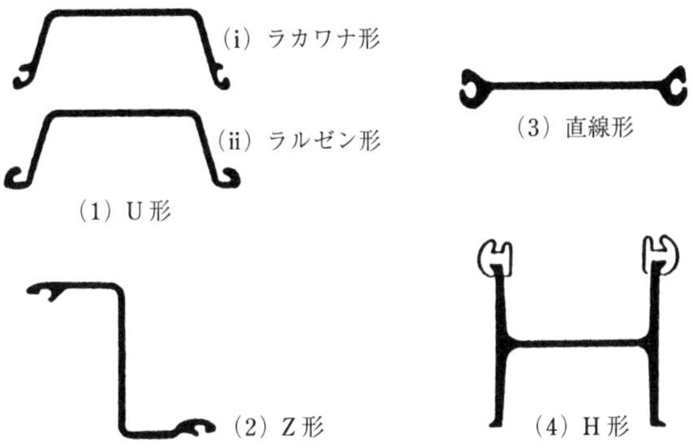

図 7.7 鋼矢板の断面形状 9)

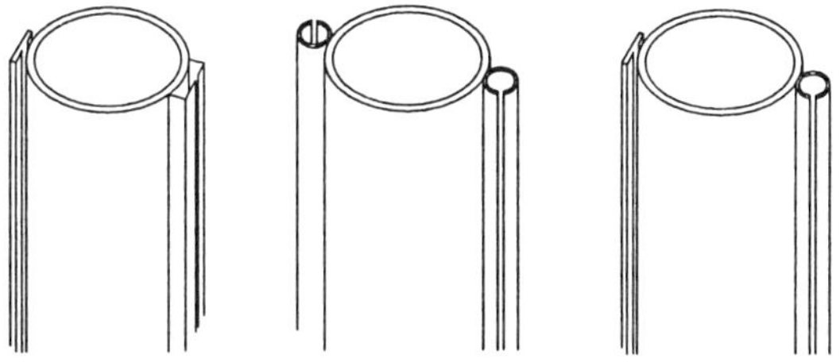

図 7.8 鋼管矢板の例 9)

填して遮水する工法である。

① 鋼矢板工法：本工法は，比較的容易に措置が実施できること，後からの撤去が容易であることから，応急的に遮水する場合にもよく使用される。矢板は適切な管理によって長期的な使用もできる。一般には，振動や圧入により地盤に打ち込むが，地盤強度が大きい場合や礫地盤では，事前にオーガー等の補助工法が必要となる。オーガー等の補助工法を不透水層への打ち込みに利用した場合には，不透水層と矢板の間にグラウト材を注入して水密性を保つようにする。また，このような場合，汚染土壌を撹乱しないように工事範囲を広く設定するとともに，封じ込め終了までに工事による汚染物質の拡散も懸念されるので，できうる限り下流側からの施工が望ましい。鋼矢板工法の継ぎ手は鋼材の密着による止水効果を期待するが，より水密性を高めるために，継ぎ手部に止水性の樹脂の塗布等を行うこともある。鋼管矢板は図 **7.8** に示すような鋼管の側面の継ぎ手相互のかみ合わせによって遮水壁を構築する。

② 鋼板止水矢板工法：この工法は，矢板自体に剛性がないため，ウォータージェットや鉛直補助枠等の補助工法を併用して矢板を打ち込む。このため大型の重機械が必要となり，汚染土壌を撹乱しないように工事範囲を広く設定する必要がある。深くなると接続部の管理が難しくなる。

(2) 地中壁工法

地中壁工法は，① 壁式の連続地中壁，② 柱列式や壁式のソイルセメント固化壁工法の 2 つに大別できる。連続地中壁工法の種類を**図 7.9** に示す。これらの施工においては汚泥が排出されるが，汚泥は産業廃棄物の無機性汚泥に該当し，適正な処分が必要である。指定区域内で施工した場合，汚泥に有害物質が混入しているおそれがあることを考慮して適正に処分する。

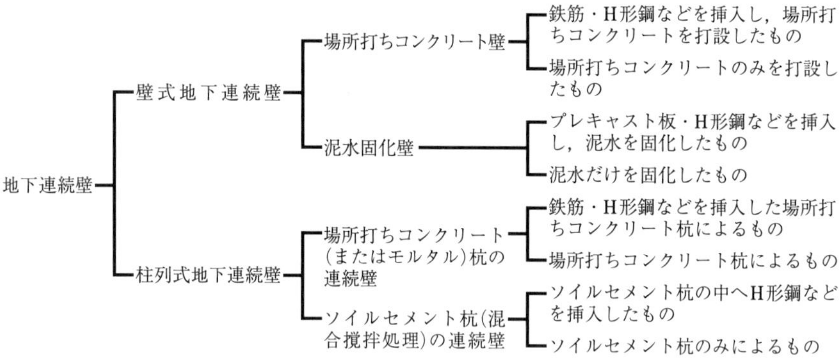

図 7.9 地下連続壁の種類 [9)]

① 連続地中壁工法：本工法は，各種の掘削機械で一定幅の溝を必要な深さまで掘削し，その溝にコンクリート等の遮水材料を投入することにより，地中に連続の壁を設ける工法である。地中壁工法は最も信頼性の高い遮水壁を最も深くまで施工できる技術であり，鉄筋等を挿入することにより構造体としての機能も期待できる。柱列式地中壁の配列の例を**図 7.10** に示す。

② ソイルセメント固化壁工法：本工法は，普通の地中壁と同様に，柱列式と壁式に分類される。壁式（TRD 壁が代表例）は連続した遮水壁を構築できる。柱列式ソイルセメント固化壁工法の壁体材であるソイルセメント内には，剛性を期待する場合は芯材を挿入する。ソイルセメントは原位置土を骨材としており，土質によって遮水性や強度が変化する。

遮水性を高めるために，現地の土に合わせて適切な遮水性能を有する材料により遮水性を向上させることができ，コンクリート壁に比較して安価である。しかし，数十トンの重機械を使用する作業場が必要であるとともに，地盤が固化材に置き換わるため，改良容積の 60～80 %の余剰汚泥が排出される。

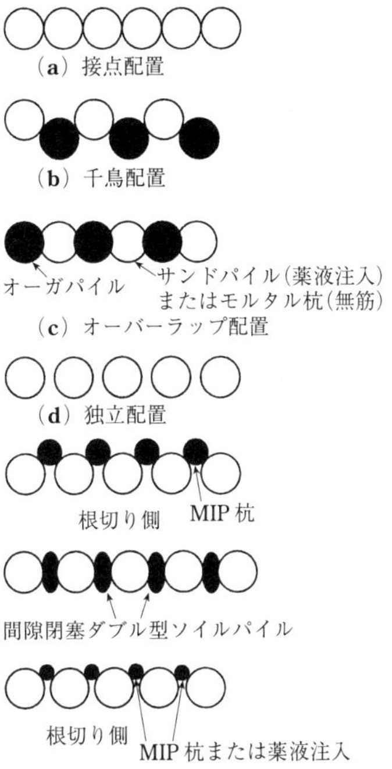

図 7.10　柱列式地中連続壁の配置例[9)]

(3) 薬液等の注入固化工法

薬液等を用いた注入工法は，注入方式によって，① 浸透性注入固化工法，② 高圧噴射式注入工法の 2 つに大別される。薬液のほとんどはアルカリ性を呈し，第二種特定有害物質においては溶出性を変化させるので，基本的には指定区域内への注入は行わない。本工法では，施工にあたって余剰汚泥が排出されるが，余剰汚泥は産業廃棄物の無機性汚泥に該当するので適正に処理することが要求される。また，指定区域内で施工した場合は，余剰汚泥に有害物質が混入しているおそれがあることに留意して対処しなければならない。

① 浸透性注入固化工法：この工法は，注入材料を地盤中の所定の箇所に注入管を用いて注入し，地盤の遮水性や強度等を増大させる工法である。特徴としては，ボーリング機械等の比較的小型の設備で施工できるが，地盤の小間隙には薬液が浸透しにくく，また周辺の水脈や井戸への注入材の混入も懸念される。このようなことから，他の遮水壁や地盤の欠損部の遮水，あるいは工事のスペースが制限される部分に，やむをえず利用する場合に適用が限定される。

② 高圧噴射式注入工法：本工法は，高圧水の噴射により地盤を切削攪拌し，原位置の土壌を除去して空間をつくり，その空間に固化材を注入する工法である。切削した範囲は固化材で置き換わるので，改良容積の 60～80 %の余剰汚泥が排出する。汚染物質の拡散の可能性も高い。

(4) その他の工法

その他の工法として，鉛直遮水シート工法や薄肉厚連続壁シート工法，上記の地中壁工法と鋼製矢板工法およびシート工法を複合化した工法があるが，原位置封じ込めにおいては特殊な場合にのみ使用される。

7.4.4 原位置封じ込め適用にあたっての留意事項

原位置封じ込めはよく用いられる工法であるが，適用にあたって留意しなければならない重要な事項は以下のようにまとめることができる。

① 原位置封じ込めの必須条件は，所定以上の遮水性と厚さを持つ不透水層が，封じ込めを行う範囲に連続して存在していることである。したがって，対象地の地形・地質を十分に把握しておくことが重要であり，必要に応じてボーリング等の地質調査により確認する必要がある。

② 遮水壁の選定にあたっては，合成樹脂等にはベンゼン等に侵蝕されるおそれがあるものもあるので注意を要する。また，ソイルセメント等を使用した場合は pH が高くなり，第二種特定有害物質の溶出特性を助長する場合もある。さらに，油等が共存している場合には，ソイルセメントに油等が混在し，通常の方法では十分な遮水性を発揮しないこともある。したがって，室内試験等で遮水性を確認し，配合や実施方法を検討することが必要である。

③ 遮水壁等の選定にあたっては，化学的な問題ばかりでなく，採用する工法によっては地盤の性状や周辺環境によっても遮水性に影響を受けるので，必要な機能を備えた遮水壁等ができる適切な工法を選定する。

7.4.5 原位置封じ込めの施工

(1) 原位置封じ込めの実施範囲

原位置封じ込め措置の平面的な実施範囲は，基本的には指定区域の範囲で，実施深度は措置の基準を満たす不透水層までとなる。ただし，側面の鉛直遮水壁の構築に際して，汚染土壌が存在する境界に鉛直遮水壁を設置することによって，汚染土壌の撹乱や化学変化を起こす工法の場合は，影響しない範囲までを囲うことが望ましい。

(2) 観測井

地下水位と地下水水質の測定のため，封じ込めを実施した範囲の周縁部の下流側に最低 1 箇所観測井を設置する（**表 6.14**）。また，封じ込めの範囲内には地下水位測定のための観測井を最低1箇所設置する。これらの井戸の深度は基本的には最初の帯水層の底までとする。なお，周辺に観測井を設置する場合，地下水汚染が発生している帯水層が複数層ある場合には，それぞれの帯水層ごとに観測井を設置することが望ましい。

(3) 措置完了の確認方法

原位置封じ込め後は，1年に4回以上地下水の水質を定期的に測定し（基本的には3ヶ月ごと），地下水基準に適合した状態が2年間継続することを確認する（**表6.14**）。またその間，封じ込めた範囲内に設置した観測井の水位の変化を定期的（基本的には1年に4回以上）に測定し，封じ込めた範囲内の地下水位に遮水の破損を示す異常がないことを確認する。なお，封じ込めを行った部位の上部にある土壌の一部を掘削し，外部へ搬出する場合において，搬出物が汚染土壌を含む場合には，その部分は掘削除去措置（第**8**章）に該当し，処分方法に関する環境省告示第20号および第21号（平成15年3月6日）に従って汚染土壌の適正な処分を行う。

(4) 措置完了後の留意事項

封じ込め構造に許容耐力以上の外力が作用した場合または長期の劣化等により，有害物質の漏洩等の事故が起こる可能性がある。このようなことから，遮水構造内の水位と外部の水位を測定し，内部の水位が上昇する場合は，上部覆い構造の損壊などの可能性があるので適切な対処が必要である。また，土対法による措置の完了確認では，地下水基準に適合した状態が2年間継続することの監視義務しかないが，封じ込め構造の管理義務は継続するものであり，適正な頻度で地下水質の測定を行い，措置内容を維持管理する。とくに，大地震等の天災後または建設工事等による土地改変後は，周辺の地下水汚染の有無等を継続して確認することが望ましい。封じ込め施設が設けられた土地は，封じ込め施設を損壊させることがないような土地利用を考慮する。

7.5 遮水工封じ込め措置

7.5.1 遮水工封じ込め措置とは

遮水工封じ込め措置は，第二溶出量基準には適合するが溶出量指定基準（**表3.2**）に不適合な汚染土壌が，地下水に接することにより有害物質が溶出し汚染が拡大することを防ぐため，汚染土壌を掘削除去し，遮水工封じ込め施設を設置した後，掘削した汚染土壌を埋め戻して封じ込める方法である。主として，溶出量指定基準を超える場合に適用するが，含有量指定基準を超える場合に適用してもよい。封じ込めを行う場所は地下水位以上が望ましい。また，封じ込めを行った場所の上面は，降雨・流水等が浸入することを防止する構造とする。

本措置では，指定区域の一部に封じ込め施設を設けることができる。封じ込めにあたっては，指定区域から掘削除去した汚染土壌を環境保全対策が施された仮置場に仮置きした後に，指定区域に封じ込め施設を設けて，あらためて仮置場から再運搬し封じ込める。遮水工封じ込めに要求される事項等を**表 7.4** に，概念を図 **7.11** に示す。

表 7.4 遮水工封じ込め措置に要求される事項等 1)

A. 要求事項	B. 要求機能	C. 確認項目
①第二溶出量基準に適合する土壌を対象とすること	第二溶出量基準に適合する土壌を対象とすること	封じ込める土壌の濃度測定を行っているか
②底面及び側面に敷設した遮水シート等が適切な遮水効果を有すること	透水係数が毎秒 100 nm 以下であること	所定の透水性を有している根拠となる資料提出があるか
③遮水壁が適切な遮水効果を有すること	厚さが 5 m 以上でありかつ透水係数が毎秒 100 nm 以下である地層と同等以上の遮水効果を有するものであること	廃棄物処理法に基づく処分場の構造基準に準拠しているか
④覆いが適切な飛散等防止及び遮水効果を有すること	地表から雨水等の浸入を防げる構造であること	・厚さが 10 cm 以上のコンクリートの層，又は厚さが 3 cm 以上のアスファルトの層等により覆われて十分な遮水効果を有するか ・表面が上記であることが適切でないとき，土による覆いもあわせて行っているか
⑤覆いの損壊防止措置がなされていること	流出・陥没が生じないような材料の品質と施工	・品質と施工の確認がなされているか ・上面利用にあたっては使用目的にあった損壊防止措置がなされているか
⑥措置の実施場所の地下水下流側で水質の測定を実施すること	1 年に 4 回以上地下水の水質を定期的に測定し，指定基準に適合した状態が 2 年間継続することを確認すること	地下水観測井を設置した場所が適切な位置であることの確認がなされているか
⑦封じ込め内部の地下水位観測を実施すること	水位の測定が可能な観測井の設置	観測井の位置と構造の確認がなされているか

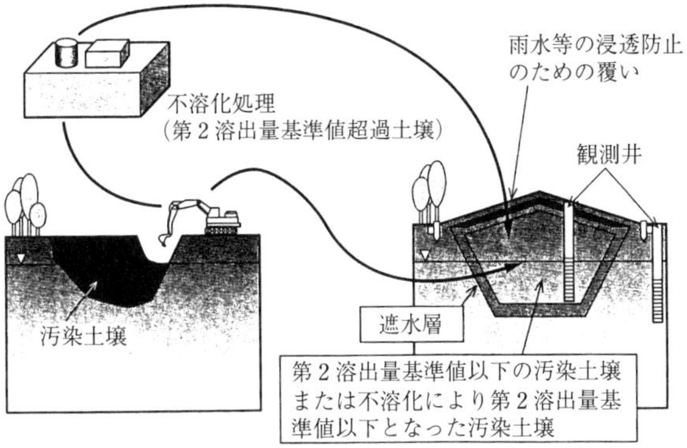

図 7.11　遮水工封じ込め措置の概念 1)

本措置は，すべての特定有害物質による土壌汚染に適用できるが，第二溶出量基準に適合しない汚染土壌にはそのままでは適用できない。第二溶出量基準に適合しない汚染土壌が存在する場合は，第二種特定有害物質については，不溶化または浄化により，第二溶出量基準に適合させてから遮水工封じ込めを適用する。

第一・三種特定有害物質汚染で第二溶出量基準に適合しない場合には，原則として「土壌汚染の除去」が命令されるが，これらの特定有害物質であっても浄化により第二溶出量基準に適合するまで汚染の除去がなされれば，遮水工封じ込め措置を適用することができる。また，高濃度の油分を含有する土壌等，遮水材料に影響を与えるような物質が共存する汚染土壌については，遮水材料に影響がないことを確認して適用する。

本措置においては，あらかじめ指定区域内に設置した遮水工封じ込め施設内に汚染土壌を封じ込める方法と，汚染土壌を掘削除去した後の穴の底面および側面に遮水層（遮水シートなど）を敷設して汚染土壌を埋め戻す方法がある。降雨等の浸透による封じ込め構造内部の地下水位への影響防止および土壌が拡散しないように，遮水機能を有する材料で封じ込め上面を覆う。多くの場合，上面の覆いは土によるが，用途によっては舗装と同等の強度を有したコンクリートあるいはアスファルトでもかまわない。土による覆いにおいては，現状の土地利用と同等の地盤高が望ましいが，利用上の問題がなく，土地の所有者等に異存がない場合には地盤高を高くすることもできる。

遮水工封じ込めを行う際には，掘削した汚染土壌をいったん指定区域に隣接した土地に仮置きし，掘削した場所に遮水工を構築して汚染土壌を埋め戻す場合があるが，この場合の汚染土壌の仮置きは汚染土壌の指定区域外への搬出とは見なされない。

7.5.2 遮水工の種類

(1) 遮水工と遮水シート

遮水工としては，**図 7.12** に示すように，① 土質系遮水材（粘性土），② 水密性アスファルトコンクリート，③ 保護層の 3 種類の構造がよく用いられ

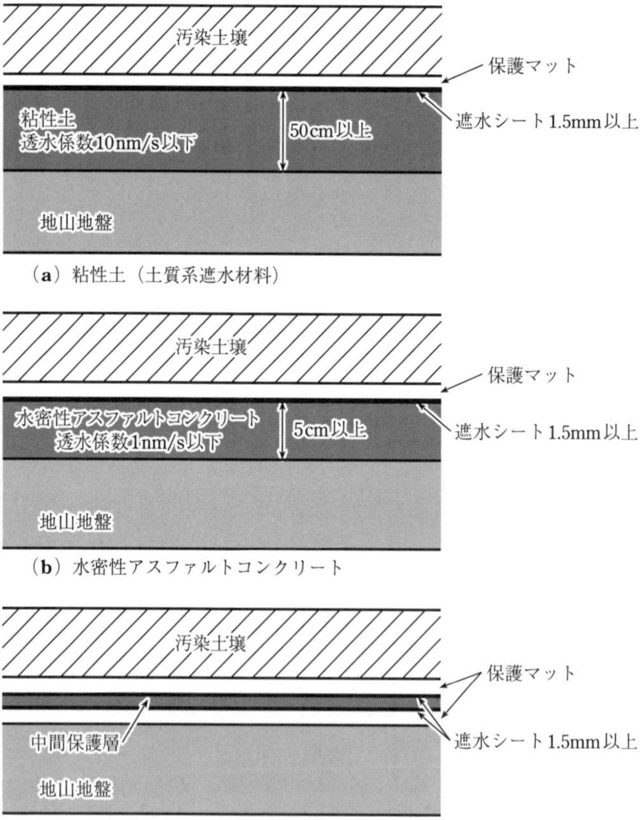

（**a**）粘性土（土質系遮水材料）

（**b**）水密性アスファルトコンクリート

（**c**）保護層

図 **7.12**　遮水工の種類 [1)]

る。代表的な遮水シート材には，合成ゴム系，合成樹脂系，アスファルト系，ベントナイト系，積層タイプ複合系があり，それぞれに強度，耐薬品性，施工性に特徴があるので，場所と目的にあった遮水シートを選択して使用する。

（2）上部の被覆

上部は遮水構造内に雨水の浸入を防止する被覆を施す。基本的に，被覆は舗装措置の場合と同じ仕様のコンクリートまたはアスファルトとする。また，必要に応じて，これらの被覆の上に土による覆いを施す。上面を駐車場等に利用する場合には，被覆の損壊を防止する措置を行う。なお，用途を考慮して適切であると認められれば，被覆の上の土による覆いは省略ができる。また，とくに指定区域が広い場合には，雨水の流入防止の観点から，遮水した周辺に雨水排水溝を設置し，指定区域に降った雨を速やかに排出できる構造とすることが重要である。

7.5.3　遮水工封じ込めの施工

（1）遮水工封じ込めの実施範囲

遮水工封じ込め措置の平面的な実施範囲は，基本的には指定区域の範囲で，深度範囲は指定基準に適合した深度までとなる。また，土による覆い後の地盤高を上昇させないために，指定区域内の汚染土壌の存在する部分よりも，やや広い範囲に封じ込め構造物を設置し，汚染されていない土壌を外部に掘削・搬出し，その掘削した空間を汚染土壌で埋めることも考えられる。ただし，指定区域外にまで拡大して施設を設け，汚染土壌を埋めることはできない。なお，敷地境界などが接近しており工事が困難な範囲に措置を行う場合は，事前に都道府県とその措置範囲，工法について協議して実施することが望ましい。

（2）観測井の設置

地下水位測定と地下水水質の分析用試料の採取のため，封じ込めを実施した範囲の周縁部の地下水下流側に，最低１ヶ所に観測井を設置する（**表 6.14**）。また，封じ込めの範囲内には地下水位測定のための観測井を最低１ヶ所設置する。井戸の深度は，最小限，遮水工による封じ込めを実施した深度から影響のある直近の帯水層の底部までとする。ただし，封じ込めを行った区域が広い場合，あるいは下流側周縁が長い場合など，１ヶ所では十分な地下水調査ができない場合には，適切な本数の観測井を設置することが望ましい。

(3) 措置完了の確認方法

遮水工封じ込め実施後は，1年に4回以上地下水の水質を定期的に測定し(基本的には3ヶ月ごと)，地下水基準に適合した状態が2年間継続することを確認する（**表6.14**）。またその間，封じ込めた範囲内に設置した観測井の水位の変化を定期的（基本的には1年に4回以上）に測定し，封じ込めた範囲内の地下水位に遮水の破損を示す異常がないことを確認する。なお，封じ込めを行った部分の上部にある土壌の一部を掘削し，外部へ搬出する必要が生じる場合において，外部搬出物が汚染土壌を含む場合には，その部分は掘削除去措置に該当し，環境省告示第20号および第21号に従って汚染土壌の適正な処分およびその確認を行う。

(4) 措置完了後の留意事項

封じ込め施設が設けられた土地は，施設を損壊させることがないような土地利用をする。封じ込め構造に許容耐力以上の外力が負荷されたとき，あるいは施設の劣化により，漏洩等の事故が起こる可能性があるので，遮水構造内の水位と外部の水位を測定し，内部の水位が上昇する場合は，被覆の損壊などの可能性があるので適切に対処する。また，措置の完了確認では，地下水基準に適合した状態が2年間継続することの監視義務しかないが，封じ込め構造の管理義務は継続するものであり，適正な頻度で地下水の水質の測定を行い，措置内容を維持・管理することが望ましい。とくに，大地震等の天災後または建設工事等の土地改変後は，周辺の地下水汚染の有無等を継続して確認することが望ましい。

7.6 遮断工封じ込め措置

7.6.1 遮断工封じ込め措置とは

遮断工封じ込めは，底面および側面に鉄筋コンクリート等の遮断層を持つ構造物を設置し，その中に溶出量指定基準を超える汚染土壌を封じ込めるものである。構造物の上面はコンクリートの蓋をし，雨水や地下水の浸入を防ぐ。封じ込め構造の内部に雨水等が浸入すると，構造内部の水位が上昇し，周囲の地下水位よりも高くなる可能性があり，汚染地下水が拡散する可能性が高いので，上部の遮水機能がとくに要求される。遮断工封じ込め措置に要求される事項等を**表7.5**に，その概念を**図7.13**に示す。

表 7.5　遮断工封じ込め措置での要求事項等 [1)]

A. 要求事項	B. 要求機能	C. 確認項目
①第一種特定有害物質を含まないこと	封じ込める汚染土壌に第一種特定有害物質が確認されないこと	封じ込める土壌の濃度測定結果の確認がなされているか
②遮水壁が適切な遮水効果を有すること	一軸圧縮強度が 1 mm^2 につき 25 ニュートン以上で，水密性を有する鉄筋コンクリートで造られ，かつ，その厚さが 35 cm 以上であるもの，又はこれと同等以上の遮断の効力を有するもの	廃棄物処理法に基づく処分場の構造基準に準拠しているか
③目視，その他の方法で損壊の有無を確認できる構造であること	外周仕切設備の側面部及び底面部の周囲に人による点検路や点検のためのビデオカメラ等の機器を通すことができる空間を設ける構造等であること	目的にあった設備が設置されているか
④覆いの損壊防止措置がなされていること	流出・陥没が生じないような材料の品質と施工	・品質と施工の確認がなされているか ・上面利用にあたっては使用目的にあった損壊防止措置がなされているか
⑤措置の実施場所の地下水下流側で水質の測定を実施すること	1 年に 4 回以上地下水の水質を定期的に測定し，地下水基準に適合した状態が 2 年間継続することを確認すること	地下水観測井を設置した場所が適切な位置であることの確認がなされているか

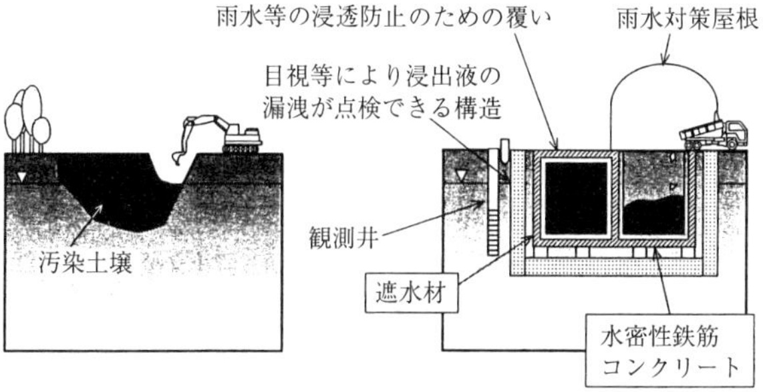

図 7.13　遮断工封じ込め措置の構造の概要 [2)]

本措置では，指定区域の敷地内に封じ込め施設を設けることができる。実施にあたっては，指定区域から掘削除去した汚染土壌を，環境保全対策が施された仮置場に仮置きした後に，指定区域内に封じ込め施設を設けて，汚染土壌を仮置場から再運搬して封じ込める。封じ込め構造物は「一般廃棄物の最終処分場および産業廃棄物の最終処分場に係る技術上の基準を定める命令」に準拠しており，第二・三種特定有害物質には適用できるが，第一種特定有害物質においては認められていない。

施工順序はまず汚染土壌を掘削除去する。掘削除去した穴の外周に，一軸圧縮強度が25 N/mm^{2}以上の水密性を有する鉄筋コンクリート構造物（厚さが35 cm以上），あるいはこれと同等以上の遮断の効果を有する外周仕切構造物を築造し，掘削してあった汚染土壌を築造した構造物内に埋め戻す。そのあと，コンクリート製の蓋により上面を閉鎖する。コンクリート蓋の表面は必要に応じて土による被覆を行う。ただし，上面の用途によっては舗装措置と同等の強度を有するアスファルトなどでもよい。土による被覆は現状の土地と同等の地盤高が望ましいが，利用上の問題がなければ地盤高を高くすることもある。

遮断工封じ込めを行う際に，掘削した汚染土壌をいったん指定区域に隣接した土地に仮置きし，掘削した場所に遮断工を施して汚染土壌を埋め戻す場合があるが，この場合の汚染土壌の仮置きのための移動は，汚染土壌の指定区域外の搬出とは見なされない。

構造的には，目視その他の方法により，遮断工の損壊と内部水の漏洩の有無を遮断工の底面，上面および側面で確認できる構造であることも必要である。

7.6.2 遮断工封じ込め施設の要件

遮断工封じ込め施設（構造物）は以下のような要件を満たす構造とする。

(1) 外周仕切設備に必要な遮断性能

① 一軸圧縮強度が25 N/mm^{2}以上で，水密性を有する鉄筋コンクリートで造られ，かつその厚さが35 cm以上であるもの，またはこれと同等以上の遮断の効力を有するもの

② 自重，土圧，地震力等に対して構造耐力上安全であること

③ 埋め立てた汚染土壌と接する面が，①で述べる遮水の効力，腐食防止の効力を有する材料で十分に覆われていること

④ **(2)**で述べる目視等により亀裂や滲み出し等を点検できる構造であること

⑤ 面積50 m^{2}以上または容量250 m^{3}以上の場合，**(3)**で述べる内部仕切設備により，1区画の面積が50 m^{2}以下，1区画の容量が250 m^{3}以下になるように区画されていること

(2) 目視等により点検できる構造

外周仕切設備の側面部および底面部の周囲に，人による点検路や点検のためのビデオカメラ等の機器を通すことができる空間を設ける構造とすること。

(3) 内部仕切設備

内部仕切設備については，遮断の効果，構造耐力，遮水の効果および腐食防止の効力が外周仕切設備の機能に準じていることが要求される。なお，1区画の面積が $50\,\mathrm{m}^2$ 以下，1区画の容量が $250\,\mathrm{m}^3$ 以下である場合には，内部仕切設備を設ける必要はない。

(4) 上面構造

上部は遮水構造内に雨水の浸入を防止するコンクリート蓋によって被覆する。上部の使用にあたっては，損壊を防止する措置を施す。必要に応じ，土による覆いをコンクリート蓋の上に行う。とくに，遮断工による封じ込めの面積が広い場合には，雨水の流入防止の観点から，遮水の平面範囲の周辺に雨水排水溝を設置して，指定区域に降った雨を速やかに排出できる構造とすることが重要である。

7.6.3　遮断工封じ込めの施工

(1) 遮断工封じ込めの実施範囲

遮断工封じ込め措置の平面的な実施範囲は，基本的には指定区域の範囲で，深度範囲は指定基準に適合した深度までである。また，土による被覆の後の地盤高を上昇させないために，指定区域内の汚染土壌の部分よりも，やや広い範囲に封じ込め構造物を設置し，汚染されていない土壌を外部に掘削・搬出し，その掘削した空間を汚染土壌で埋めることも考えられる。ただし，指定区域の外にまで封じ込めの範囲を広げ，指定区域の外の部分に汚染土壌を埋めることはさける。

(2) 観測井の設置

封じ込めを実施した周縁部の地下水下流側に観測井を最低1箇所設置する。井戸の深度は，最小限，遮断工による封じ込め措置を実施した深度から影響のある直近の帯水層の底部までとする。ただし，封じ込めを行った区域が広い場合，あるいは下流側周縁が長い場合で，1ヶ所では十分に地下水の状況を把握できない場合には，適切な本数の観測井を設置することが望ましい（**表 6.14**）。

(3) 措置完了の確認方法

遮断工封じ込め措置完了の確認は，1 年に 4 回以上地下水の水質を定期的に測定し（基本的には 3 ヶ月ごと），地下水基準に適合した状態が 2 年間継続することを確認することである（**表 6.14**）。また，掘削や遮断構造物の構築にあたり，土壌の一部を外部へ搬出する場合で，搬出物が汚染土壌を含む場合には，その部分は掘削除去措置に該当し，環境省告示第 20 号と第 21 号等に従って適正な処分を行う必要がある。

(4) 措置完了後の留意事項

遮断工封じ込め施設が設けられた土地は，施設を損壊させることがないような土地利用をする。封じ込め構造物への許容耐力以上の外力の作用あるいは構造物の劣化により，漏洩等の事故が起こる可能性がある。このため，遮水構造の外周仕切設備の側面部および底面部を目視等により定期的に点検を行い，損壊などの可能性がある場合には適切に対処する。また，土対法による措置の完了確認では，地下水基準に適合した状態が 2 年間継続することの監視義務しかないが，封じ込め構造の管理義務は継続するものであり，適正な頻度で地下水の水質の測定を行い，措置内容を維持管理する。とくに，大地震等の天災後または建設工事等による土地改変後は，周辺の地下水汚染の有無等を継続して確認することが望ましい。

7.7 原位置浄化措置

地下水等摂取リスク防止のための原位置浄化措置は，土壌を掘削・移動することなく，土壌中の有害物質を揮発させて吸引したり，地下水に溶出した有害物質を揚水して除去したりする方法である。本措置が完了し，溶出量指定基準に適合する状態になれば指定区域が解除され，土対法上での土地利用制限はなくなる。

原位置浄化方法には，現場の条件に応じて多くの方法が考えられているとともに，今後とも新規技術が開発される可能性もある。これらの適用性は，各種の条件によって異なり，一概に決められないし，またその効果も一概には定められない。このようなことから，ここでは，浄化計画を策定するうえでの参考となる資料を提供することにとどめる。ここでとりあげたからといって最終的な浄化効果を保証するものではない。原位置浄化措置に関して一般的に要求される事項は，直接摂取リスク防止の場合と同様であり，すでに**表**

6.13 に示したとおりである。

浄化計画の策定にあたっては，各分野の経験のある専門家も交えてその適用性について十分検討するとともに，措置完了の条件についても前もって決定しておく必要があり，知事はこの完了条件を満たしたかどうかをチェックすることになる。さらに，汚染の状況や現地の状況あるいは浄化方法によって，措置の完了までかなりの時間が必要であることもあらかじめ考慮しておく。

原位置浄化措置後は，土壌の浄化の確認を実施したうえで，指定区域内の 1 ヶ所以上に観測井を設け，1 年に 4 回以上地下水の水質を定期的に測定し，地下水基準に適合した状態が 2 年以上継続することを確認する（**表 6.14**）。

以下において，**図 5.4** に示す地下水等摂取リスク防止に係わる原位置浄化措置として，原位置抽出法，化学的な原位置分解法，生物的な原位置処理法，原位置土壌洗浄法について概観する。

7.7.1　原位置抽出法

原位置抽出法は，有害物質により汚染された土壌ガスや地下水を土壌中から除去し，土壌を浄化する方法である。現在まで多くの実績があるが，一般的に浄化までには比較的長い時間を必要とする [5)]。抽出法は，汚染土壌中の有害物質の含有量および溶出量の低減のほかに，地下水の周辺への拡散防止の目的で使われることもあるが，土対法に示された原位置浄化措置は，指定区域の指定の解除を目指すものであり，措置後の土壌を含有量指定基準および溶出量指定基準に適合させるものでなければならない。以下に，主要な原位置抽出法として，土壌ガス吸引法，地下水揚水法，エアースパージングおよびその他として熱的方法と電気化学的方法の概要を述べる。

（1）土壌ガス吸引法

土壌ガス吸引法は有害物質の揮発性を利用したものであり，不飽和帯に存在する第一種特定有害物質を強制的に吸引除去し，汚染土壌の浄化を行う方法である。ボーリング等により土壌中に吸引井戸を設置し，真空ポンプ・ブロワーにより吸引井戸を減圧し，気化した有害物質を地上に取り出し，活性炭に吸着除去させる等によって適切に処理する。土壌ガス吸引法の概念を**図 7.14** に示す。吸引ガスからの有害物質の除去には，活性炭吸着のほかに紫外線酸化，触媒酸化，熱分解等の分解法がある。これらを適用する場合には非意図的な有害物質の生成にも注意する必要がある。

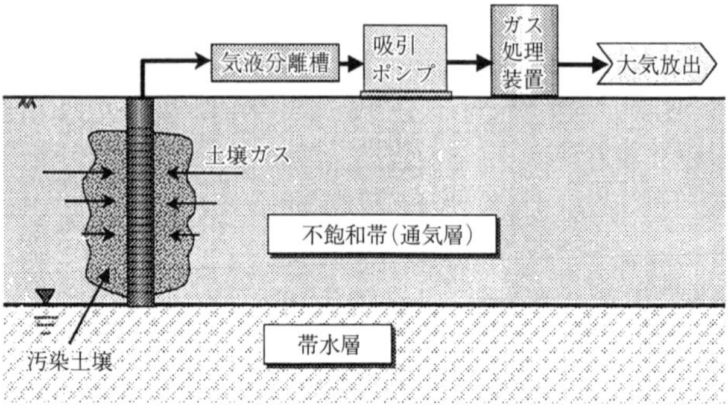

図 **7.14** 土壌ガス吸引法の概念[2)]

この方法は，不飽和帯の砂層や礫層などの比較的透気性が大きい地盤に適用されるが，地層の状況や深さあるいは地表面の状況に応じて吸引範囲や吸引圧が異なるので，状況に合わせて適切に設計することが重要である[8)]。

本方法は非常に多くの実績があり，国内でも広く用いられている工法であり，多くの補助工法が開発されている。吸引井戸に水平井戸を用いる方法や，汚染が帯水層まで及んでいる場合には，吸引井戸の内部に水中ポンプを設置し，地下水の揚水を合わせて行う二重吸引法もある。深層混合処理工法を利用して，生石灰を混入することにより地盤の温度を上昇させ，揮発を促進させるとともに，通気性を改良して有害物質を抽出する工法も実用化されている[10)]。

(2) 地下水揚水法

汚染地盤の飽和帯の地下水を揚水し，地下水を介して有害物質を除去・回収することにより汚染土壌の浄化を行う方法である。揚水した地下水は有害物質の性質に応じた方法で処理する[4),5)]。本工法の概念を図 **7.15** に示す。この工法は，敷地外への拡散防止のため（バリア井戸）にも用いられる。しかし，浄化という観点においては，土壌ガス（第一種特定有害物質）あるいは地下水汚染（第一・二・三種特定有害物質）の最高濃度付近に揚水井を設置し，土壌汚染を基準に適合するまで浄化することが目的である。

不均質な帯水層についての設計は難しく，三次元的な地下水の流向・流速等を十分に把握して実施することが肝要である。少量の揚水では効果が低く，大量の揚水で地盤沈下も懸念されるため，適正な揚水量での実施も重要である。揚水した汚染地下水の処理は，気液接触処理（ばっ気処理），化学的・光

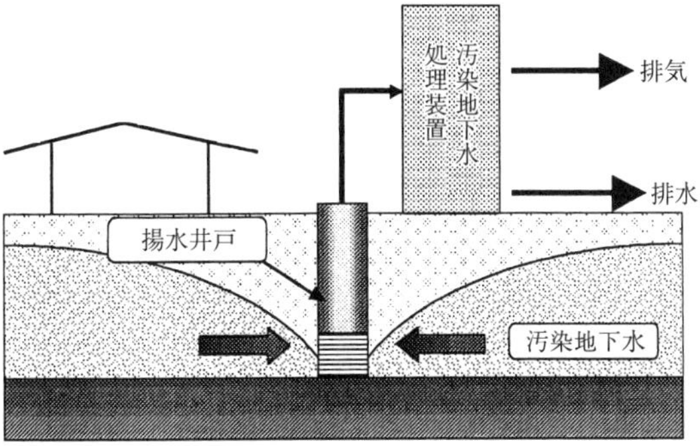

図 7.15 地下水揚水法の概念 [1)]

化学的分解等（第一種特定有害物質），中和沈殿法（第二種特定有害物質），吸着処理等で行われる。

(3) エアースパージング

この方法は，飽和帯に空気を注入して地下水からの第一種特定有害物質の揮発を促進し，上部でのガス吸引によって揮発ガスを捕集する方法である。エアースパージングの概念を図 **7.16** に示す。主として，土壌の汚染が地下水位以下の場合に適用されるが，不飽和帯への適用例もある。この方法では，地中に圧力をかけた空気を送り込むので，地質構造によっては圧入された空気が有害物質を汚染のない場所に移動させてしまう可能性もある。このようなことから，対策の範囲や地質構造等を勘案して，周辺への拡散防止措置等

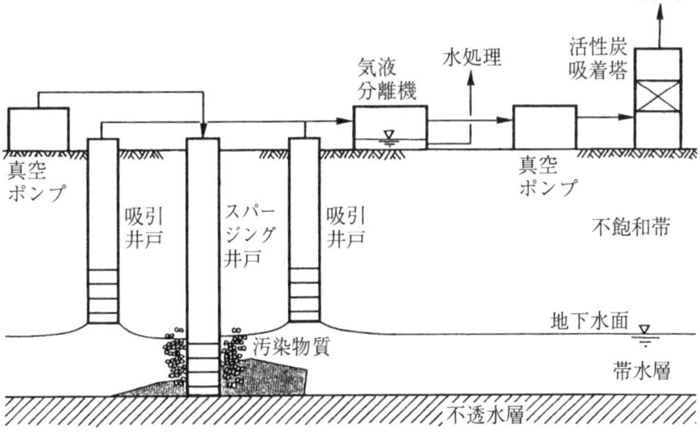

図 7.16 エアースパージング法の概念

を併用しながら実施する。

(4) その他の方法

上記に示した工法以外に，原位置浄化として熱的方法と電気化学的方法が提案されているが，わが国では実績のない技術である。熱的方法は，空気の代わりに蒸気や加熱空気を地中に注入する方法で海外では実績がある。それぞれスチームインジェクションおよびホットガスインジェクションと呼ばれる[4),6)]。揮発を大幅に促進することができるが，常温でないのでシステムの設計には多くの経験が必要である。

電気化学的方法は，汚染土壌中に微弱な電流を流し，電気浸透現象によってイオン化している有害物質を陽極あるいは陰極に集め，揚水等によって回収する。電気化学的方法の概念を**図 7.17** に示す。地質条件によって効果が大きく左右され，また，電極付近で電気分解が起こって pH が変化し，他の物質の溶出特性が変化する可能性もある。処理に要する時間も長い。

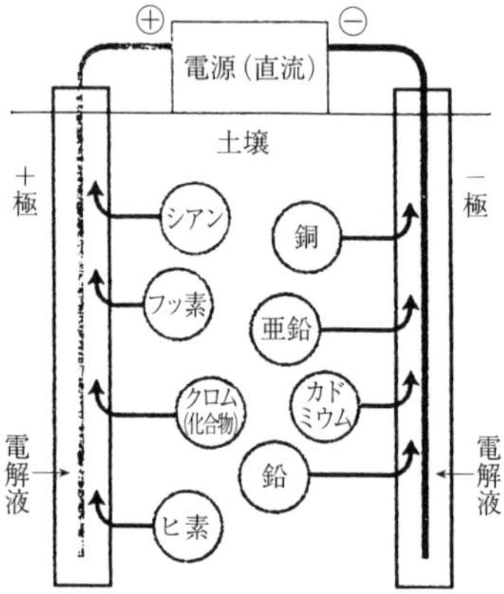

図 7.17　電気化学的方法の概念

7.7.2 化学的な原位置分解法

化学的な原位置分解法の前に，原位置分解法（化学的および生物的分解）の位置づけについて述べておきたい。原位置分解法は，汚染土壌を掘削することなく，化学的作用や生物的作用により，有害物質を原位置において分解する方法であり，その分解機構により多くの方法が提案されている。原位置分解法は，分解過程において意図しない化学物質の生成がある場合もあり，事前の適用試験で分解経路や分解生成物および物質収支を確認しておくことが肝要である。溶出量の変化（減少）だけでは，単なる有害物質の揮散であることもあり，分解でない場合もある。

さらに，地中への薬剤の注入を伴うような場合には，より安全な薬剤の使用を検討するとともに，土壌中の有害物質や使用薬剤を周辺に移動させないように，遮水壁等の周辺拡散防止措置を実施したうえで行う。化学的あるいは生物的分解にせよ，分解処理は学際的な色彩が強いので，事前にその分野の専門家と十分に検討して実施に移す方がよい。

原位置分解法のうちの化学的分解処理は，基本的に，汚染土壌中に薬剤を添加し，化学的に有害物質の分解を行う方法である。次亜塩素酸や過マンガン酸処理，過酸化水素と鉄を使用するフェントン法等による酸化分解，第一種特定有害物質を含む汚染土壌に鉄粉を添加する還元分解等がある。化学的分解処理に適用できる物質は，分解が期待される第一種および第三種特定有害物質であり，第二種特定有害物質ではシアン化合物だけである。

化学的分解法は，他の方法と比較すると相対的に短期間での分解が可能であるほか，有害物質の濃度や土質等にも相対的に影響を受けにくい等の特徴がある。しかし，物質ごとに薬剤の選択が必要であるとともに，条件によっては想定しない物質が生成される場合があるので，事前の適用試験による判断が重要となる。薬剤の選択にあたっては，とくに，有害物質のみの減少面から判断するのではなく，その物質の分解径路や分解生成物および物質収支の観点から判断することが重要である。

なお，環境省では，六価クロム汚染土壌については，これを三価クロムに還元する方法による措置もあるとしている。これは「汚染の除去」に該当するが，現時点では，この措置は永続的な効果が保証されているとはいえないことから，この措置による指定区域の指定の解除は行わないこととしている。

（1）酸化分解

酸化分解法としては以下の 2 つの方法で実績があるが，いずれも溶液注入の際に予期せぬ場所に拡散してしまう可能性があるため，注入時には有害な薬剤（過酸化水素）の周辺への流出をさせないことが必要であるとともに，土壌中に残存させないことが要求される。また，過酸化水素や過マンガン酸カリウムは，強力な酸化力をもっているので，対象とする物質以外のものの形態を変化させて毒性が変わる。また，分解により中間生成物が生じることも考えられるので，前もって十分な検討が必要である。

① 過マンガン酸カリウム法[4]：過マンガン酸カリウム溶液を帯水層に注入し，溶液のもつ酸化力によって，土壌と地下水中の汚染物質を分解する。

② フェントン法[4]：過酸化水素と鉄溶液を帯水層に注入し，溶液のもつ酸化力により有機化合物を分解するものである。過マンガン酸カリウムより高い酸化力をもっているので，ベンゼン等の炭化水素類およびトリクロロエチレン等の有機塩素化合物を二酸化炭素と水および塩類に分解することができる。

(2) 還元分解

還元分解法としては鉄粉法で実績がある[11]。使用される物質は零価の鉄が主であり，土壌への混合方法も種々の方法が実施されている。本法の概念を**図 7.18** に示す。還元分解の一般論として，酸化分解に比べると，取り扱い，安全面および周辺への影響という点で優れているが，反応性が遅いので酸化分解よりも時間がかかる。また，中間生成物にも注意が必要である。

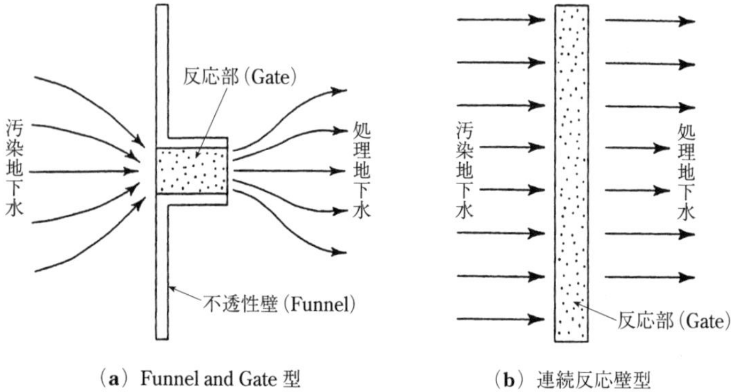

図 7.18 原位置鉄粉法の概念[8]

鉄粉法は，鉄粉を土壌に重量比で 1～数%程度混合し，トリクロロエチレン，テトラクロロエチレン等の揮発性有機塩素化合物の脱塩素化を図る方法である。鉄粉の混合方式としては，オーガーによる直接混合やスラリーによる注入などがある。栄養塩を注入し，微生物により還元環境を強化したうえで還元分解する方法も報告されている。また，地中に透過性の鉄粉の壁や層を構築する透過性反応壁工法も利用されているが，これは汚染地下水の浄化であり，敷地外への拡散防止を目的としており，土壌汚染対策としては補助的な方法といえる[12]。

7.7.3 生物的な原位置分解処理法

生物的分解処理は，汚染土壌中に棲息する分解微生物等の生物的作用を利用して有害物質の分解を行う方法である[8]。海外では油分に対する分解処理法は確立されており，近年は第一・三種特定有害物質のような物質の分解にも実用的に使用されるようになってきた[13]。土壌中に酸素（空気）を注入し，好気的微生物によりベンゼン等を分解する方法と，酸素がない条件で嫌気的微生物を使ってテトラクロロエチレン等の第一種特定有害物質を分解する方法があるほか，藻類，地苔類や植物等を利用することもある。

今までの実績では，第一・三種特定有害物質および第二種のシアン化合物が対象物質になるが，第三種特定有害物質は基本的に生分解性が低いと考えられ，今のところ，生物的処理法の適用は困難であると考えられている。また，生物的分解は有害物質の原液が存在するなど，濃度の高い汚染部に対しては適用が難しく，そのような部分は適切な除去対策等との併用を考慮することが必要である。

原位置浄化措置における生物的な処理法は，地中に栄養塩類や酸素（必要な場合）等を注入することになる。そのため対象とする地質構造や地下水流動を十分把握して，周辺環境に注入された物質が拡散したり，有害物質を拡散させたりすることのないようにする必要がある。また，措置の実施中は地下水の水質の測定をしながら進行状況の監視を行っていく必要がある。

微生物による分解は，他の原位置浄化措置と比較して，浄化に時間を要するほかに，栄養塩や土壌の環境変化により，そこに生育する菌相が変化する可能性がある。たとえば，硫酸還元菌やメタン細菌が活動を開始し，有害なガスが発生したなどの報告もあり，監視の必要性が高い。条件によっては浄化対象の有害物質以外の想定しない有害物質の生成が起こる場合があるので事前の適用可能性試験による判断が必要となる。

(1) 原位置バイオレメディエーション

バイオレメディエーションとは，微生物等のもつ有害物質の生分解機能を活用して，汚染した土壌を浄化する手法である。大きく分けて，バイオ・スティミュレーションとバイオ・オーギュメンテーションがある[5),8)]。前者は，汚染場所の土着微生物に酸素や栄養源を与えることで微生物の活性化を図り，浄化作用を促進させるものである。後者は，汚染場所の土着微生物に分解能力がない場合等に，その有害物質の分解に効果を発揮することがすでに確認されている微生物を添加し，これに酸素や栄養源を与えることで微生物を活性化し，浄化作用を促進するものである。しかし，オーギュメンテーションでは，汚染場所の土着微生物ではなく，他の微生物を導入することから，生態系への配慮がとくに必要である[14)]。原位置バイオレメディエーションの概念を図 **7.19** に示す。

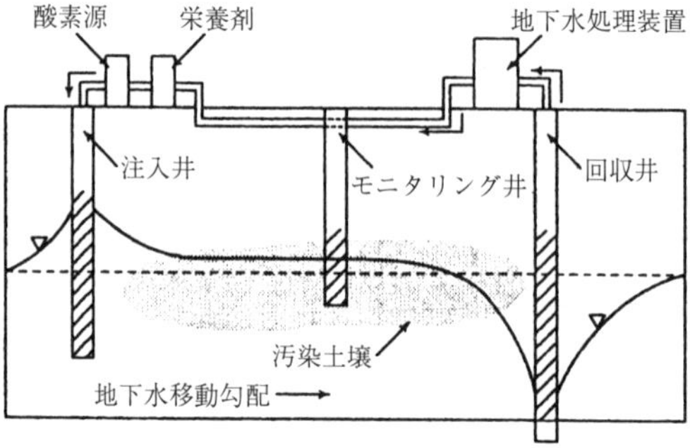

図 **7.19**　原位置バイオレメディエーションの概念 8)

(2) 薬剤の注入

生物分解に関連する薬剤を地盤中に注入して微生物を活性化し，有害物質を分解する。酸素除放剤や水素除放剤と呼ばれるものがある。酸素除放剤は過酸化マグネシウムに物理的処理を施したものなので，徐々に帯水層中に酸素を供給し，ベンゼン等の石油系炭化水素類の汚染物質を分解する。水素除放剤は酪酸系の物質であり，嫌気条件下で微生物分解を受けて水素を発生し，発生水素により微生物がトリクロロエチレン等の有機塩素系化合物の脱塩素を促進するものである。実施の方法は原位置バイオレメディエーションに準じたものである。

(3) ファイトレメディエーション

ファイトレメディエーションは，植物の吸収・分解作用を利用して土壌中の有害物質の量を低下させる方法である 15)。浄化に年単位の長時間を要し，植物種や気候を十分に考慮する必要がある。用いた植物の処理を必要とする場合もあるが，条件が合えば有効な方法の 1 つである。海外では実用段階に入っている。わが国においても実証実験が実施されている。植物の土壌汚染浄化作用の概念はすでに図 **6.8** に示した。

7.7.4 原位置土壌洗浄法

原位置土壌洗浄法については直接摂取リスクに係る原位置浄化措置（第 **6** 章）として述べた。主として第二種特定有害物質汚染に使われる方法であるが，第三種または場合によっては第一種特定有害物質に対しても有効な場合もある。原位置土壌洗浄法は，汚染土壌中の有害物質を洗浄して溶かし出す処理であり，溶出量が大きく変動する場合もある。原位置浄化措置により指定区域の指定の解除が行われるものであるので，原位置土壌洗浄法においては有害物質の溶出量のみに注目するのではなく，それらが物質収支の観点から明確に回収され，かつ含有量も減少していることを確認することが重要である[8)]。

具体的には，汚染土壌中に水を通過させ，それをポンプアップし，揚水した水から廃水処理装置で有害物質を除去することにより，汚染土壌中の有害物質の濃度を低下させていく方法で，地上から散水する場合にはソイルフラッシングと呼ばれることもある。

有害物質をいったん液体中に溶かし出すことが前提であるので，汚染土中を通過した有害物質を含む水が確実に集められるような地質構造のもとで，周辺の状況を地下水の水質測定により監視しながら実施することが重要である。また，周辺への有害物質の拡散がないように，原位置封じ込め措置と同等の拡散防止措置を併用して行う必要がある。

7.7.5　原位置浄化措置の施工

原位置浄化措置の平面的な実施範囲は，基本的には指定区域の範囲で，実施深度は指定基準に適合した深度までである。以下，施工にあたっての留意事項等についてまとめておこう。

(1)　観測井の設置

観測井は措置の実施前に設置し，浄化の実施による周囲への拡散を監視することが望ましい。措置の実施によって異常が確認された場合には，直ちに措置を停止するとともに拡散防止措置を実施する。井戸の深度は少なくとも溶出量指定基準に適合しない深度までであり，位置は浄化状況の確認であるので周縁に近いこと（5 m 以内）が望ましい。また，浄化区域が広い場合あるいは下流側周縁が長い場合には，適切に観測井の本数を追加することが望ましい。

(2)　措置完了と品質管理

原位置浄化に関する品質管理については，選定した原位置浄化法に適した方法・頻度で土壌が浄化されたことを確認する。確認方法は選定される浄化方法により異なるため措置の内容の計画時に都道府県と協議のうえで決定することが望ましい。原位置浄化措置の完了は，1 年に 4 回以上地下水の水質を定期的に測定し（基本的には 3 ヶ月ごと），地下水基準に適合した状態が 2

年間継続することを確認する（**表 6.14**）。原位置浄化措置は指定区域の汚染土壌から有害物質を除去するものであるので，完了が確認されれば，指定区域の指定が解除され，解除後は土対法のうえでの義務はなくなる。

(3) 原位置浄化措置においてとくに留意すべき事項

原位置浄化措置は「土壌汚染の除去措置」に分類される浄化措置であるので（**図 5.4**），溶出量指定基準に適合するようにする原位置不溶化措置（**7.2**）との区別を明確にすることが重要である。原位置不溶化措置は，第二種特定有害物質を含む汚染土壌に薬剤を添加して不溶化を行い，溶出量指定基準に適合させる方法である。原位置浄化措置の工程において，第二種特定有害物質に不溶化剤またはそれと同等の効果を有する薬剤を使用して溶出量を低下させている場合には，その措置は，あくまで原位置不溶化措置となる。したがって，指定区域の指定の解除とはならず，原位置不溶化措置が完了した土地として，所有者等が指定区域として維持管理を継続することになる。このように，用いた原位置浄化方法をどちらの措置と判定するかは，指定区域の指定の解除に関することとなるため，計画段階での確認が非常に重要な事項となる。

【参考文献】

1) 環境省 監修，土壌環境センター 編：土壌汚染対策法に基づく調査および措置の技術的手法の解説，土壌環境センター，2003
2) 中央環境審議会：土壌汚染対策法に係わる技術的事項について（答申），2002
3) 土壌環境センター資料：酸添加溶出試験法，アルカリ添加溶出試験法，重金属等不溶化処理土壌の安定性に関する検討部会報告，2004
4) 環境庁水質保全局：土壌・地下水汚染に係わる調査・対策指針および運用基準，土壌環境センター，1999
5) 地盤工学会 編：土壌・地下水汚染の調査・予測・対策，地盤工学会，2002
6) 環境庁水質保全局水質管理課・土壌農薬課 監修：土壌・地下水汚染対策ハンドブック，公害研究センター，1998
7) 全国地質調査業協会連合会 編：地質調査技士（土壌・地下水汚染部門）認定講習会テキスト，平成 15 年版，2003
8) 木暮 敬二：地盤環境の汚染と浄化修復システム，技報堂出版，2000
9) 岩田 進午，喜田 大三 監修：土の環境圏，フジ・テクノシステム，1997
10) 中島 誠：土壌・地下水汚染にどう対処するか—調査・対策の進め方—，化学工業日報社，2001
11) 根岸 昌則ほか：揮発性有機化合物による土壌・地下水汚染の原位置浄化手法，土と基礎，Vol.47，No.10，pp.21–24，1999
12) 今村 聡：土壌における難分解性有機化合物・重金属汚染の浄化技術，第 6 講 土壌汚染浄化の実話例，エヌ・ティー・エス，2002

13) 矢木 修身：トリクロロエチレンを食べる土壌微生物, 土木学会誌, Vol.84, No.10, pp.77–80, 1999
14) W. C. アンダーソン 編, 軽部 征夫 監修, 池上 雄二ほか 訳：バイオレメディエーション—微生物による環境修復技術の実際—, シュプリンガー・フェアラーク東京, 2000
15) S. フィオレンツアほか 著, 池上 雄二・角田 英夫 訳：ファイトレメディエーション—植物による土壌汚染の修復—, シュプリンガー・フェアラーク東京, 2001
16) 近藤 敏仁, M. J. ブレイロック：重金属汚染土壌の植物による浄化技術（ファイトレメディエーション), 月刊エコインダストリー, Mar.3, pp.5–12, 2003
17) 全国地質調査業協会連合会 編：土壌・地下水汚染のための地質調査実務の知識, オーム社, 2004

第 8 章

掘削除去措置と汚染土壌の搬出処分

土壌汚染の除去措置（原位置浄化および掘削除去）のうち，原位置浄化は直接摂取リスク防止の場合と地下水等摂取リスク防止の場合とで内容が異なる。直接摂取リスク防止の場合の原位置浄化については第 **6** 章で，地下水摂取リスク防止の場合の原位置浄化については第 **7** 章で述べた。ここでは，直接摂取と地下水等摂取の両リスク防止のための掘削除去について述べる。掘削除去は，直接摂取リスク防止と地下水等摂取リスク防止の両方の場合に対して，同じ考え方と方法で適用できる措置技術である。また，掘削除去に関係が深い汚染土壌の指定区域外への搬出処分の概要についても触れる。

8.1 掘削除去措置とは

掘削除去は，指定区域内の汚染土壌を掘削・除去し，掘削した汚染土壌から有害物質を除去した土壌（浄化土壌），または汚染されていない別の土壌（非汚染土壌）で埋め戻しを行うものである。完了後は指定区域が解除される。掘削除去措置に要求される事項等を**表 8.1** に，それの概念を**図 8.1** に示す。図に示すように，掘削箇所への埋め戻しは，指定区域内での浄化処理または指定区域外の浄化施設で処理（抽出または分解）し，指定基準に適合することを確認した浄化土壌あるいは非汚染土壌によって行う。

掘削除去で重要なことは，埋め戻される土壌が含有量指定基準および溶出量指定基準に適合していることであり，このための品質管理の徹底が要求される。有害物質の抽出あるいは分解により，有害物質が除去されることが条件であるので，品質の管理にあたっては，溶出量の減少ということだけではな

表 8.1　掘削除去措置に要求される事項等 1)

A. 要求事項	B. 要求機能	C. 確認項目
①現地で掘削して浄化を行う場合は，浄化が適切に行われ埋め戻されること	・浄化は抽出又は分解であること ・浄化土壌の品質が基準を満たしていること	・過去の実績や事前の現地土壌試験により，特定有害物質が抽出又は分解されることが確認されているか ・土壌浄化の確認方法 (1) 第二種特定有害物質及び第三種特定有害物質の場合には，100 m^3 に 1 点とする。 (2) その他の場合の確認方法，頻度については浄化方法に合わせて協議・決定する。
②掘削して汚染土壌を場外で処分する場合は，汚染されていない土壌で埋め戻されること	・場外搬出等が処分方法告示に従って行われていること ・埋め戻し土壌に有害物質が含まれないこと	・搬出先の許可等があるか ・汚染土壌管理票の運用がなされているか ・処理報告書の提出はあるか ・埋め戻し土の化学分析値を確認する計画となっているか
③土壌溶出量基準を超える指定区域では措置実施場所の地下水調査を実施すること	1 年に 4 回以上地下水の水質を定期的に測定し，地下水基準に適合した状態が 2 年間継続することを確認すること	地下水観測井を設置した場所が指定区域内であることの確認がなされているか
④決められた場合以外には掘削した汚染土壌を他の場所へ搬出しないこと	汚染土壌を搬出する場合には，処分方法告示によること	搬出先の許可等の確認がなされているか
⑤搬出する際には周辺環境に注意する	環境中に汚染土壌を飛散等させないこと	措置の実施計画書には飛散等防止，一般工事の騒音・振動などの周辺環境対策が含まれているか
⑥搬出先において汚染土壌から特定有害物質の除去，適正な処分が行われること(場外搬出のある場合)	・確認方法告示に従い搬出に関する確認をすること ・処分の内容が適正であったことを確認すること	・汚染土壌管理票の運用がなされているか ・搬出先（処分担当者）は，汚染土壌から特定有害物質の除去，適正な処分が行われたことを証明する書類（完了報告書）を作成し，提出することとなっているか

く，物質収支についても確認する必要がある。たとえば，不溶化効果によって結果的に指定基準を満たす方法は，掘削除去には該当せず，不溶化埋め戻し措置となる。

また，地下水汚染が生じているような場合には，実施後に汚染土壌の除去効果があったことを，地下水からも確認しておく必要がある。この場合，1 ヶ所以上の観測井を設置し，1 年に 4 回以上水質を定期的に測定し，地下水基準に適合した状態が 2 年以上継続することを確認する（**表 6.14**）。地下水汚

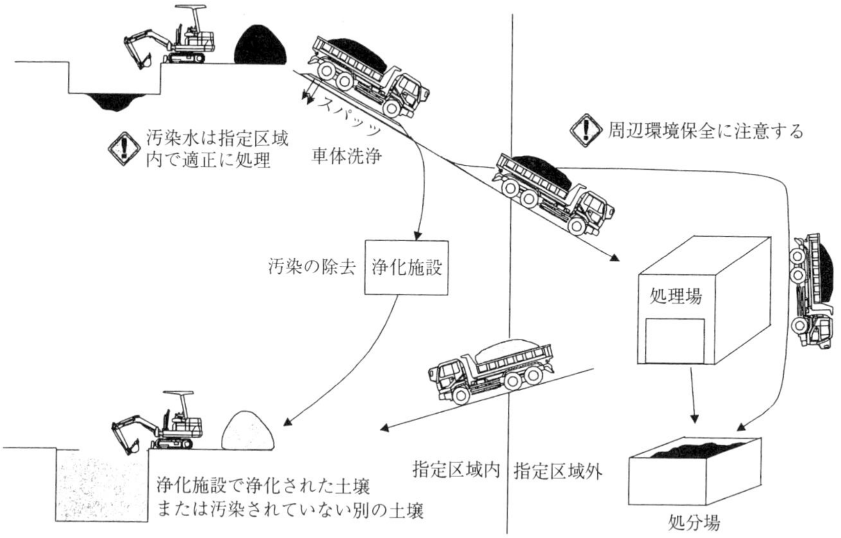

図 **8.1**　掘削除去措置の概念図 [1)]

染が生じていないうちに掘削除去を実施した場合は地下水の確認は年1回でよい。

なお，掘削除去の方法は，今後も新しい技術が開発される可能性を残しており，また現場条件によって方法等が大きく異なるため，ここで示す方法は計画を立案するときの参考資料と考えた方がよい。以下に示す方法も，実施にあたっては，浄化効果に関する試験を行ってから実施すべき性質のものである。掘削除去は，掘削作業と指定区域内での浄化作業あるいは指定区域外への汚染土壌の搬出を伴う。このような作業は周辺環境への影響も大きくなる可能性があり，十分な検討のうえで実施を決定する。

8.2　掘削除去の手順

図 8.1 に示すように，実際の掘削除去の手順には次の3つの場合が考えられる。

① 掘削 ⇒ 指定区域内浄化 ⇒ 指定区域内埋め戻し
② 掘削 ⇒ 指定区域外浄化 ⇒ 指定区域内埋め戻し
③ 掘削 ⇒ 指定区域外処分 ⇒ 指定区域内非汚染土壌埋め戻し

上記のうち，②と③は指定区域外への汚染土壌の搬出を伴う。また，指定区域内の浄化であっても，たとえば有害物質の抽出を行った場合などは，有害物質が濃縮した汚染土壌として搬出されることもある。このように掘削除去においては指定区域外への汚染土壌の搬出を伴うのが普通である。

掘削の範囲内に地下水がある場合には地下水も除去する。一般に，掘削底面と側面の管理は必要としない。ただし，詳細調査において 100 m^2（10 m 格子）に 1 地点の密度で汚染の深さが確認されていない場合には，詳細調査で汚染の深さが確認された場合を除き，100 m^2 に 1 地点の密度で底面の管理を行い，汚染土壌が存在しないことを確認することが望ましい。また，掘削面の土壌に異常な着色が見られるような場合には，掘削範囲の拡大などの適切な対応が必要である。反対に，掘削範囲に達していなくても，底面管理や側面管理によって，汚染土壌が存在しないことが確認された場合には汚染土壌が除去されたものとすることができる。

掘削除去の計画立案にあたっては次のような事項を考慮する。① 地下水位以深を掘削する場合，地下水や汚泥を適切に処理できること。② 有害物質の揮散等を防止できること。③ いったん仮置きするような場合，二次汚染を防止する措置が講じられていること。④ 場内使用の重機・車両あるいは指定区域外への搬出運搬車両のタイヤや車体に付着した汚染土壌を指定区域外へ出さないような対策がとられていること。⑤ 地下水・発生水や粉塵の状況を把握し，周辺環境への影響に配慮すること。⑥ 掘削の品質管理として，必要な図面，写真等が報告できるようになっていること。⑦ 掘削によって汚染土壌以外のものが出たら，汚染土壌と区別して適切に処分が行われること。

8.3　掘削汚染土壌の指定区域内・外での浄化

掘削した汚染土壌を指定区域内で浄化処理する場合，浄化処理方法の選定は技術的にもまた周辺環境の条件からしてもかなり困難な作業であることが多い。また，複合汚染の場合には各種措置技術を組み合わせる場合もある。さらに，電気や水，排水等の施設も重要な事項となる。適用の可能性試験においては，措置によって生じる中間生成物の発生についても検討する必要がある。浄化作業の実施にあたっては，汚染の拡散がないこと，周辺安全管理として，粉塵，ガス，悪臭，排水，廃棄物，地盤沈下，振動，騒音，二次汚染による環境影響を防止することが不可欠である。

浄化処理に適用されるいくつかの技術の概要を以下に述べるが，これらは指定区域外の浄化でも適用できるものである。指定区域内での浄化を考えた場合，熱処理と洗浄処理に分類される方法は必ず設備の設置を必要とする。そのため，比較的大量の汚染土壌について，長時間をかけて対策を講じようとする場合でなければ，経済的に検討の対象とならないことが多い。これに対して，化学処理，生物処理，抽出処理は小規模で実施可能な場合が多い。

8.3.1　熱処理

熱処理は，汚染土壌を加熱することにより，有害物質を抽出または分解する方法である。有害物質を分解する「熱分解」と，比較的沸点の低い有害物質を土壌から抽出する「熱脱着・揮発」の２つがある。第一・三種特定有害物質，第二種特定有害物質の一部に適用できる。とくに，複合汚染に対してよく用いられる。熱処理の一般的な概念を図 **8.2** に，加熱による分離浄化（脱着・揮発）の例を図 **8.3** に示す。

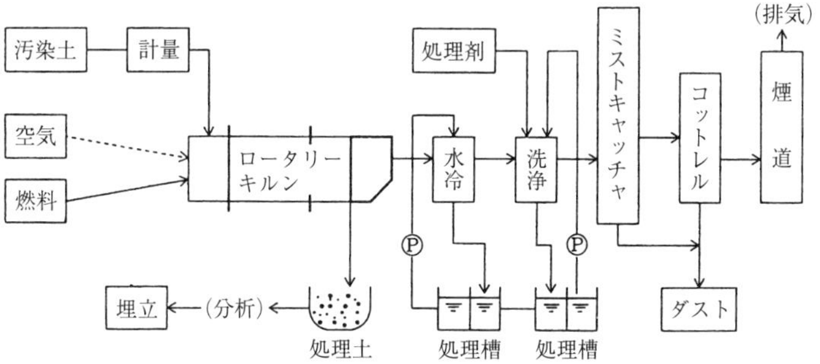

図 **8.2**　熱処理の概念図[2),3)]

熱処理での温度は有害物質によって異なるが，高温熱分解は 800～1 000 °C あるいはそれ以上の高温で，抽出（脱着）では 400～600 °C（中温）で，抽出（揮発）を目的とする場合には 150～200 °C（低温）で実施されることが多い。物質によっては，触媒や酸化剤，還元剤を用いてより効率的に処理することもある[5)]。一般に，処理後の土壌は，抽出（揮発・脱着）を目的とした低・中温で処理したものは土壌として再利用が可能であるが，高温処理後の土壌は大きく性質が変化する。

熱処理設備においては，分解生成物を捕捉するため，あるいは抽出物質を分解・捕捉するため，適切な排ガス処理装置が不可欠である。また，効率を

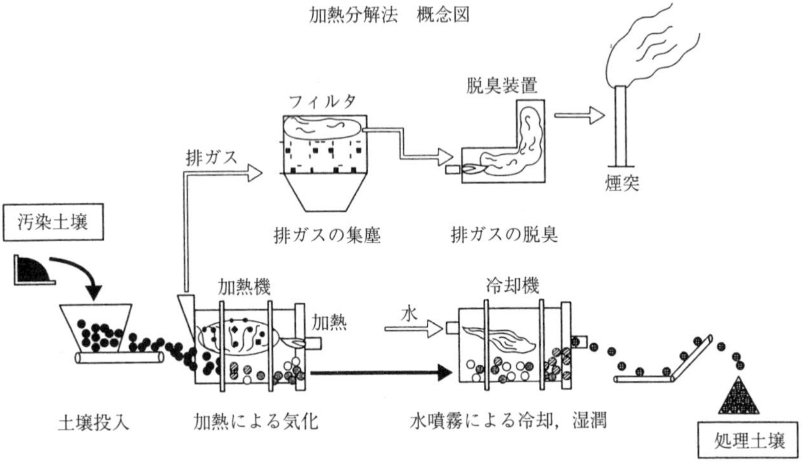

図 8.3　加熱分離浄化の例 4)

考えると，ある程度以上の規模での連続運転が望ましいので，設備の充実した工場で実施する場合がほとんどである。安易の炉や運転条件で実施すると，想定していない有害物質が生成される場合があるので，信頼の置ける設備での処理が肝要である。

8.3.2　洗浄処理

洗浄処理は比較的歴史が古く実績も多い。土壌洗浄プラントが用いられる。適用有害物質としては，第二・三種特定有害物質やこれらと油分が共存した場合などである。土壌洗浄処理の例を図 **8.4**，図 **8.5** に示す。

土壌洗浄は，機械的に汚染土壌を分級・洗浄し，分級によって有害物質が吸着・濃縮している画分（細粒土）を分離（抽出）することと，有害物質を洗浄液中に溶解させることが基本である。洗浄の効率は土粒子の粒径に深く関係し，一般に，粗粒分からは除去しやすく，細粒分からは除去しにくい。そのため，汚染の濃縮している細粒土および有害物質が溶解した洗浄水は二次処理が必要である 7)。

土壌洗浄法はいくつかの工程の組み合わせによって構成される。水あるいは他の溶媒による洗浄工程，ふるい分離や比重分離等による分級工程，その他に磁力分離工程，表面性状の違いで分離を行う浮上分離工程等がある。これらの組み合わせの選択は有害物質と土壌によって異なるので，適用試験を

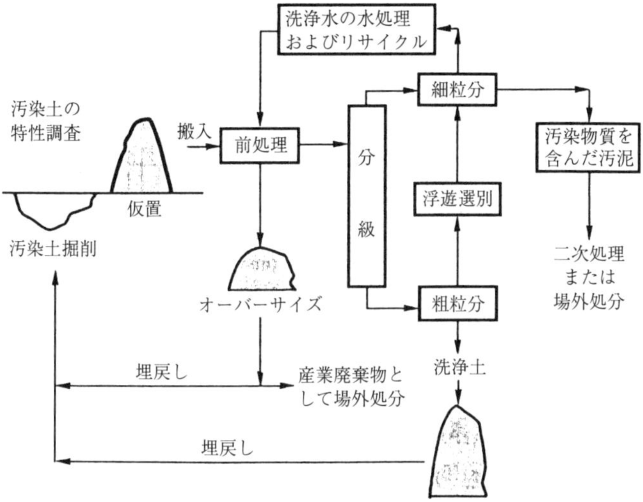

図 8.4　重金属汚染での土壌洗浄処理の例 [6)]

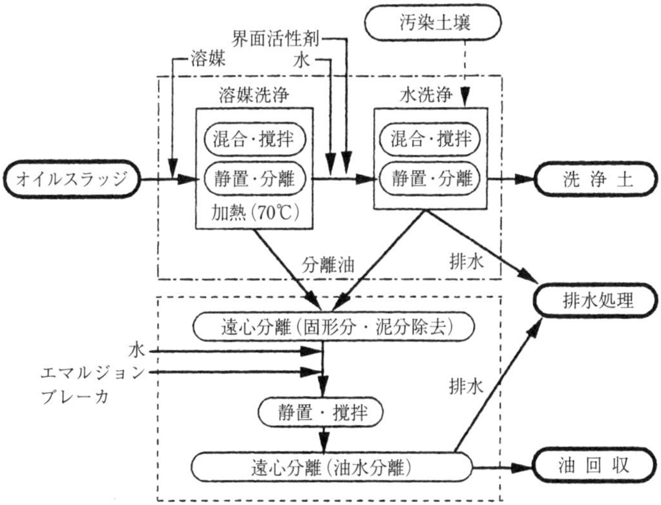

図 8.5　オイルスラッジの洗浄例 [2),7)]

行ってから決めることが重要である。

土壌洗浄は大量処理に適した安価な処理方法であり，土壌の質的な変化が生じない特徴がある。しかし，分離（抽出）技術であるため，有害物質を完全に除去することが困難で，必ず二次処理を伴うとともに，大量の水を使用するため，それの処理が必要となる。

8.3.3 化学処理

化学処理とは，汚染土壌に薬剤を添加し，化学的に有害物質の分解を行う方法である。第三種や第一種の特定有害物質に対する，次亜塩素酸や過マンガン酸処理，過酸化水素と鉄を使用するフェントン法等による酸化処理，第一種特定有害物質汚染に鉄粉を添加して分解を行う還元的な脱塩素処理，PCB 汚染土壌に対するアルカリ触媒分解等がある [2),5)]。

ここでは BCD 法について紹介しておく。PCB 汚染に対するアルカリ触媒分解（BCD 法：Base Catalysed Decomposition Process）は，図 **8.6** に概念図を示すように，土壌にアルカリ剤を添加して比較的低温で加熱し，土壌から PCB を分離除去し，回収した PCB を脱ハロゲン化して無害化する方法である。これは熱脱着と化学的分解を組み合わせたプロセスである。

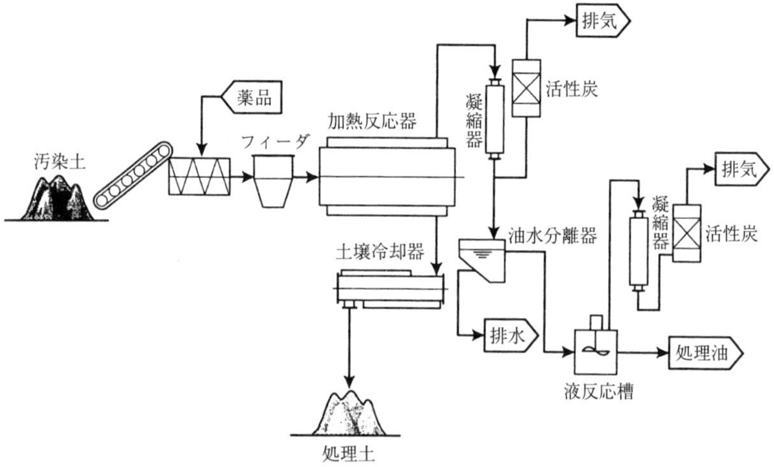

図 **8.6**　BCD 法による PCB 汚染土壌の分解処理例 [2)]

化学的処理の適用は，分解が期待できる第三種および第一種の特定有害物質とシアン化合物に限定される。第二種特定有害物質は化学反応を受けにくい。特徴としては，他の方法に比べて，比較的強力な分解能力による短期間での分解が可能である。また，有害物質の濃度や土質等にも比較的影響を受けにくいが，物質ごとに適切な薬剤の使用が必要である。さらに，想定していない生成物が生じる場合があるので，前もって適用の可能性を試験によって確認する。とくに，化学的処理の適用にあたっては，分解径路や分解生成物を確認し，物質収支を押さえておくことが重要である。

8.3.4　生物処理

微生物の有害物質分解機能を利用する方法である。汚染土壌に生息する分解微生物を利用する場合と，他から分解微生物を添加する場合とがある。多くの場合，前者が用いられる。海外では，油分に対する微生物処理の方法が確立されている。近年，第三種あるいは第一種の特定有害物質汚染にも適用されるようになってきている[8),9)]。第二種特定有害物質である重金属等は微生物分解されにくいので，生物処理の適用は今のところ実現していない。

油分の指定区域外での処理においては，汚染土壌に栄養塩類や補助剤（バーク材，保湿剤）等を添加し，小山に積んで分解を行うバイオパイルや，混合土壌を耕すことで空気を供給するランドファーミングが行われる。この種のバイオレメディエーションの例を**図 8.7** に，またバイオリアクターを用いたスラリー処理を**図 8.8** に模式的に示す。しかし，揮発性の有害物質に対しては，有害物質が大気中へ拡散するので，ランドファーミングは不適当である。バイオパイルにおいても，有害物質が揮発性である場合には，あとから述べる真空抽出と併用すること等が必要になる。

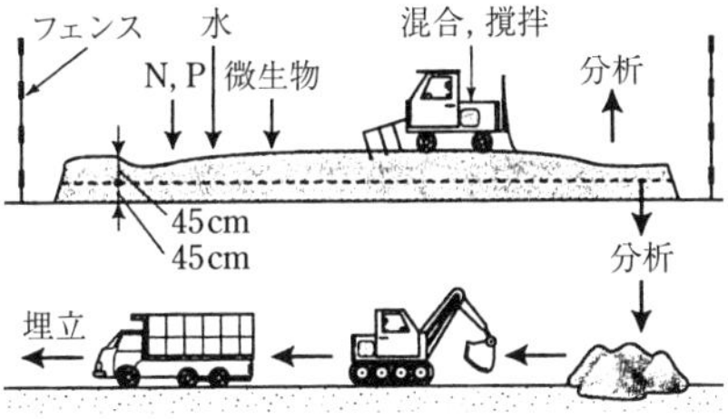

図 8.7　固相処理模式図[2)]

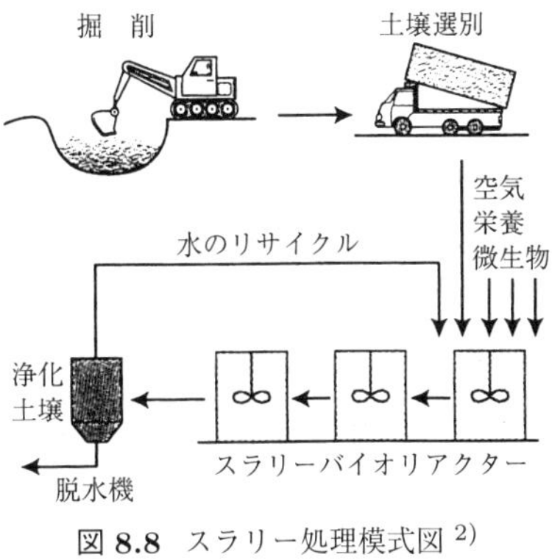

図 8.8　スラリー処理模式図[2)]

生物処理の適用対象は，分解が期待される第一種および第三種の特定有害物質およびシアン化合物等に限定される。しかし，わが国の環境基準に示される第三種特定有害物質の中には，基本的に生分解性が低いものが多く，現段階では，微生物処理には不適と考えられている。

他の方法と比較しての特徴は，温度の影響を受けやすいこと，分解に時間がかかること，条件によっては想定しない有害物質が生じる場合があること，などをあげることができる。したがって，事前に十分な適用の可能性を試験しておく必要があり，とくに，有害物質の減少あるいは分解径路や分解生成物の確認だけでなく，物質収支を明らかにしておくことが重要である。

8.3.5　抽出処理

ここでの抽出処理とは，汚染土壌を小山に積んで盛り上げ，真空をかけて有害物質を抽出する方法をいう。概念を図 **8.9** に示す。土壌に生石灰等を混合して，水との水和熱で土壌の温度を上昇させ，有害物質を抽出する方法もこの範疇に入るが，生石灰を用いると pH が上昇し，鉛や砒素などの溶出量が増加することに注意が必要である。また，生石灰とトリクロロエチレンとの混合物は，有害な副生成物（クロロアセチレン）が発生することが知られている。

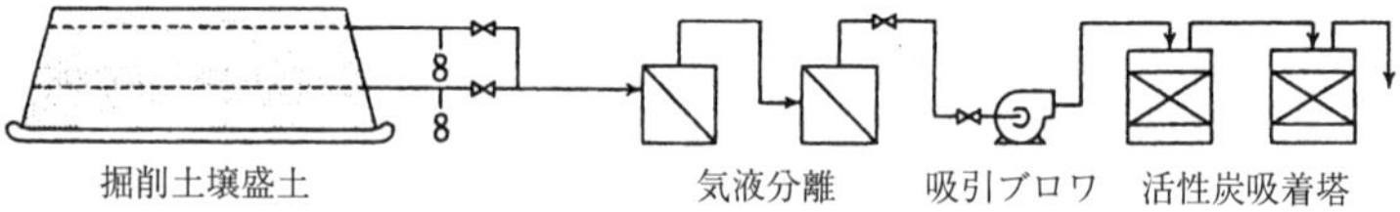

図 **8.9**　盛土抽出法の概念 [2)]

抽出処理は有害物質が分解されるのではなく，土壌から抽出されるだけであるので，抽出有害物質を捕集し，適切な方法で処理することが必要になる。捕集や処理には，活性炭吸着，紫外線分解や触媒分解，熱分解等が適用される。このときにも有害な副生成物に注意する。適用対象物質は揮発性の高い第一種特定有害物質となる。

8.4　掘削除去措置での管理事項

8.4.1　埋め戻し土の管理

掘削除去後の埋め戻しにおいては，**8.2** で述べたように，① 掘削土壌を指定区域内で浄化して埋め戻す，② 搬出して指定区域外で浄化した土壌を埋め戻す，③ 新しい土壌で埋め戻す（客土）の 3 つが考えられる。埋め戻しにあたっては，技術的基準に適合していれば，指定区域の指定が解除になるので（土対法第 7 条），埋め戻し土壌の品質管理は重要な事項である。

指定区域の内・外で浄化を行った浄化土壌で指定区域の掘削箇所を埋め戻す場合には，浄化土壌が指定基準に適合していることが条件となる。品質管理は，計画時に定めておくことが望ましい。たとえば，おおむね 100 m^3 ごとに 5 点から 100 g 程度ずつ土壌を採取し，これらを混合した試料について，特定有害物質ごとに溶出量指定基準および含有量指定基準に適合することを確認して埋め戻す。

客土に用いる土壌が，他の工場等の地盤であった履歴をもつ場合にも，上記の場合と同様な品質管理を実施して，特定有害物質ごとに溶出量指定基準および含有量指定基準に適合することを確認してから埋め戻す。客土に用いる土壌が自然地盤からのものである場合には，入手先の品質管理の分析結果を調べ，汚染がないことを確認する。

8.4.2　掘削除去での留意事項

掘削除去の平面的な範囲は基本的には指定区域の範囲，深さは指定基準に適合した深度までである。掘削除去措置の完了後においては，1 年に 4 回以上，地下水の水質を定期的に測定し（基本的には 3 ヶ月ごと），地下水基準に適合した状態が 2 年間続くことを確認する。汚染土壌に起因しての指定区域内の地下水汚染が生じないうちに掘削除去を実施した場合には，1 回の地下水の確認でよい（**表 6.14**）。掘削除去措置は，特定有害物質で汚染された土壌を指定区域から除去するものであるから，完了が確認されれば指定区域から解除され，土対法上の義務はなくなる。

8.5　汚染土壌の指定区域外への搬出処分

指定区域外処分とは，汚染土壌を掘削した後，処分方法告示（環境省告示第 20 号「搬出する汚染土壌の処分方法」平成 15 年 3 月 6 日）に従って，指定区域外に搬出して処分を行うことである。外部の処分先は次の 3 つに限定される。

① 最終処分場等への搬入等
② 汚染土壌浄化施設での浄化
③ セメント工場等での利用

また，汚染土壌の指定区域外への搬出は，確認方法告示（環境省告示第21号「搬出する汚染土壌の処分に係わる確認方法」平成15年3月6日）によって，搬出汚染土壌管理票を使用した管理を行い，適正に処分されたことを確認することが義務づけられている。基本的には，汚染土壌を搬出することなく，指定区域内での汚染除去等の措置が望ましく，安易に最終処分場への搬入等は避けるべきである。

8.5.1　最終処分場または埋立場所等への搬入

掘削した汚染土壌の最終処分場等への搬入に関しては次の2つの規定が関係する。1つは廃棄物処理法での搬入に関する規定であり，2つは海洋汚染防止法に基づく埋立場所等への排出に関する規定である。両規定と汚染土壌搬入との関係を示したのが**表8.2**である。

表8.2　処分方法告示第20号における汚染土壌と最終処分場等の位置付け 1)

特定有害物質の種類		第一種特定有害物質（揮発性有機化合物）		第二種特定有害物質（重金属等）				第三種特定有害物質（農薬等）	
基準	第二溶出量基準	不適合	適　合	不適合	適　合			不適合	適　合
	土壌溶出量基準	—	不適合	—	不適合	海防法判定基準 4) 不適合	適　合	—	不適合
	土壌含有量基準	—	—	—	—	—	不適合	—	—
処分場 1)	遮断型	×	×	○	○	○	○	×	×
	管理型（一般・産廃）	×	○	×	○	○5)	○	×	○
	安定型 3)	×	×	×	×	×	○	×	×
埋立場所 2)	遮断型	×	○	○	○	○	○	×	○
	管理型処分場相当 3)	×	○	×	○	×	○	×	○
	安定型 3)	×	×	×	×	×	○	×	×

1）「処分場」とは廃棄物処理法の最終処分場をいう。
2）「埋立場所」とは海洋汚染防止法の埋立場所等をいう。
3）「安定型」「管理型処分場相当」とは処分場又は埋立場所の所在地，区域を管轄する都道府県知事が認めたものに限る。
4）「海防法判定基準」とは海洋汚染及び海上災害の防止に関する法律施行令第5条第1項に規定する埋立場所等に排出しようとする金属等を含む廃棄物に係る判定基準を定める省令第1条第2項又は第3項に規定する基準をいう
5）海洋汚染防止法の埋立場所等であるものを除く。

処分方法告示第20号での最終処分場への搬入または埋立場所への排出の考え方は，廃棄物処理法および海洋汚染防止法に基づく規制を参考に，特定有害物質の種類や汚染の程度により，**表8.2**に示すように，搬入する廃棄物の最終処分場の種類および埋立場所の種類が定められている。

埋立場所への排出については，海洋汚染防止法での水底土砂の船舶からの排出の規制を参考として排出の方法が定められているが，汚染土壌は水底ではなく陸上において発生したものであるので，処分にあたっては陸上処分を原則とすることが望ましい。

安定型処分場は，本来，特定有害物質を含まず，性状が安定したいわゆる安定 5 品目のみを処分することとされていることから，含有量基準のみに不適合な汚染土壌に限り，知事が認めたものであれば搬入できる。搬入できる要件として次の 2 つが定められている。

① 直接摂取リスクの観点から，汚染の除去等の措置に係わる技術的基準に適合した措置が講じられていること。
② 環境の変化等により，汚染土壌から特定有害物質が再溶出し，浸出液によって公共の水域および地下水を汚染するおそれがないように，遮水シートの敷設等必要な措置が講じられていること。

なお，埋立場所についても，知事の承認がなければ排出が認められない場合がある。

8.5.2 浄化施設での浄化

汚染土壌の浄化施設においては，**8.3** で述べたような浄化技術が用いられる。浄化施設は，技術的および設備的な観点から，知事が浄化施設として認めたものでなければならない。その要件は次のようである。① 施設の設置および維持管理に関する計画が，周辺地域の環境保全について適正な配慮がなされたものであること。② 汚染土壌の搬入，保管，浄化までの各段階における工程管理を適正に行うことについて，社内規定により定められていること。③ ②の工程管理が適正に行われるように管理責任者を置いていること。④ 汚染土壌の浄化を的確に行うに足る経理的基礎を有すること。

汚染土壌は産業廃棄物ではないので，浄化施設として認定を受けるにあたっては，産業廃棄物処分場の許可を受けていることは前提とはなっていない。本来，汚染土壌浄化施設は汚染土壌から有害物質を抽出または分解する施設である。処分場ではない。抽出に類する処理においては，有害物質が抽出された処理土壌と汚染が濃縮した土壌などが生ずる。分解に類する処理においては，基本的には有害物質が分解された後に処理土壌が生ずることになる。

汚染土壌浄化施設からは，① 浄化土壌，② 浄化しきれなかった汚染土壌（残留汚染土壌），③ 有害物質の濃縮物（活性炭，排水・排ガス処理汚泥等）が発生する。②と③については，適正に処理・処分しなければならない。産業廃棄物に該当する場合には，廃棄物処理法に従って処理する。①は目標とした有害物質以外の成分に変化が生じている可能性もあるので，搬出元等に埋め戻す場合には，問題が生じないように確認する必要がある。

8.5.3　セメント原料としての利用

汚染土壌は有害物質を含んでいても，構成成分の多くは珪酸分や粘土分であるので，セメント製品の品質に影響を及ぼすことはない。製品の段階で指定基準に適合状態であれば，汚染土壌を原料として利用できる場合があり，各業界でもリサイクルの一環として利用を進めている。ただ，すべてのセメント工場が受け入れているわけではなく，受け入れにおいては知事の認可が必要であり，受け入れ条件についても，**8.5.2** の場合と同様な要件を満たしていることが要求される。

8.5.4　汚染土壌の外部処分での留意事項

土対法での汚染土壌の搬出とは，汚染土壌を指定区域外に移動させることを指している。ただし，指定区域の近傍の土地において，一時的な保管と特定有害物質の除去等を行い，再度指定区域内に戻す場合は搬出には該当しない。

「掘削除去」および「指定区域外土壌入換え」の措置においては汚染土壌の外部搬出が発生する。土対法においては，汚染土壌の指定区域外への搬出は，処分方法告示（環境省告示第 20 号「搬出する汚染土壌の処分方法」平成 15 年 3 月 6 日）に準拠して実施する。また，処分の確認は，確認方法告示（環境省告示第 21 号「搬出する汚染土壌の処分に係わる確認方法」平成 15 年 3 月 6 日）に従い，「搬出汚染土壌管理票」を用いて行うこととされている。この方法により確認がなされない場合は，土対法での土壌汚染の除去（ここでは掘削除去）および指定区域外土壌入換えは完了とはならない。

【参考文献】
1) 環境省 監修，土壌環境センター 編：土壌汚染対策法に基づく調査および措置の技術的手法の解説，2003
2) 木暮 敬二：地盤環境の汚染と浄化修復システム，技報堂出版，2000
3) 岩田 進午，喜田 大三 監修：土の環境圏，フジ・テクノシステム，1998

4) 今村 聡：土壌における難分解性有機化合物・重金属汚染の浄化技術，第 6 講 土壌汚染浄化の実話例，エヌ・ティー・エス，2002
5) 環境庁水質保全局 編：土壌・地下水汚染に係わる調査・対策指針および運用基準，土壌環境センター，1999
6) 地盤工学会 編：土壌・地下水汚染の調査・予測・対策，地盤工学会，2002
7) 浅田 素之ほか：物理的洗浄法によるクエートでのオイルレイクの浄化，基礎工，Vol.27，No.2，pp.42–44，1999
8) 矢木 修身：トリクロロエチレンを食べる土壌微生物, 土木学会誌, Vol.84, No.10, pp.77–80，1999
9) W. C. アンダーソン 編，軽部征夫 監修，池上雄二ほか 訳：バイオレメディエーション—微生物による環境修復技術の実際—，シュプリンガー・フェアラーク東京，2000

第9章

ダイオキシン類による土壌汚染の調査と措置

ダイオキシン類による土壌汚染に関する規制措置は「土壌汚染対策法」ではなく，「ダイオキシン類対策特別措置法」によっている。ダイオキシン類とそれに類似するポリ塩化ビフェニール（PCB）は，毒性が強いことに加えて，化学的に安定で難分解性の物質なので，完全に浄化無害化しないと半永久的に土壌中に蓄積され悪影響を及ぼし続ける。本章においては，ダイオキシン類対策特別措置法および関連する技術的指針等に基づいて，ダイオキシン類による土壌汚染の調査方法と対策技術の代表的なものについて述べる。

9.1 ダイオキシン類汚染に係わる土壌調査

9.1.1 調査の考え方

ダイオキシン類による土壌汚染に関する調査方法は，平成12年1月に環境省水質保全局土壌農薬課から出された「ダイオキシン類に係わる土壌調査測定マニュアル」に定められている[1)]。このマニュアルは，今までの知見や調査結果等を踏まえ，調査の進め方，とくに調査測定を行う地点選定の考え方と試料採取および採取した土壌試料の分析技術等を示したものであり，実務者が活用できるようにまとめられている。

土壌中のダイオキシン類の調査の進め方の概要を図**9.1**に示す。まず，土壌中のダイオキシン類の概況を「地域概況調査」により把握し，結果を環境基準に照らして評価し，その結果に応じてさらに必要な調査を実施するのが基本である。地域概況調査は，調査の目的に応じて，「一般環境把握調査」「発生源周辺状況把握調査」および「対象地域状況把握調査」より構成される。い

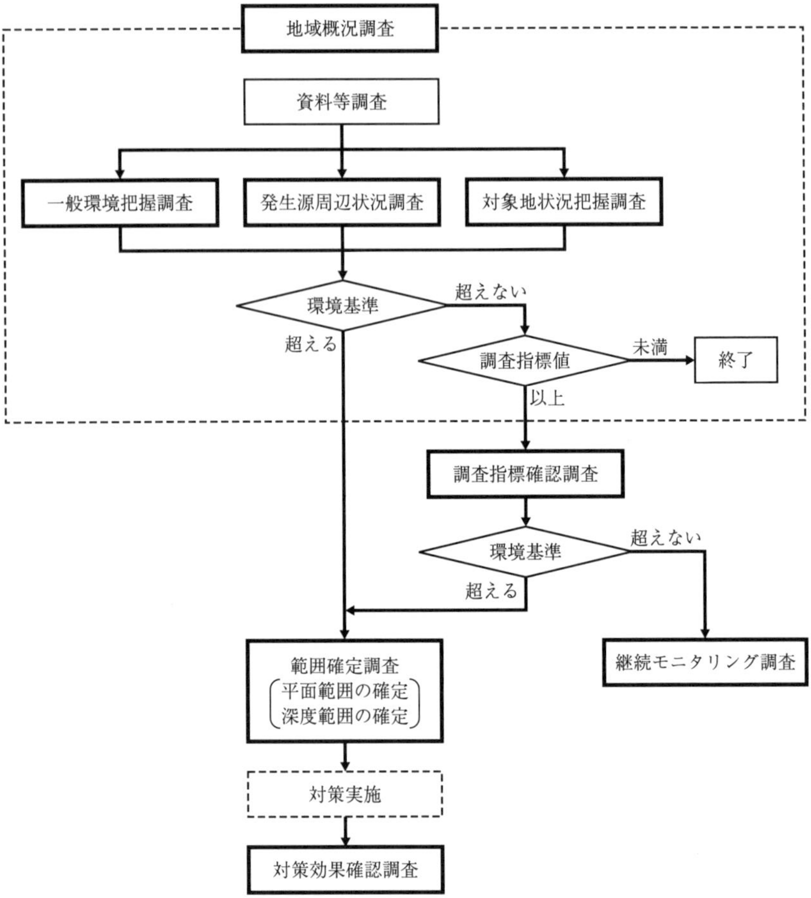

図 9.1　土壌中のダイオキシン類の調査の進め方 [1)]

ずれの場合も，あらかじめ資料等により土地利用状況等を調査したうえで土壌の調査地点を選定する。

なお，調査地点の選定にあたっては，対象地およびその周辺の状況，汚染の程度や広がり，影響の様態等に応じて，環境省で定めるマニュアル以外の適当な方法を用いてもよい。土壌の調査地点が選定されれば，土壌試料を採取し，ダイオキシン類の分析（測定）を行う。

マニュアルで調査測定の対象とする物質はダイオキシン類対策特別措置法に定められている，ポリ塩化ジベンゾ・パラ・ジオキシン（PCDDs），ポリ塩化ジベンゾフラン（PCDFs）およびコプラナー PCB の 3 種類のダイオキシン類である。ダイオキシン類という呼称は上記の 3 種類を合わせた総称として用いられる。以下，**図 9.1** に示す個々の調査について概観する。

9.2　調査の種類と進め方

9.2.1　地域概況調査

ダイオキシン類汚染に係わる土壌調査は地域概況調査から始まる。この調査には 3 種類の調査が含まれるが，いずれも，あらかじめ資料等調査を行ったうえで測定地点を選定する。

（1）資料等調査

対象地およびその周辺について，資料調査，聞き取り調査および現地調査等を必要に応じて行い，測定地域に係わる概況を調査する。調査項目には次のようなものがある。

① 土地利用および管理状況の履歴（人為的撹乱，客土の実施，資材施用の可能性等）

② 土地の起伏，想定される風の流路等の周辺状況

③ 土壌の種類（国土調査法に基づく土地分類調査等を参考）

④ 発生源の近傍については，発生源からの距離，発生源からの排出状況，排出径路（事故等の場合はダイオキシン類の漏出の可能性，時期，場所，漏出物質および漏出量等）

（2）一般環境把握調査

この調査は，一般環境における土壌中のダイオキシン類濃度の状況を把握するため，特定の発生源を想定せずに実施する調査である。調査にあたっては，数年程度で都道府県の区域内の全市町村（政令都市では主要な地域）で調査が実施されるよう年次計画を立てて調査地点を選定する。また，人口や土地利用の状況等を勘案して，多数の人の健康に影響を及ぼす可能性がある地域および汚染の可能性が高い地域を優先的に選定する。

試料採取地点は，あらかじめ資料等調査により地域全体の現在および過去の土地利用状況，ダイオキシン類の発生源の状況等について把握し，土地の履歴等を明らかにするように選定する。行政区分によらない場合には，**図 9.2** のように，調査対象となる地域を等間隔で方眼状に区分し，各区画の中心付近において試料を採取する。試料の採取は表層土壌の 5 地点混合方式による。

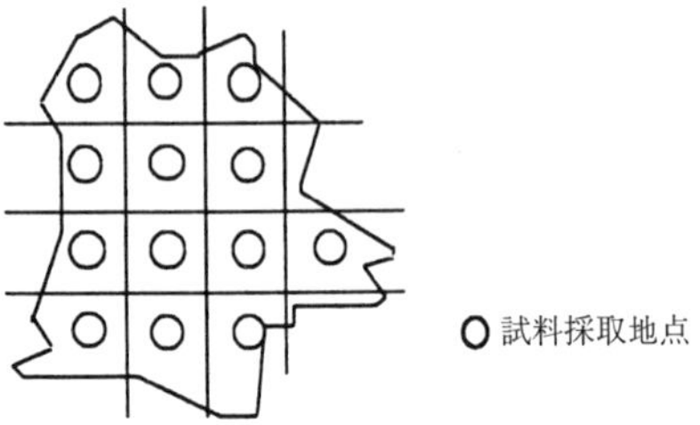

図 9.2 地域の区分による一般環境把握調査の例 1)

(3) 発生源周辺状況把握調査

この調査は，ダイオキシン類を発生・排出する施設が，一般環境の土壌に及ぼす影響を把握するため，発生源の周辺において実施するもので，固定発生源を対象としている。発生源に対する試料採取地点は，基本的には気象データ等に基づいてシミュレーションを行い，発生源からの影響を最も受けると予想される場所（最大着地濃度発生地点）を求め，その地点および周辺地域とする（図 **9.3**）。しかし，シミュレーションには不確実性を伴うとともに手間がかかることから，最大着地濃度発生距離は，簡便的に「ごみ焼却施設周辺環境におけるダイオキシン類濃度シミュレーション調査結果」(平成9年5月，環境庁ダイオキシンリスク評価検討会報告）で算出した代表的なごみ焼却施設より排出されるダイオキシン類の最大濃度発生距離（表 **9.1**）を参考として，年平均風向より試料採取地点を選定してもよい。

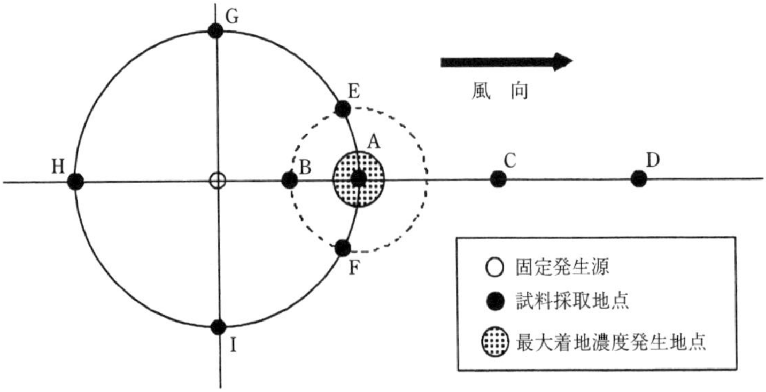

図 9.3 発生源周辺状況把握調査における調査地点の設定 1)

表 9.1　代表的なゴミ焼却施設より排出されるダイオキシン類の最大濃度発生距離[1)]

処理量 (t/日)	焼却炉形式			排ガス処理方式	煙突 実体高 (m)	煙突 形式	最大濃度発生距離 (m)
1 200	全連続	ストーカ	ボイラー	電気集塵	100	独立	約 900
				バグフィルタ	100	独立	約 800
400	全連続	ストーカ	ボイラー	電気集塵	59	独立	約 600
						集合	
				バグフィルタ	59	独立	
			水噴射	電気集塵	59	独立	約 600
						集合	約 700
				バグフィルタ	59	独立	約 600
300	全連続	流動床	ボイラー	電気集塵	59	独立	約 600
						集合	
				バグフィルタ	59	独立	約 400
			水噴射	電気集塵	59	独立	約 600
						集合	
				バグフィルタ	59	独立	
200	准連続	ストーカまたは流動床	水噴射	電気集塵	59	独立	約 400
						集合	約 600
				バグフィルタ	59	独立	約 200
60	機械化バッチ	ストーカ	水噴射	電気集塵	40	独立	約 400
						集合	
20 または 10	固定バッチ	ストーカ	水噴射	マルチサイクロンまたは電気集塵	30	集合	約 400

（備考）1　最大濃度発生距離とは，発生源を起点として，拡散計算より算出した最大着地濃度が発生する地点までの距離をいう。
2　本シミュレーションでは，排ガスの放出前に再加熱を行う施設を想定している。

実際には，**図 9.3** に示すように以下の地点において試料採取を行う。

① 発生源とシミュレーションにより求めた最大着地濃度発生地点を結ぶ直線上の次の 4 地点。

ア）最大着地濃度発生地点（点 A）

イ）発生源と最大着地濃度発生地点の中間地点（点 B）

ウ）発生源からの距離が最大着地濃度発生距離の 2 倍の地点（点 C）

エ）発生源からの距離が最大着地濃度発生距離の 3 倍の地点（点 D）

② 最大着地濃度発生地点を通り，発生源を中心とする円上で，最大着地濃度発生地点の近傍の 2 地点（点 E，F）

③ 発生源および最大着地濃度発生地点を通る直線と，この直線と発生源において直交する直線上において，発生源からの距離が最大着地濃度発生

距離にある 3 地点（点 G，H，I）

(4) 対象地状況把握調査

既存の資料等調査によって，土壌汚染の可能性が示唆される土地における，土壌中のダイオキシン類濃度の状況を把握するための調査である。汚染のおそれが高い地域を優先的に選定し，対象地の土壌中のダイオキシン類濃度の概況が把握できるように調査地点を設定する。そのとき，土壌汚染のおそれのある範囲が推定できた場合は，その範囲と周辺地域を重点的に調査する。汚染のおそれの範囲が明らかでない場合には，対象地を等間隔の方眼状に区分し，区画の中心付近において 5 地点混合方式により試料を採取し分析する。なお，この調査において，試料採取地点を後から述べる「汚染範囲確定調査」と同じに設定し，これら 2 つの調査を兼ねることができる。

(5) 地域概況調査結果の評価

前記の (2)，(3) および (4) の調査の結果，環境基準（1 000 pg-TEQ/g）を超過する土壌汚染が判明した場合には，汚染判明地点を中心に，さらに詳細な資料等調査（聞き取りおよび現地調査を含む）を行い，汚染経路等を考慮して汚染源を推定する。汚染源が推定できた場合には，その汚染源を踏まえた範囲確定調査を行う。汚染源が推定できない場合には，汚染判明地点を中心に範囲確定調査を行う。また，調査の結果では基準を満たしているが，調査指標以上のダイオキシン類の蓄積が判明した場合には，次項の調査指標確認調査を行う。

9.2.2 調査指標確認調査

地域概況調査の結果，環境庁告示第 68 号の別表備考 3 に示す，250 pg-TEQ/g（以下「調査指標値」という）以上の地点が判明した場合には，まず，ダイオキシン類が蓄積した原因を推定するための資料等調査を行う。また，状況に応じて周辺土壌中のダイオキシン類濃度を把握するための追加調査を行う。

(1) 土壌の追加調査を行う場合の調査地点の選定

原因推定のための資料等調査や大気，水等の調査の結果，調査指標値以上の地点の周辺において，環境基準を超えるおそれのある場合には，発生源の立地や周辺の土地利用等を勘案して土壌の追加調査を行う。追加調査には次の 2 つの場合がある。

① 一般環境把握調査で調査指標値を超えた場合：

原因が推定できない場合には，調査指標値を超過していることが判明した地点を中心に，25～50 m を目安にして適当な距離をおいた 4 方位に試料採取地点を設定する。距離は周辺の状況により変更してよい。測定の結果，いずれかの 1 地点以上でなお調査指標値以上のダイオキシン類の蓄積が見られる場合には，調査指標値未満となるまで等間隔で試料採取地点を設定し調査する。原因が推定できた場合には，原因の種類に応じて，次の②に準じて試料採取地点を選定する。

② 発生源周辺状況調査または対象地状況把握調査で調査指標値を超えた場合：

あらかじめ選定されている発生源あるいは推定されている汚染の原因に対して，試料採取地点が適当であったかどうか確認する。調査指標値以上の地点の周辺において環境基準を超えるおそれがある場合には，発生源の立地や周辺の土地利用の状況等を勘案して土壌の追加調査地点を選定する。

(2) 調査指標確認調査結果の評価

調査指標値以上となった原因の推定や周辺の大気，水等の状況から発生源が把握できた場合には，状況に応じて所定の発生源対策を講じる。また，土壌の追加調査の結果，環境基準を超える地点が判明した場合には範囲確定調査を行う。周辺土壌で環境基準を超えるおそれがない場合または追加調査の結果，環境基準を満たしている場合には継続モニタリング調査を行う。

9.2.3 範囲確定調査

地域概況調査および調査指標確認調査の結果，土壌の環境基準を超える地点が判明した場合は，汚染原因を推定するとともに，環境基準を超える土壌の平面範囲および深度範囲を確定するために範囲確定調査を行う。

(1) 平面範囲の確定

① 調査地点の設定：　環境基準を超過した地点を中心にして，試料調査や聞き取り調査あるいは現地の状況等から，環境基準を超えるおそれの範囲が推定できる場合には，汚染のおそれのある範囲およびその周辺地域において重点的に調査地点を設定する。おそれの範囲が明らかでない場合には，図 **9.4** に示すように，環境基準を超過した地点を含む対象地を等間隔で方眼状に区分し，その区画の中心付近において，5 地点混合方式により試料を採取し分析する。

一般環境把握調査等の結果，環境基準を超過した場合であって，原因

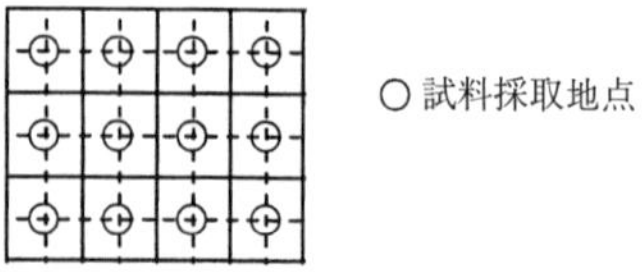

（環境基準を超えるおそれのある範囲が明らかでない場合）
図 9.4　汚染範囲確定調査の試料採取地点の設定例 1)

が推定できない場合には，環境基準を超過していることが判明した地点を中心として，25～50 m を目安にして適当な距離を置いた 4 方位に試料採取地点を設定する。距離は周辺の状況により変更してもよい。調査の結果，いずれか 1 地点以上でなお環境基準を超過する汚染がある場合には，環境基準を満たすまで等距離で試料採取地点を設定し調査する。いずれの地点でも汚染が見られない場合には，必要に応じて間隔をせばめて調査を行う。

なお，試料採取地点はおおむね 1 000 m^2 につき 1 地点程度とする。1 000 m^2 未満の場合には中心および 4 方位の 5 地点とするのを原則とするが，区分の間隔は対象地域の広さや調査目的に応じて適切に設定する。

② 調査結果の評価および平面範囲の確定：　**図 9.5** に示すように，環境基準超過地点と近接する環境基準を満たす地点とを直線で結び，その中間点より垂線を引き，交点で結ばれた多角形を汚染範囲とする。

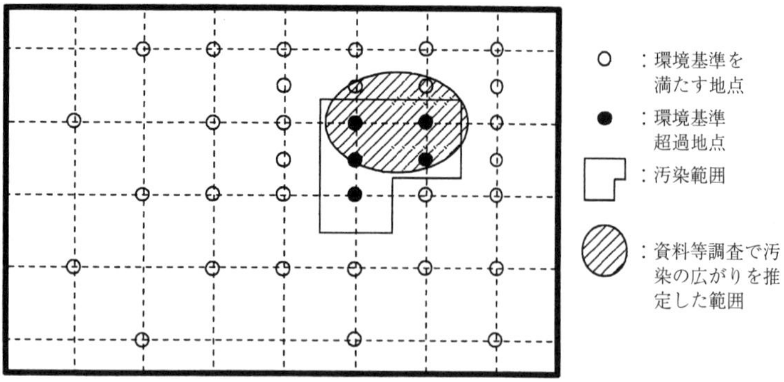

図 9.5　汚染範囲（対策範囲）確定のための調査の例 1)

(2) 深度範囲の確定

① 調査深度： 表層土壌で環境基準を超過していることが判明した場合には，深度の確定のために，基本的に地表で最も高濃度のダイオキシン類が検出された地点において，土壌の深度別のダイオキシン類濃度を測定する。なお，下層に汚染のおそれがあり，その土壌を掘削するおそれがあるような場合にも必要に応じて調査を実施する。調査の深度は，表層から 5 cm までの調査に加えて，5～10 cm，10～15 cm，15～20 cm の深度で各々層別の試料を採取する。また，15～20 cm の深度で，なお環境基準を超過している場合には，地中にダイオキシン類が意図的に排出された可能性について再度資料調査を実施し，環境基準値以下になると予想される深度まで調査を行う。

② 調査結果の評価および深度範囲の確定： 深度調査の結果より，環境基準を超過する層と環境基準を満たす層の中間を汚染の深度範囲とする。

9.2.4 対策効果確認調査

環境基準を超える土壌について対策を実施した場合には，その効果を確認するために対策効果確認調査を行う。

(1) 掘削除去対策を実施した場合

掘削除去の取り残しがないことを確認するため，掘削除去された後の底面および側面の土壌を採取する。底面については中心および 4 方位の 5 地点を基本とし，広さに応じて試料採取地点を適宜追加し，環境基準を満たすことを確認する。

(2) 原位置浄化対策を実施した場合

最も高濃度でダイオキシン類が検出されていた地点および汚染範囲の外縁で，最も高濃度の深度および深度範囲の最深部において試料を採取し，環境基準を満たすことを確認する。

(3) 覆土・植栽等による被覆対策を実施した場合

一般環境と汚染土壌を結ぶ暴露径路が適切に遮断されていることを確認するため，覆土等の表面の中心および汚染範囲の外縁で土壌試料を採取し，環境基準を満たすことを確認する。なお，アスファルト等の土壌以外の材料による被覆の場合は必要ない。

(4) 結果の評価

環境基準を超過する土壌がある場合には，必要に応じて試料採取地点を増やし，環境基準を超過する範囲を確定してから追加の対策を行い，再度，対策効果確認調査を行う。

9.2.5 継続モニタリング調査

調査指標値以上のダイオキシン類濃度を示す地点の存在が判明した場合には，必要に応じて，土壌中のダイオキシン類濃度の推移を把握するため，3～5 年の期間をおいた後に継続モニタリング調査を実施する。継続モニタリング調査の結果，土壌中の濃度が低減する傾向にあれば調査を終了する。濃度が横ばいまたは増加傾向にある場合は，その原因を資料等により明確にする。

9.3 土壌試料の採取

9.3.1 試料採取の考え方

ダイオキシン類の土壌中への蓄積の最も典型的な例は，焼却場等に起因する大気拡散により，土壌汚染が広域的に発生する場合である。大気経由で土壌に蓄積するダイオキシン類は，一般には表層部に多く存在し，米国での例においては，**図 9.6** に示すように，80 %以上は表層から深さ 15 cm までの間に存在している。このような事例から，諸外国においては地表面から 5 cm までの土壌を調査することが多い（**表 9.2**）。

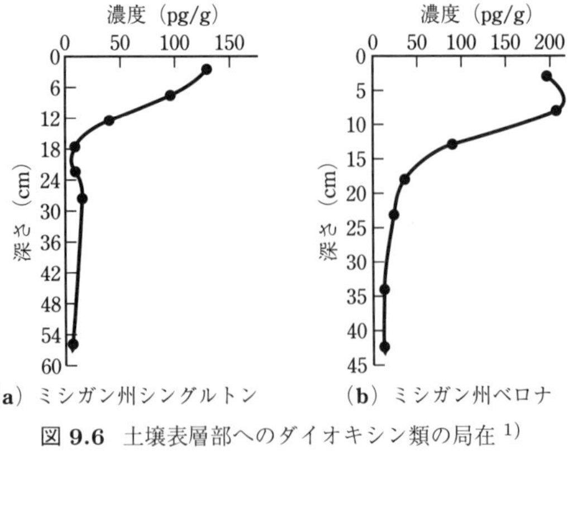

図 9.6　土壌表層部へのダイオキシン類の局在 [1)]

表 **9.2** 土壌試料採取深度に関する海外の事例 1)

国	場所	サンプリングの深さ	出典
ドイツ	・耕地，攪乱された土地（基礎調査） ・牧草地，攪乱されていない土地（基礎調査）	0～30 cm 0～10 cm	UBA（ドイツ環境庁，1992）
オランダ	・オランダ全土に 40 km の格子をかけ，交点近くで選定（バックグラウンド測定） ・20 年間耕作されていない耕地	0～5 cm および 5～10 cm	RIVM（オランダ国立公衆衛生環境研究所，1994）
アメリカ	ミシガン州，インディアナ州等（土地の用途不明）	0～30 cm, 30～60 cm 60～90 cm	Brzuzy, L. P., Hites, R. S. (1955) Environmental Science & Technology 29, No.8
	ミネソタ州内，非耕作地	0～2.5 cm （1 インチ）	Reed, L. ほか (1990) Chemosphere 21, No.1/2
イギリス	ドンカスター州（できるだけ土壌の攪乱のない地点）	0～5 cm	Stenhouse, I. A. ほか (1990) Chemosphere 21, No.4/5

わが国における過去の調査では，同一県内の複数地域で，採取深度 0～2 cm および 0～5 cm について調査した事例として**図 9.7** がある。この事例では，深さ 0～2 cm の結果が 0～5 cm の結果より高い傾向が認められるが，調査地点によっては逆の傾向もある。両者の平均値は，0～2 cm において 44 pg-TEQ/g，0～5 cm において 32 pg-TEQ/g であり，その差は 30 %程度である。分析の精度を考えると，その差は大きいものとはいえないようである。

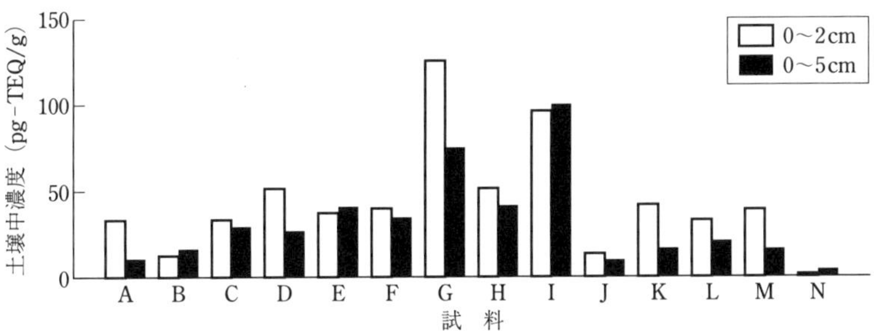

図 9.7 試料採取深度と土壌中ダイオキシン類濃度の関係 1)

実際の試料採取においては，精度管理の観点から，再現性が高く，安定した採取が求められる。草地や芝地等から採取する場合，植物体の存在により土壌表層が判然とせず，採取深度に誤差が生ずることが多い。また，根茎により，採取した柱状試料を地表面から安定的に浅い位置で切取ることもかなり難しい。

以上のようなことから，一般的な土壌を調査する場合には，諸外国においても実績があり，表層付近と同程度の濃度を示すと考えられ，作業の安定性の高い，地表面から 5 cm までの試料を採取するのが妥当であるとされ，次項に述べるような方法が定められた。なお，農耕地における採取深度は，ドイツでは 30 cm までとしており，わが国の一般的な耕転深度および作物の根圏等を考慮して，地表から 30 cm までの試料の採取が妥当としている。

9.3.2　試料採取方法

表層土壌の試料の採取は，原則として，次のような 5 地点混合方式による。ただし，範囲確定調査で深度範囲の確定を行う場合には，**8.2.3**（**2**）によるものとし，1 地点の柱状試料を採取する。試料採取にあたっての留意事項と具体的な手順は以下のようである。

① 試料の採取にあたっては，既存資料等の調査により，土地の履歴が明らかな場所を選定する。なお，廃棄物そのものが認められる場所からは採取しない。

② 10 m 四方程度の裸地で，落葉等で覆われていない場所を選定することが望ましい。落葉等の被覆物がある場合にはそれらを除去する。やむをえず，草地等で採取する場合には，植物体の地上部を刈り取り除去した後，根茎を含んだ状態で土壌を採取する。

③ 原則として 5 地点混合法による（図 **9.8**）。調査地点 1 地点につき，中心および周辺の 4 方位の 5～10 m までの間からそれぞれ 1 ヶ所ずつ，合計 5 ヶ所（地点）で採取し，これを等量混合する。5 地点混合方式の間隔が十分にとれない場合には間隔を小さくして 5 ヶ所から採取する。

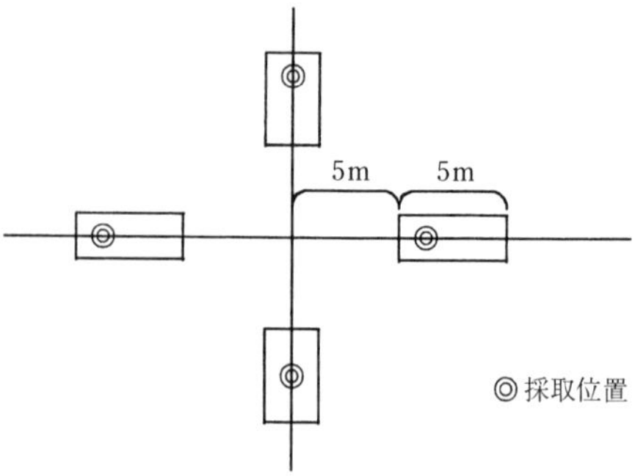

図 **9.8**　5 地点混合方式

④ 試料採取深度は，**8.3.1** で述べたように，地域概況調査においては，地表面から 5 cm までの部分を採取する。なお，農用地など人為的な攪拌を伴う土地においては，地表面から 30 cm までの部分を採取する。

⑤ 試料採取は，原則として図 **9.9** に示すような，直径 5 cm 程度，長さ 5 cm 以上の柱状試料を採取し，そのうち，上部（地表面）より 5 cm までの部分を試料として採取する。農用地などでは 30 cm までを採取する。分析用試料として必要な量は，乾燥重量で 100 g 程度とする。長さ 5 cm，直径 5 cm 以上の柱状試料を採取すると，おおむね 150 g 以上の試料土が採取できる。砂質土等で柱状試料の採取ができない場合には，シャベル，スコップ等を用いて採取する。彩土用具は金属製とし二次汚染に十分注意する。

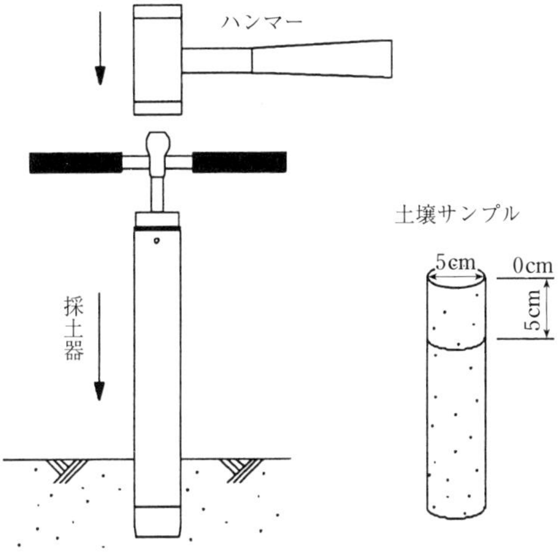

図 9.9 土壌採取の例 1)

⑥ 採取した土壌は，ステンレス製等でダイオキシン類が吸着しにくく，密封ができ，遮光性がある容器に収める。採取後ただちに分析を行う。ただちに分析できない場合には冷暗所に保存し，できるだけ速やかに分析する。分析試料の残りの長期保存は冷凍保存とする。

⑦ 採取した土壌については，現地で土性の判定を行い記録する。また，土の色等についても記録する方がよい。採取時において，少なくとも次のような情報を記録しておく。ア）使用器具の種類等，イ）採取地点付近の建築物や立ち木などの有無と位置，日照等の状況，ウ）落葉などの被覆物の有無，エ）採取方法，採取地点間の距離，オ）採取試料の性状（土性）。

9.3.3 分析用試料の調整

採取した土壌試料の分析用試料としての調整は次のような方法によって実施する。

(1) 採取試料の風乾

採取した試料はバットなどに入れ，金属製のヘラ等で塊を押しつぶして砕きほぐし，秤量した後，ほこりなどが入らないようにアルミホイル等で覆い，時々かき混ぜながら室内で数日間放置して風乾する。その後，2～3日ごとに秤量して水分の減少がなくなったことを確かめる。

(2) ふるい操作

風乾した土壌から中小礫，木片，植物残渣等を除き，土塊や団粒を破砕した後，2 mm 目のふるいを通過させる。その際，ふるい上の礫等の重量も測定し，ふるい操作の歩留まりを記録する。

(3) 等量混合

5 地点混合方式により，5 地点から採取した試料の等量混合にあたっては，上記 (2) の操作により得られた試料をそれぞれ等重量ずつ十分に混合して分析用の試料とする。保存する場合は等量混合後の試料とする。

(4) 含水率および強熱減量

分析試料の含水率および強熱減量を測定する。含水率は 5 g 以上の試料について，105～110 °C の乾燥炉で約 2 時間乾燥して測定する。強熱減量は 5 g 以上の試料について，600±25 °C の炉で約 2 時間強熱して測定する。両試験とも「底質調査方法」(昭和 63 年 9 月，環境庁水質保全局長通達) の乾燥減量および強熱減量の測定方法に準じて行う。

9.4 分析方法

土壌中のダイオキシン類の分析はガスクロマトグラフ質量分析装置（GC-MS）によって実施する[1)]。ここでは，分析用試料を GC-MS にかけるまでのプロセスの概要を図 **9.10** に示すにとどめる。このプロセスはかなり複雑であり，実施にあたってはマニュアルに従って注意深く行うことが要求される。

とくに，ダイオキシン類の調査においては，調査の精度管理が重要である。超高感度分析が要求されるだけでなく，塩素置換異性体の多数の同族体を分離・定量するので，きわめて高度な精度が要求される。調査精度の管理は，標準作業手順の作成，メソッド・バリデーション（試料採取ならびに分析方法

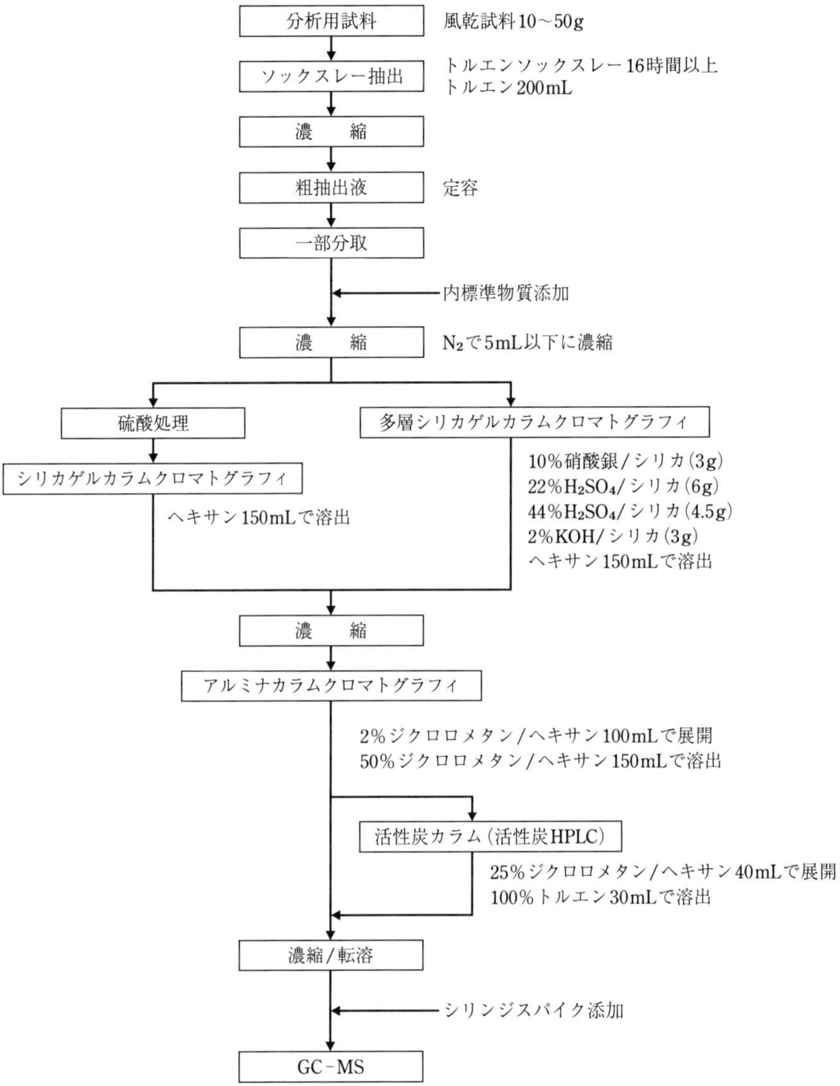

図 9.10　土壌試料の分析フロー[1)]

の妥当性，器具，装置の性能の評価と維持管理）およびシステムの適合性試験（分析値の信頼性）によって行われ，実際の測定分析に先立って，その妥当性について検証し，かつ定期的（通常，毎日）に実施することが望ましい。

9.5 対策技術

9.5.1 対策技術の種類

平成 10 年 9 月，大阪府北部にある豊能郡美化センターの焼却施設から，高濃度のダイオキシン類が検出されたことを契機として，ダイオキシン類による土壌汚染対策が大きく促進された。厚生省（当時）は，平成 10 年 12 月に高濃度ダイオキシン類分解技術を公募し，実際の汚染物質を試料とした実証試験を行ったうえで，技術的に成熟度が実用レベルにあると考えられる 7 技術をとりあげ，平成 11 年 12 月に，「高濃度ダイオキシン類汚染物分解処理技術マニュアル」[3)] をとりまとめた。マニュアルに取り入れられた技術の種類は次のようである。

① 溶融方式：溶融温度（1 300 °C 前後）以上に加熱してダイオキシン類を熱分解する。

② 高温焼却方式：高温（1 100 °C 前後）でダイオキシン類を酸化雰囲気で熱分解する。

③ 気相水素還元方式：無酸素水素雰囲気で 850 °C 以上に加熱し，ダイオキシン類と水素の反応で還元分解・脱塩素化する。

④ 還元加熱脱塩素方式：酸素欠乏状態（窒素置換等）で熱（400 °C 前後）を加えて脱塩素する。

⑤ 超臨界水酸化分解方式：超臨界水（374 °C，22.1 MPa 以上）のもつ有機物に対する溶解性・分解性を利用してダイオキシン類を分解する。

⑥ 金属ナトリウム分散体方式：金属ナトリウム超微粒子を油中に分散させたものと，抽出または濃縮したダイオキシン類を反応させて分解する。

一方環境庁は，平成 11 年 5 月に，ダイオキシン類で汚染された土壌を安全かつ確実に浄化できる実用的な技術を確立するために，浄化技術の公募を行い，処理原理の確実性，安全性，浄化効率等を評価して，現地での実証調査が可能と考えられる技術として次の 2 つを選定した。

① 溶融固化

② アルカリ触媒化学分解

以下，溶融固化など，ダイオキシン類および PCB による汚染土壌処理によく用いられる技術のいくつかを紹介する。

9.5.2 溶融固化

溶融固化は，厚生省のマニュアルでは，溶融方式の電気抵抗式とされている技術である。

(1) 技術開発の経緯

溶融固化は，米国において，放射性物質に汚染された土壌を修復するために開発されたが，その特徴を生かして，ダイオキシンやPCBなどの難分解性化学物質あるいはクロム，ヒ素，鉛などの重金属汚染土壌に適用されるようになった。わが国には，平成7年に技術導入され，主としてダイオキシン類による土壌汚染の処理や無害化に適用されている。

この技術は，原位置ガラス固化法 (In-situ Vitrication) とも呼ばれ，原位置での処理を基本とし，米国等では汚染土壌を掘削することなく原位置で処理し，生成されたガラス固化体を地中に残置する場合が多い。わが国では，地下水位が高いこと，浄化後の土地利用等を考慮することから，掘削した汚染土壌を現地に設置した溶融ピット内で，外部環境と隔離した条件のもとで処理を行う，いわゆるステーショナリーバッチ方式が用いられている。

(2) 技術の原理

溶融固化の原理はシンプルである。汚染土壌中に炭素電極を挿入し，電極間に通電することによって発生するジュール熱で汚染土壌を加熱溶融し，ダイオキシン類を高温熱分解するものである。その原理の概要を**図 9.11** に示す。溶融にあたっては，電気抵抗の大きい土壌に通電しやすくするため，電

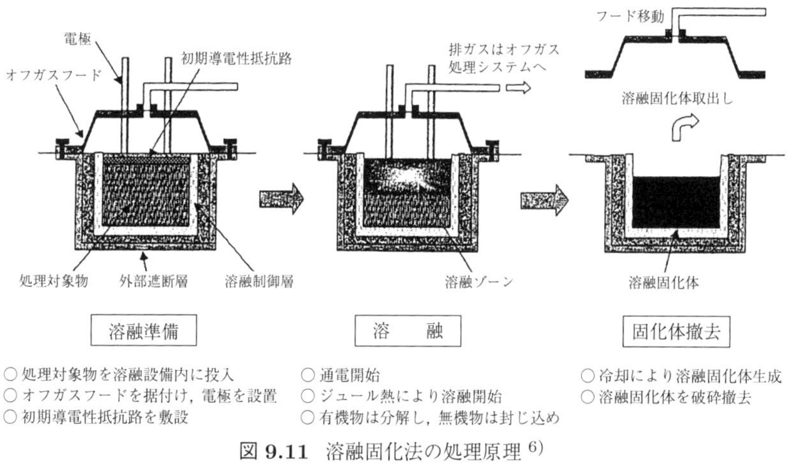

図 9.11　溶融固化法の処理原理 6)

気抵抗値を調整したカーボングラファイト等からなる材料を用いて初期導電性抵抗路を敷設する。土壌が溶融し始めると電気抵抗が小さくなり，以後は通電するだけで溶融が継続し，溶融体が拡大する。溶融処理はバッチ式で行われる。

(3) 処理システムの構成

処理設備は，電力供給設備，溶融設備，オフガス処理設備，非常用オフガス処理設備から構成される。システムの一例を図 **9.12** に示す。溶融設備は汚染土壌を溶融し無害化する設備で地中あるいは地上に設置される。溶融体の中心温度は 1600 °C 以上になるので耐熱性の材料が用いられる。

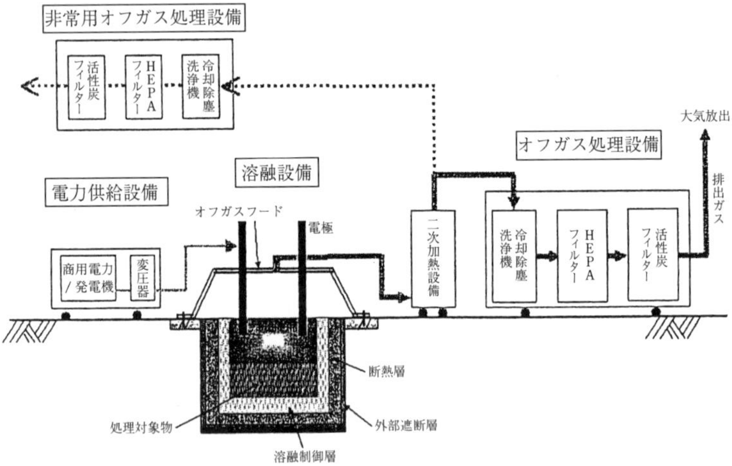

図 **9.12** 溶融固化法の処理システムの例 [6)]

オフガス処理設備は溶融部から発生したガスを処理して大気放出する設備である。オフガスフードから吸引されたガスは，二次加熱設備に送られ 850 °C で2秒間加熱される。さらに，湿式洗浄工程を経て HEPA フィルター（High Efficiency Particulate Air Filter），活性炭フィルターを通って大気放出される。非常用オフガス処理設備はバックアップとしてのガス処理設備であり，通常のオフガス処理設備に作動不良等が生じた場合には自動的に起動する。現在，1回で溶融できる量は 10 kg，200 kg，1 t，10 t，100 t のものがある。

(4) 特徴

① 温度が1600℃以上になるため，ダイオキシン類などの難分解性有機物を確実に無害化できる。ダイオキシン類の分解率は99.9～99.99％程度，オフガス処理を含めた総合分解除去率は99.999～99.9999％程度といわれている。

② 土壌だけでなく，汚泥，金属，可燃物等を事前に分別することなく処理できる。ただし，溶融媒体として60％程度（重量比）の土壌成分が必要である。そのため，金属含有率15％程度以下，可燃物含有量5％程度以下，含水率20％程度以下を処理可能の指標としている。

③ 有機化学物質は溶融過程で熱分解され，重金属は固化体中に封じ込められるか，オフガス処理設備で除去される。したがって，有機物と重金属などによる複合汚染にも適用できる。

④ 固化体はきわめて安定であり，有機物質を半永久的に封じ込めることができる。固化体は再生砕石として路盤材等に使用が可能である。

⑤ 設備が可搬式で汚染現場で処理でき，運搬のリスクを回避できる。このようなことから地域住民の理解が得やすい。

9.5.3 DCR脱ハロゲン化

DCRはDispersing by Chemical Reactionの略で，化学反応による分散を意味する。DCR脱ハロゲン化は，DCRと脱ハロゲン化を組み合わせた方法であり，常温でダイオキシン類を無害化処理するものである。油や重金属などとの複合汚染に対しても有効な処理法である[2),5)]。

(1) DCR

DCRは，特殊な疎水性処理をした酸化カルシウムを主体とする微粉末状の薬剤（商品名ハイビッグパウダー：HP）を添加・攪拌することによって，処理物を微細に分散・粉体化し，化学反応を活性化させる。同時に，分散・粉体化した処理物は，添加したHPの疎水性と炭酸カルシウムへの化学変化による疎水性効果によって不溶化され，拡散が防止されるようになる。

DCRによって，オイルスラッジ，油あるいは水等を多量に含んだダイオキシン類汚染土壌や焼却灰など，処理や運搬が困難な汚染物を乾燥状の粉体に変えることができる。処理後の汚染物はさまざまな化学反応によって効率よく無害化することが可能である。欧米では油性の液状物質あるいは廃棄物や土壌の処理に実績がある。

(2) 脱ハロゲン化

脱ハロゲン化は，塩素置換した芳香族環をもつPCB，ダイオキシン類をはじめとする有機塩素化合物から塩素を脱離して無害化する技術である。原理は，窒素雰囲気・常温下において，触媒を用いてナトリウム，アルミニウム，鉄などの金属類をハロゲン化することによって，有機ハロゲン化合物を脱ハロゲン化し，無害化を図るものである。ナトリウムの場合は，常温・定圧という危険性の少ない条件下での処理であり，簡易に実施できる。アルミニウムや鉄などの金属類の場合は，200～300°C程度で脱ハロゲン化が可能である。

手順としては，汚染物に金属類と触媒を混入し，混合・微細化のための拘束攪拌・粉砕を行い，PCBやダイオキシン類などの有機塩素化合物に結合している塩素などのハロゲン原子を脱離して水素置換する。遊離したハロゲン原子は，たとえば，塩素の場合は塩化ナトリウムに，アルミニウムの場合は塩化アルミニウムなどに変化する。

本技術は，トランスオイル中のPCBや塩化ベンゼン，PCB汚染土壌，ダイオキシン類汚染土壌，焼却灰や埋立物中のダイオキシン類など，さまざまな有機塩素化合物に適用可能な技術である。

(3) 処理工程

汚染土壌での処理工程の一例を**図9.13**に示す。土壌には大きな礫や草の根などが含まれているので，効率を高めるためこれらを取り除く。次いで，手選別やふるいあるいは粉砕機等によって土壌のみを分級する。分級した汚染土壌をDCR処理および脱ハロゲン化処理する。重金属汚染の場合にはダイオキシン類を無害化処理した後に重金属の不溶化処理を行うこともできる。

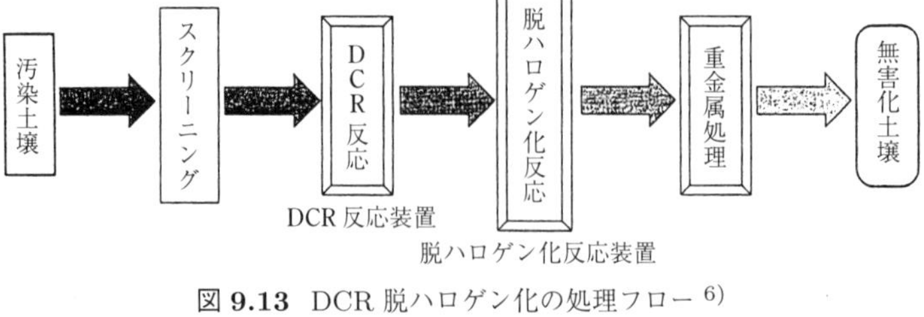

図9.13 DCR脱ハロゲン化の処理フロー[6)]

(4) 特徴

① 常温・常圧処理なので，処理中のダイオキシン類の再合成や気化あるいは拡散の可能性が低い。そのため設備の管理・運用が容易で安全で

ある。

② 汚染物質の抽出や濃縮などの複雑な工程がないので，汚染物質を直接処理することができ，複合汚染にも適用できる。

③ 装置は比較的小型であるので，設置・撤去が簡単で現場での直接処理にも適する。

9.5.4　ダイオキシン類汚染水の処理技術

ダイオキシン類汚染水には，汚染土壌から揚水される汚染地下水のほかに，焼却場の解体に伴う洗浄排水や最終処分場からの浸出水等がある。ダイオキシン類汚染水の処理は，処分場で用いられているように，凝集沈殿を基本としている。これは，浸出水に含まれるダイオキシン類のほとんどが浮遊粒子(SS) に付着しているため，浮遊粒子を浸出水から除去すればよいという考えによっている。

一般に，ダイオキシン類は水には溶解しないとされているが，排水中にダイオキシン類が溶解していることもある。ある焼却場の排ガス洗浄のための循環洗浄水中で，浮遊粒子は 5 mg/L 以下にもかかわらず，溶解濃度が 1 300 000 pg-TEQ/L もあった，とする報告もある[8]。

(1) 凝集法

この方法は，従来からの排水や汚染水の処理方法の 1 つであり，浮遊粒子を凝集して沈殿させるか，膜等によって分離する方法である。この処理法の概要を**図 9.14** に示す。なお，この処理法で出てくる汚泥には，ダイオキシン類など有害物質が含まれたままなので別途に処理する必要がある。

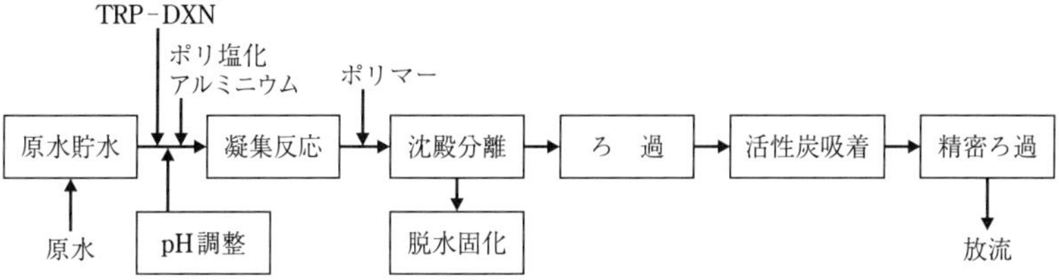

図 9.14　凝集法の処理フロー[6)]

ダイオキシン類のうち浮遊粒子に付着している成分は凝集反応および沈殿分離によって除去され，溶解している成分は，混合される TRP-DXN（天然ゼオライトを含む無機質の処理剤）により吸着，除去される。さらに残留するダイオキシン類は，ろ過および活性炭吸着により除去される。

（2）分解法（光化学分解法）

排水中に溶解したダイオキシン類を分解・無害化する処理法として開発された光化学分解法は，排水中のダイオキシン類を紫外線およびオゾンの併用効果により分解・無害化する方法で，高濃度ダイオキシン類汚染水にも適用できる[2),10)]。処理フローの概略を図 **9.15** に示す。

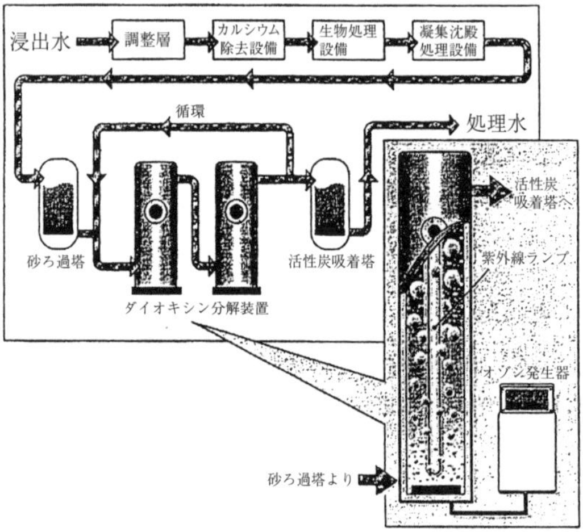

図 **9.15**　光化学分解処理フローの例[6)]

高さ 3 m 程度の縦型の分解装置としてのタンク（通常 2 塔）の下部から，凝集沈殿により浮遊粒子が取り除かれた汚染水を流入させる。タンク底部からは，オゾン発生器からオゾンが送り込まれ，これが汚染水とともに上昇する。タンクには紫外線ランプが点灯しており，この紫外線によって水中のダイオキシンが分解する。この処理を 2 つの分解装置を直列に用いて 2 回繰り返し，処理水は活性炭吸着塔を経て排水される。

これまでの実績では，処理水中のダイオキシン類を 0.1 pg-TEQ/L（水質環境基準 1 pg-TEQ/L）以下まで分解可能であり，分解による新たな有害物質の生じないことも確認されている。

9.5.5　PCB 汚染土壌の処理技術

ポリ塩化ビフェニール（PCB）は，油の一種として電気絶縁性，難燃性などの優れた特性を持っていることから，コンデンサーやトランスの絶縁油として利用されてきた。しかし，カネミ油症事件などの発生により，PCB やそれの副産物であるダイオキシン類の毒性が明らかとなり，1972（昭和 47）年に製造と新たな使用が禁止され，それまでに製造された PCB は保管されることになった。このように厳しい規制がかけられたが，過去の PCB が環境中へ拡散していることは，近海域における海生物への蓄積や，土壌への漏洩・拡散の事例報告より明らかとなっている。

PCB は熱により分解することから，使用が禁止された当初は焼却による処理が行われたが，周辺住民などの反対があり，焼却処理は進まなかった経緯がある。そのため，低温処理を条件とする PCB 分解処理技術が開発され，現在ではこれが主流になりつつある。多くの新技術の PCB 汚染土壌の処理は，まず汚染土壌から PCB を分離し，次いでこれを分解処理するというプロセスからなる[11)]。

(1) 溶剤による PCB の抽出

この方法は PCB 汚染土壌に溶剤を加えて PCB を抽出して汚染土壌を浄化するものである。抽出後，溶剤から PCB を分離し，溶剤は精製されて再利用される。米国の環境保護庁（EPA）の認証を受けた方法で多くの実績を有している。本システムは，① 汚染土壌から溶剤により PCB を抽出するシステム，② PCB を抽出した溶剤を精製するシステム，③ 抽出を終了した土壌に残存する溶剤を除去する 3 つの処理プロセスからなっている。

まず，汚染土壌を抽出塔に投入する。ここに溶剤を注入し，しばらく汚染土壌に浸したのち溶剤を排出し，排出溶剤タンクに回収する。この操作を何回か繰り返して汚染土壌を浄化する。回収された PCB 含有溶剤は精製ユニットで溶剤と PCB に分離する。抽出を完了した処理済土壌には溶剤が残存しているので，加熱した空気あるいは蒸気を抽出塔に送り気化させて溶剤回収装置により回収する[2)]。

分離した PCB は，いったん倉庫に保管し，設置が予定されている広域処理センター等へ持ち込む方法がある。現場での分解が必要であれば，現場分解プラントで処理する。本法はシンプルなものであり安全性も高い。

(2) 還元加熱脱塩素法と金属ナトリウム分散体法の組み合わせ

この方法は，PCB 汚染土壌から PCB を気体として分離し，分離した PCB を併設した装置で分解する[5)]。このシステムは 2 つの処理プロセスからなる。1 つは，汚染土壌を加熱状態におき，PCB をガス状で分離するプロセス（還元加熱脱塩素法）。2 つは，排ガス中の PCB を分解するプロセス（金属分散体法：SP法）。前者からは浄化された土壌が得られ，後者からは清浄ガスと処理水が排出される。

還元加熱脱塩素法は，ダイオキシン類汚染飛灰や土壌中のダイオキシン類の分解を目的に開発されたものであり，SP法はPCBそのものを分解する技術として確立されたものである[2)]。本処理法はこれらを統合した形の処理技術となっている。特徴は，上記2つのプロセスを連続して運転できるコンパクトな2つのコンテナに収め，PCB汚染土壌が発生する場所において処理できる点にある。

処理プロセスも比較的簡単で，まず，還元加熱装置へ汚染土壌を投入し，間接加熱ガスを送り込み，窒素ガスによる還元雰囲気でPCBは脱着され，一部は分解する。加熱ガスの温度は300～500°Cである。このプロセスで土壌は浄化され，PCBを含むガスはオイルトラップされる。このPCBを含む洗浄油は，油水分離により水を分離した後，金属ナトリウムおよび水素供与体の添加により脱塩素無害化処理される（SP法）。

【参考文献】

1) 環境庁水質保全局：ダイオキシン類に係わる土壌調査測定マニュアル，2000
2) 環境省水質保全局：土壌・地下水汚染に係わる調査・対策指針および運用基準，土壌環境センター，1999
3) 厚生省生活衛生局水道環境部環境整備課：高濃度ダイオキシン類汚染物分解処理技術マニュアル，1999
4) 滝上秀孝ほか：溶剤抽出法によるPCB汚染土壌浄化処理とモニタリング，地下水・土壌汚染とその防止対策に関する研究集会 第9回講演集，pp.450–453，2003
5) 小倉正裕ほか：還元加熱脱塩素法＋金属Na分散体法によるPCB汚染土壌処理技術，土壌環境センター技術ニュース，No.6，pp.25–28，2003
6) 地盤環境技術研究会 編：土壌汚染対策技術，日科技連出版社，2003
7) 全国地質調査業協会連合会 編：地質調査技士（土壌・地下水汚染部門）認定講習会テキスト，2003
8) 土壌環境浄化フォーラム・第二分科会 編：土壌汚染対策プロセス調査研究報告書，1995
9) 環境省資料：ポリ塩化ビフェニル（PCB）廃棄物の適正な処理に向けて，2000
10) 木暮 敬二：地盤環境の汚染と浄化修復システム，技報堂出版，2000
11) 谷口 紳：土壌における難分解性有機化合物・重金属汚染の浄化技術，第10講 化学的分解法によるダイオキシン類・PCB・テトラクロロエチレンなどの有機塩素化合物汚染土壌の浄化技術，エヌ・ティー・エス，2002

参照資料

I．検液の作成方法（溶出方法）（土壌環境基準の付表）

（平成3年8月23日　環境省告示第46号）

検液は，次の方法により作成するものとする。

1. カドミウム，全シアン，鉛，六価クロム，砒（ひ）素，総水銀，アルキル水銀，PCB及びセレンについては，次の方法による。

(1) 採取した土壌の取扱い

採取した土壌はガラス製容器又は測定の対象とする物質が吸着しない容器に収める。試験は土壌採取後直ちに行う。試験を直ちに行えない場合には，暗所に保存し，できるだけ速やかに試験を行う。

(2) 試料の作成

採取した土壌を風乾し，中小礫，木片等を除き，土塊，団粒を粗砕した後，非金属製の2 mmの目のふるいを通過させて得た土壌を十分混合する。

(3) 試料液の調製

試料（単位g）と溶媒（純水に塩酸を加え，水素イオン濃度指数が5.8以上6.3以下となるようにしたもの）（単位ml）とを重量体積比10 %の割合で混合し，かつ，その混合液が500 ml以上となるようにする。

(4) 溶出

調製した試料液を常温（おおむね20°C）常圧（おおむね1気圧）で振とう機（あらかじめ振とう回数を毎分約200回に，振とう幅を4 cm以上5 cm以下に調整したもの）を用いて，6時間連続して振とうする。

(5) 検液の作成

(1)から(4)の操作を行って得られた試料液を10分から30分程度静置後，毎分約3 000回転で20分間遠心分離した後の上澄み液を孔径0.45 μmのメンブランフィルターでろ過してろ液を取り，定量に必要な量を正確に計り取って，これを検液とする。

2. ジクロロメタン，四塩化炭素，1,2-ジクロロエタン，1,1-ジクロロエチレン，シス-1,2-ジクロロエチレン，1,1,1-トリクロロエタン，1,1,2-トリクロロエタン，トリクロロエチレン，テトラクロロエチレン，1,3-ジクロロプロペン及びベンゼンについては，次の方法による。

(1) 採取した土壌の取扱い

これらの物質は揮発性が高いので，採取した土壌は密封できるガラス製容器又は測定の対象とする物質が吸着しない容器に空げきが残らないように収める。試験は土壌採取後直ちに行う。試験を直ちに行えない場合には，4°C以下の冷暗所に保存し，できるだけ速やかに試験を行う。ただし，1,3-ジクロロプロペンに係る土壌にあっては，凍結保存するものとする。

(2) 試料の作成

採取した土壌からおおむね粒径 5 mm を超える中小礫，木片等を除く。

(3) 試料液の調製

あらかじめかくはん子を入れたねじ口付三角フラスコに試料（単位 g）と溶媒（純水に塩酸を加え，水素イオン濃度指数が 5.8 以上 6.3 以下となるようにしたもの）（単位 ml）とを重量体積比 10 %の割合となるようにとり（注 1）（注 2），速やかに密栓する。このとき，混合液が 500 ml 以上となるようにし，かつ，混合液に対するねじ口付三角フラスコのヘッドスペースができるだけ少なくなるようにする。

(4) 溶出

調製した試料液を常温（おおむね 20°C）常圧（おおむね 1 気圧）に保ちマグネチックスターラーで 4 時間連続してかくはんする（注 3）。

(5) 検液の作成

(1)から(4)の操作を行って得られた試料液を 10 分から 30 分程度静置後，ガラス製注射筒に静かに吸い取り，孔径 0.45 μm のメンブランフィルターを装着したろ紙ホルダー（用いるメンブランフィルターの直径に適合するものであってステンレス製又はこれと同等以上の材質によるもの）を接続して注射筒の内筒を押し，空気及び始めの数 ml を排出し，次に共栓付試験管にろ液を分取し，定量に必要な量を正確に計り取って，これを検液とする（注 4）。

（注 1）使用するねじ口付三角フラスコに使用するかくはん子を入れ質量を測定する。これに水を満たして密栓し，その質量を測定する。前後の質量の差からねじ口付三角フラスコの空げき容量（単位 ml）を求める。一度空げき容量を測定しておけば，同一容器及び同一かくはん子を用いることとすれば毎回測定する必要はなく，2 回目以降はその空げき容量を用いてよい。

（注 2）試料 1 g 当たりの体積（ml）を測定し，（注 1）により求めた空げき容量からヘッドスペースを残さないように加える水の量を調整してもよい。

（注 3）試料と水が均一に混じってかくはんされるようマグネチックスターラーを調整すること。また，試料液が発熱しないようにすること。

（注 4）ろ液の分取後測定までの操作中，測定の対象とする物質が損失しないように注意すること。

3. 有機燐（りん），チウラム，シマジン及びチオベンカルブについては，次の方法による。

(1) 採取した土壌の取扱い

採取した土壌はガラス製容器又は測定の対象とする物質が吸着しない容器に収める。試験は土壌採取後直ちに行う。試験を直ちに行えない場合には，凍結保存し，できるだけ速やかに試験を行う。

(2) 試料の作成

採取した土壌を風乾し，中小礫，木片等を除き，土塊，団粒を粗砕した後，非金属製の 2 mm の目のふるいを通過させて得た土壌を十分混合する。

(3) 試料液の調製

試料（単位 g）と溶媒（純水に塩酸を加え，水素イオン濃度指数が 5.8 以上 6.3 以下となるようにしたもの）（単位 ml）とを重量体積比 10 %の割合で混合し，かつ，その混合液が1 000 ml以上となるようにする。

(4) 溶出

調製した試料液を常温（おおむね20°C）常圧（おおむね1気圧）で振とう機（あらかじめ振とう回数を毎分約200回に，振とう幅を4 cm以上5 cm以下に調整したもの）を用いて，6時間連続して振とうする。

(5) 検液の作成

(1)から(4)の操作を行って得られた試料液を10分から30分程度静置後，毎分約3 000回転で20分間遠心分離した後の上澄み液を孔径0.45 μmのメンブランフィルターでろ過してろ液を取り，定量に必要な量を正確に計り取って，これを検液とする。

4. ふっ素及びほう素については，次の方法による。

(1) 採取した土壌の取扱い

採取した土壌はポリエチレン製容器又は測定の対象とする物質が吸着若しくは溶出しない容器に収める。試験は土壌採取後直ちに行う。試験を直ちに行えない場合には，暗所に保存し，できるだけ速やかに試験を行う。

(2) 試料の作成

採取した土壌を風乾し，中小礫，木片等を除き，土塊，団粒を粗砕した後，非金属製の2 mmの目のふるいを通過させて得た土壌を十分混合する。

(3) 試料液の調製

試料（単位g）と溶媒（純水に塩酸を加え，水素イオン濃度指数が5.8以上6.3以下となるようにしたもの）（単位ml）とを重量体積比10 %の割合で混合し，かつ，その混合液が500 ml以上となるようにする。

(4) 溶出

調製した試料液を常温（おおむね20°C）常圧（おおむね1気圧）で振とう機（あらかじめ振とう回数を毎分約200回に，振とう幅を4 cm以上5 cm以下に調整したもの）を用いて，6時間連続して振とうする。振とう容器は，ポリエチレン製容器又は測定の対象とする物質が吸着若しくは溶出しない容器を用いる。

(5) 検液の作成

(1)から(4)の操作を行って得られた試料液を10分から30分程度静置後，毎分約3 000回転で20分間遠心分離した後の上澄み液を孔径0.45 μmのメンブランフィルターでろ過してろ液を取り，定量に必要な量を正確に計り取って，これを検液とする。

Ⅱ．土壌ガス採取方法および含有量測定方法

（平成 15 年 3 月 6 日　環境省告示第 16 号）

土壌汚染対策法施行規則第 5 条第 2 項第 1 号に規定する土壌中の気体又は地下水の採取の方法及び同項第 2 号に規定する気体に含まれる調査対象物質の量の測定の方法は次のとおりとする。

第1　採 取 方 法

1．採　取　孔

(1) 採取孔

直径 15～30 mm 程度，深さ 0.8～1 m の裸孔で，鉄棒等の打込み等により穿孔したもの。地表面がアスファルト，コンクリート等で舗装されている場合にあっては，コアカッター，ドリル等で舗装面を削孔して設置する。

(2) 保護管

ステンレス管，アルミ管等の調査対象物質を吸着しない材質の管であって，底面又は下部側面に開口部を持ち，上部 50 cm 以上が無孔管であり，管頭をゴム栓，パッカー等で密栓することができるもの。これを採取孔内に採取孔（舗装面を削孔して設置した採取孔にあっては，舗装面を含む。）と保護管との間を気体が通過しないように密閉して設置する。

2．採 取 装 置

(1) 採取装置の構造

捕集部を地上に置く場合にあっては試料を採取する位置から採取管，導管，捕集部，吸引装置の順に，地下に置く場合にあっては捕集部，導管，吸引装置の順に接続することとする。

(2) 採取管

材質は，ふっ素樹脂製管等の化学反応，吸着反応等によって土壌中の気体（以下「土壌ガス」という。）の分析結果に影響を与えず，かつ，土壌ガスに含まれる物質によって腐食されにくいものとする。保護管の内部がこの材質である場合にあっては，採取管は保護管を延長したものとすることができる。内径は，試料である土壌ガスの流量，採取管の強度，洗浄のしやすさ等を考慮して選ぶこととする。長さは保護管の開口部付近まで挿入できるものとする。

一度使用した採取管を再度使用する場合には，よく洗浄（注 1）した後に使用することとする。

(3) 導管

材質は，ふっ素樹脂製管等の化学反応，吸着反応等によって土壌ガスの分析結果に影響を与えず，かつ，土壌ガスに含まれる物質によって腐食されにくいものとする。内径は，採取管の外径に対し著しく細くないものとし，試料である土壌ガスの流量，導管の長さ，吸引ポンプの能力等を考慮して選ぶこととする。長さはできるだけ短くする。

導管は採取管を延長したものとすることができる。

(4) 捕集部

ガラス製若しくはステンレス製の減圧捕集瓶，合成樹脂フィルム製の捕集バッグ又は調査対象物質を吸着する捕集濃縮管のいずれかとする。

導管等との接続には，シリコーンゴム管，ふっ素ゴム管，軟質塩化ビニル管，肉厚ゴム管等を用いることとする。

ア. 減圧捕集瓶：土壌ガスを気体の状態で捕集するための内容量 1 l のガラス製の瓶又はステンレス製のキャニスターであって，絶対圧力 1 kPa (7.5 mmHg) 以下を 1 時間以上保持できるもの。

イ. 捕集バッグ：土壌ガスを気体の状態で捕集するための内容量約 1～3 l のふっ素樹脂，ポリプロピレン等の合成樹脂フィルム製のバッグで，調査対象物質の吸着，透過又は変質を生じないもの。

ウ. 捕集濃縮管：ガラス製の管であって，内部をアセトン等で洗浄し乾燥した後，捕集剤を充てんし，両端をシリカウールでふさぎ，窒素気流中で加熱して分析の妨害となる物質を除去し（注 2），ふっ素樹脂栓で密栓したもの。

捕集剤は，調査対象物質を吸着し，かつ，200°C 前後で速やかに調査対象物質を放出する性能を持つもの（注 3）とし，捕集効率が確認されたものを用いる。

(5) 吸引装置

吸引ポンプ及びガス流量計又は気密容器とする。

ア. 吸引ポンプ：所定の流量を確保する能力を持ち，土壌ガスに接触する部分に調査対象物質に対して不活性で，かつ，土壌ガスに対して汚染源とならない材質のものを用いたもの。

イ. ガス流量計：捕集濃縮管を用いて土壌ガスを採取する場合に使用する，ガスの積算流量又は吸引速度を測定する機器。吸引速度を測定する機器にあっては，土壌ガスの吸引時間を計測して流量を算出することとする。

ウ. 気密容器：捕集バッグを用いて土壌ガスを採取する場合に使用する，その内部を減圧状態にすることにより内部に装着した捕集バッグに土壌ガスを吸入させる容器（注 4）。

(6) 注射筒

日本工業規格（以下「規格」という。）T 3201 に定める容量 100 ml のもの。規格 K 0050 の 9.3.1（全量ピペットの校正方法）に準じて体積の器差付けがされたものを用いる。

（注 1）洗浄方法の例としては，内径 1～5 mm の場合にはエアー洗浄又は加熱除去，内径 5～25 mm の場合にはエアー洗浄，加熱除去又は中性洗剤を使用した水洗浄及び乾燥の方法がある。

（注 2）例えば，ポーラスポリマービーズ 0.6 g を充てんし，窒素気流中において 230°C で約 2 時間加熱処理する方法がある。

（注 3）捕集剤には，多孔性高分子型のもの（ポーラスポリマー），吸着型のもの（活性炭，合成ゼオライト）等がある。

（注 4）気密容器は，一般に全部又は一部が透明又は半透明の樹脂製のものが使用されている。

3. 試料の採取

試料の採取は，表層から 0.8～1 m 下の地点において，次のいずれかの方法により土壌ガスを採取して行うこととする。なお，雨天及び地上に水たまりがある状態の場合には行わないこととする。

また，雨天又は地上に水たまりがある状態以外の場合において，当該地点に地下水が存在することから土壌ガスの採取が困難であるときは，試料の採取は当該地点の地下水を地下水を適切に採取できる方法により採取して行うこととする。

(1) 減圧捕集瓶法

ア．採取孔の設置：採取孔を削孔して孔内に保護管を挿入し，保護管の上部をゴム栓等で密栓した後，一定時間放置する。放置する時間は 30 分以上とし，地点による時間のばらつきをできる限り小さくすることとする。

イ．減圧捕集瓶の準備：減圧捕集瓶について漏れ試験（注 5）を行う。また，一度使用した減圧捕集瓶を再度使用する場合には，分析の妨害となる物質を除去する。

ウ．捕集部の組立て：減圧捕集瓶を 1 kPa（7.5 mmHg）以下に減圧し，導管に接続する。

エ．採取管及び導管の取付け：保護管上部の密栓を開封後，速やかに保護管内に採取管を挿入し，保護管の開口部付近から土壌ガスを採取できるように採取管を設置する。

吸引ポンプ等により採取管の容量の約 3 倍の土壌ガスを吸引した後，採取管に導管を接続する。

オ．土壌ガスの採取：減圧捕集瓶の弁を開放し，導管を通じて土壌ガスを採取する。管径の大きい導管を用いる場合には，導管内に土壌ガスを満たした状態で行う。

(2) 減圧捕集瓶を用いた食塩水置換法

ア．採取孔の設置：(1) アによる。

イ．減圧捕集瓶の準備：減圧捕集瓶について漏れ試験を行った後，飽和食塩水（脱気水 1 l に対して食塩約 360 g 以上を混合したものとする。）を充てんし，弁を閉じて密栓する。また，一度使用した減圧捕集瓶を再度使用する場合には，分析の妨害となる物質を除去する。

ウ．捕集部の組立て：減圧捕集瓶を導管に接続し，減圧捕集瓶のセプタムに注射筒を刺す。

エ．採取管及び導管の取付け：(1) エによる。

オ．土壌ガスの採取：減圧捕集瓶の弁を開放し，飽和食塩水を注射筒内に吸引することにより，減圧捕集瓶内の飽和食塩水を土壌ガスに置換する。管径の大きい導管を用いる場合には，導管内に土壌ガスを満たした状態で行う。

(3) 捕集バッグ法

ア．採取孔の設置：(1) アによる。

イ．捕集バッグの準備：捕集バッグについて，調査対象物質の吸着，透過又は変質を生じないこと及び漏れがないこと（注 6）を確認する。一度使用した捕集バッグを再度使用する場合には，清浄乾燥空気（合成空気）等を充てんして乾燥し，赤外線ランプで 40°C 程度に加熱して吸着された気体を脱離した後，空気を排出する操作を数回繰り返す方法その他の方法により，分析の妨害となる物質を除去した後に使用することとする。

ウ．捕集部の組立て：脱気した状態の捕集バッグを気密容器に入れ，捕集バッグに付属する合成樹脂製のスリーブを導管に接続した後，気密容器を吸引ポンプに接続する。

エ．採取管及び導管の取付け：(1) エによる。

オ．土壌ガスの採取：吸引ポンプにより気密容器内を減圧し，土壌ガスを捕集バッグ内に採取する。管径の大きい導管を用いる場合には，導管内に土壌ガスを満たした状態で行う。土壌ガスを採取した後，スリーブをシリコーンゴム栓で密栓する。

(4) 捕集濃縮管法

ア．採取孔の設置：(1) アによる。

イ．捕集濃縮管の準備：捕集剤を充てんし，分析の妨害となる物質を除去した後の捕集濃縮管を用意する。

ウ．捕集部の組立て：捕集部を地上に置く場合にあっては，捕集濃縮管の片側に導管を，反対側に吸引ポンプを接続する。捕集部を地下に置く場合にあっては，捕集濃縮管の片側に導管を接続し，その導管の先に吸引ポンプを接続する。

エ．採取管及び導管の取付け：(1) エによる。ただし，捕集部を地下に置く場合にあっては，採取管に導管を接続する前に土壌ガスを吸引することを要しない。

オ．土壌ガスの採取：吸引ポンプにより約 100 ml/分で一定量（100 ml を標準とし，土壌ガス中の調査対象物質の濃度に応じて調節するものとする。）の土壌ガスを吸引し，土壌ガス中の調査対象物質を捕集濃縮管内の捕集剤に吸着させる。管径の大きい導管を用いる場合には，導管内に土壌ガスを満たした状態で行う。また，土壌粒子等が捕集濃縮管に混入しないように注意する。

土壌ガスを採取した後，ふっ素樹脂栓で捕集濃縮管を密栓し，又は別の容器に密封して保管する。現地で分析を行わない場合には，デシケータの中に保管する。

（注 5）絶対圧力 1.33 kPa 程度まで減圧して 1 時間放置した場合の圧力変化が約 0.67 kPa 以内であれば，漏れがないものとみなす。

（注 6）捕集バッグに漏れがないことの確認の方法としては，容積の 60～80 %の清浄乾燥空気（合成空気）等を充てんし，水道水，蒸留水等の清浄水中に捕集バッグ全体を浸して軽く押し，気泡がなければ漏れがないと判断する方法等がある。

4.　試料の運搬及び保管

(1) 運搬及び保管の方法

採取した土壌ガスは，冷暗状態で容器の内側が結露しないように運搬及び保管する。土壌ガスの分析は，現地で行う場合には採取から 24 時間以内に，現地以外の分析室で行う場合には採取から 48 時間以内に行うこととする。

(2) 運搬及び保管による濃度減少の評価

現地以外の分析室で分析を行う場合には，以下の方法により運搬及び保管による濃度の減少の程度を評価する。

ア．現地で既知の濃度の試料（標準ガス等）を，採取した土壌ガスと同様の方法により減圧捕集瓶若しくは捕集バッグに保管し，又は捕集濃縮管内の捕集剤に吸着させたテスト用試料を 2 検体作成する。

イ．テスト用試料を採取した土壌ガスと同じ状態で運搬及び保管し，分析する。

ウ．テスト用試料の既知の濃度と分析結果の平均との差が ±20 %未満の場合には，土壌ガスの分析結果をそのまま土壌ガス中の調査対象物質の濃度とする。テスト用試料の既知の濃度と分析結果の平均との差が ±20 %以上の場合には，次式により求めた濃度を土壌ガス中の調査対象物質の濃度とする。

$$\text{濃度} = \text{土壌ガスの分析結果} \times \frac{\text{テスト用試料の既知の濃度}}{\text{テスト用試料の分析結果の平均}}$$

第2 測定方法

1. 分析方法

分析方法は，光イオン化検出器を用いるガスクロマトグラフ法（GC-PID），水素イオン化検出器を用いるガスクロマトグラフ法（GC-FID），電子捕獲型検出器を用いるガスクロマトグラフ法（GC-ECD），電気伝導度検出器を用いるガスクロマトグラフ法（GC-ELCD），ガスクロマトグラフ質量分析法（GC-MS）のいずれかとする。各分析方法ごとの分析が可能な特定有害物質は，別表1のとおりとする。

分析に当たっては，土壌ガスに含まれる調査対象物質の濃度の定量が可能であり，かつ，定量下限値が0.1 volppm以下（ベンゼンにあっては0.05 volppm以下）である方法を用いる。分析装置は，この定量下限値付近の変動係数が10～20％であることが確認されたものを用いる。

なお，分析は精度が確保できる環境であれば，室内，車内又は野外のいずれにおいても実施することができる。

2. 試　薬

(1) 混合標準液の原液

すべての調査対象物質を1 mg/ml含む混合標準液の原液。アンプルは冷暗所で保管する。これに代えて，国又は公的検査機関が濃度を保証するガス二次標準を使用して濃度を確認した混合標準ガスを使用することができる。

(2) 混合標準液

混合標準液の原液1 mlを容量20 mlの全量フラスコにとり，メタノールを標線まで加えて20 mlとし，すべての調査対象物質を50 μg/ml含む混合標準液としたもの。調製は使用時に行うこととする。

(3) メタノール

規格K 8891に定める試薬。

(4) ヘリウム（純度99.999 vol％以上）

(5) 窒素（純度99.999 vol％以上）

3. 器具及び分析装置

(1) 器具

ア．検量線用ガス瓶：内容量1 lのガラス製の瓶であって，絶対圧力1 kPa（7.5 mmHg）以下を1時間以上保持できるもの。規格K 0050の9.3.2（全量フラスコの校正方法）に準じて内容量の測定がされたものを用いる。

イ．検量線用捕集濃縮管：第1の2（4）ウの捕集濃縮管と同様のもの。

ウ．ガスタイトシリンジ（注7）：0.1～10 mlを採取できるもの。精度の確認がされたものを用いる。

エ．マイクロシリンジ（注7）：1～200 μlを採取できるもの。精度の確認がされたものを用いる。

(2) 分析装置

次の分析装置のいずれかを用いることとする。

ア. ガスクロマトグラフ：光イオン化検出器（注 8）を用いるガスクロマトグラフ，水素イオン化検出器を用いるガスクロマトグラフ，電子捕獲型検出器を用いるガスクロマトグラフ又は電気伝導度検出器を用いるガスクロマトグラフとする。2 種類以上の検出器を組み合わせて用いるガスクロマトグラフとすることもできる。

イ. ガスクロマトグラフ質量分析計

（注 7）ガスタイトシリンジ及びマイクロシリンジは，空試験用，低濃度測定用，高濃度測定用の 3 本（同一ロットのもの）を用意することが望ましい。

（注 8）光イオン化検出器の UV ランプは，調査対象物質を検出できるものとする。例：10.2 eV，11.7 eV

4. 操　　作

(1) 直接捕集法の場合

減圧捕集瓶法，減圧捕集瓶を用いた食塩水置換法又は捕集バック法（以下「直接捕集法」という。）により土壌ガスを採取した場合には，その一定量を正確に分取して分析装置に導入し，分析結果を記録する。

土壌ガスの導入量は 0.2～1 ml とし，5.（1）により作成した検量線の範囲内に入るように調節する。ただし，0.2～1 ml の導入量では検量線の範囲内に入らない場合には，調査対象物質を含まない空気により土壌ガスを希釈したものを分析装置に導入する。

土壌ガス中の調査対象物質の濃度は，クロマトグラムから当該物質のピーク面積又はピーク高さを測定し，5.（1）により作成した検量線と比較して求める。

(2) 捕集濃縮管法の場合

捕集濃縮管法により土壌ガスを採取した場合には，土壌ガスを採取した捕集濃縮管を気化導入管に接続し，熱脱着装置で気化させた気体の全量を分析装置に導入し，分析結果を記録する。ただし，この導入量では検量線の範囲内に入らない場合には，捕集濃縮管法による試料の採取を第 1 の 3.（4）オに定める方法より土壌ガスの吸引量を少なくして行うこと等により検量線の範囲内に入るようにして，再度の分析を行うこととする。なお，分析装置の分析条件はあらかじめ設定しておく。

土壌ガス中の調査対象物質の濃度は，クロマトグラムから当該物質のピーク面積又はピーク高さを測定し，5.（2）により作成した検量線と比較して求める。

5. 検量線の作成

(1) 直接捕集法の場合

ア. 検量線用ガス瓶について漏れ試験を行う。また，一度使用した検量線用ガス瓶を再度使用する場合には，分析の妨害となる物質を除去する。

イ. 検量線用ガス瓶を 1 kPa（7.5 mmHg）以下に減圧する。

ウ. 混合標準液 5 μl（調査対象物質がベンゼンである場合には，3 μl）をマイクロシリンジで量り採り，検量線用ガス瓶に注入する。

エ. 検量線用ガス瓶の弁を開放し，調査対象物質を含まない空気を流入させて検量線用ガス瓶内の圧力状態を大気圧に戻した後，弁を閉じて密閉する。

このとき，混合標準液は気化した状態となり，各第一種特定有害物質の濃度（0°C，1 気圧換算）は別表 2 のとおりとなる。これを標準ガスとする。

オ．ア～エと同様の操作により，エの標準ガスを上回る 2 水準以上の濃度（注 9）の標準ガスを調製する。

カ．エ及びオの計 3 水準以上の標準ガスを分析装置に導入し，調査対象物質についての検量線（気体の量とピーク高さ又はピーク面積との関係線）を作成する。検量線の作成は，土壌ガスの分析時に併せて行う。

(2) 捕集濃縮管法の場合

ア．検量線用ガス瓶について漏れ試験を行う。また，一度使用した検量線用ガス瓶を再度使用する場合には，分析の妨害となる物質を除去する。

イ．検量線用ガス瓶を 1 kPa（7.5 mmHg）以下に減圧する。

ウ．混合標準液の原液 30 μl をマイクロシリンジで量り採り，検量線用ガス瓶に注入する。

エ．検量線用ガス瓶の弁を開放し，調査対象物質を含まない空気を流入させて検量線用ガス瓶内の圧力状態を大気圧に戻した後，弁を閉じて密閉する。このとき，混合標準液の原液は気化した状態となり，これを検量線の作成のための標準ガスとする。

オ．エの標準ガスを検量線用捕集濃縮管に 1 ml（調査対象物質がベンゼンである場合には，0.5 ml）注入し，これを標準試料とする。このとき，標準試料中の各第一種特定有害物質の物質量及びこれが 100 ml の土壌ガスに含まれているとした場合の当該土壌ガス中の第一種特定有害物質の濃度は，別表 3 のとおりとなる。

カ．ア～オと同様の操作により，オの標準試料を上回る 2 水準以上の濃度（注 10）の標準試料を調製する。

キ．オ及びカの計 3 水準以上の標準試料が注入された検量線用捕集濃縮管を気化導入管に接続し，熱脱着装置で気化させた気体の全量を分析装置に導入し，調査対象物質についての検量線を作成する。検量線の作成は，土壌ガスの分析時に併せて行う。

(3) 混合標準ガスを試薬として用いる場合

混合標準液の原液に代えて混合標準ガスを試薬として用いる場合には，(1)又は(2)の方法に準じて，(1)又は(2)と同程度の 3 水準以上の濃度の標準ガス又は標準試料を作成し，これらについて調査対象物質についての検量線を作成することとする。

（注 9）2 水準とする場合の濃度は，(1)エの標準ガスの 5 倍及び 50 倍程度を目安として，分析装置の定量範囲内で設定する。

（注 10）2 水準とする場合の濃度は，(2)エの標準試料の 5 倍及び 50 倍程度を目安として，分析装置の定量範囲内で設定する。

6. 定量及び計算

土壌ガス中の調査対象物質の濃度は，次式を用いて体積濃度（単位 volppm）で算出し，有効数字を 2 桁として 3 桁目以降を切り捨てて表示する。定量下限値は，ベンゼン以外の調査対象物質については 0.1 volppm，ベンゼンについては 0.05 volppm とし，これらの濃度未満の場合を不検出とする。

$$C = (V_c/V_s) \times 10^3$$

C：土壌ガス中の調査対象物質の濃度（volppm）
V_c：検量線から求めた土壌ガス中の調査対象物質の量（μl）
V_s：分析に用いた土壌ガスの量（ml）

別表 1 各分析方法ごとの分析が可能な特定有害物質

特定有害物質	GC-PID(*)		GC-FID	GC-ECD	GC-ELCD	GC-MS
	10.2 eV	11.7 eV				
四塩化炭素	×	○	○	○	○	○
1,2-ジクロロエタン	×	○	○	○	○	○
1,1-ジクロロエチレン	○	○	○	○	○	○
シス-1,2-ジクロロエチレン	○	○	○	○	○	○
1,3-ジクロロプロペン	○	○	○	○	○	○
ジクロロメタン	×	○	○	○	○	○
テトラクロロエチレン	○	○	○	○	○	○
1,1,1-トリクロロエタン	×	○	○	○	○	○
1,1,2-トリクロロエタン	×	○	○	○	○	○
トリクロロエチレン	○	○	○	○	○	○
ベンゼン	○	○	○	×	×	○

(*)GC-PID については，10.2 eV 及び 11.7 eV の UV ランプの場合を例示している。

別表 2 直接捕集法の場合の標準ガス中の各第一種特定有害物質の濃度

特定有害物質	混合標準液 5 μl 注入時の濃度（volppm）	混合標準液 3 μl 注入時の濃度（volppm）
四塩化炭素	0.036	—
1,2-ジクロロエタン	0.056	—
1,1-ジクロロエチレン	0.057	—
シス-1,2-ジクロロエチレン	0.057	—
1,3-ジクロロプロペン	0.050	—
ジクロロメタン	0.065	—
テトラクロロエチレン	0.033	—
1,1,1-トリクロロエタン	0.042	—
1,1,2-トリクロロエタン	0.042	—
トリクロロエチレン	0.042	—
ベンゼン	—	0.043

別表 3 捕集濃縮管法の場合の標準試料中の各第一種特定有害物質の物質量等

特定有害物質	検量線用捕集濃縮管に 1 ml 注入時の物質量 (μl)	検量線用捕集濃縮管に 0.5 ml 注入時の物質量 (μl)	100 ml の土壌ガスに含まれる場合の濃度 (volppm)
四塩化炭素	0.0036	−	0.036
1,2-ジクロロエタン	0.0056	−	0.056
1,1-ジクロロエチレン	0.0057	−	0.057
シス-1,2-ジクロロエチレン	0.0057	−	0.057
1,3-ジクロロプロペン	0.0050	−	0.050
ジクロロメタン	0.0065	−	0.065
テトラクロロエチレン	0.0033	−	0.033
1,1,1-トリクロロエタン	0.0042	−	0.042
1,1,2-トリクロロエタン	0.0042	−	0.042
トリクロロエチレン	0.0042	−	0.042
ベンゼン	−	0.0043	0.043

Ⅲ. 地下水中の特定有害物質測定方法

（平成 15 年 3 月 6 日　環境省告示第 17 号）

土壌汚染対策法施行規則第 5 条第 2 項第 2 号の環境大臣が定める地下水に含まれる調査対象物質の量の測定方法は別表の特定有害物質の種類の欄に掲げる特定有害物質の種類ごとに同表の測定方法の欄に掲げるとおりとする。

別表

特定有害物質の種類	測定方法
カドミウム及びその化合物	日本工業規格（以下「規格」という。）K 0102 の 55 に定める方法
六価クロム化合物	規格 K 0102 の 65.2 に定める方法
シマジン	昭和 46 年 12 月環境庁告示第 59 号（水質汚濁に係る環境基準について）（以下「水質環境基準告示」という。）付表 5 の第 1 又は第 2 に掲げる方法
シアン化合物	規格 K 0102 の 38.1.2 及び 38.2 に定める方法又は規格 K 0102 の 38.1.2 及び 38.3 に定める方法
チオベンカルブ	水質環境基準告示付表 5 の第 1 又は第 2 に掲げる方法
四塩化炭素	規格 K 0125 の 5.1，5.2，5.3.1，5.4.1 又は 5.5 に定める方法
1,2-ジクロロエタン	規格 K 0125 の 5.1，5.2，5.3.1 又は 5.3.2 に定める方法
1,1-ジクロロエチレン	規格 K 0125 の 5.1，5.2 又は 5.3.2 に定める方法
シス-1,2-ジクロロエチレン	規格 K 0125 の 5.1，5.2 又は 5.3.2 に定める方法
1,3-ジクロロプロペン	規格 K 0125 の 5.1，5.2 又は 5.3.1 に定める方法
ジクロロメタン	規格 K 0125 の 5.1，5.2 又は 5.3.2 に定める方法
水銀及びその化合物	水銀にあっては水質環境基準告示付表 1 に掲げる方法，アルキル水銀にあっては水質環境基準告示付表 2 に掲げる方法
セレン及びその化合物	規格 K 0102 の 67.2 又は 67.3 に定める方法
テトラクロロエチレン	規格 K 0125 の 5.1，5.2，5.3.1，5.4.1 又は 5.5 に定める方法
チウラム	水質環境基準告示付表 4 に掲げる方法
1,1,1-トリクロロエタン	規格 K 0125 の 5.1，5.2，5.3.1，5.4.1 又は 5.5 に定める方法
1,1,2-トリクロロエタン	規格 K 0125 の 5.1，5.2，5.3.1，5.4.1 又は 5.5 に定める方法
トリクロロエチレン	規格 K 0125 の 5.1，5.2，5.3.1，5.4.1 又は 5.5 に定める方法
鉛及びその化合物	規格 K 0102 の 54 に定める方法
砒素及びその化合物	規格 K 0102 の 61.2 又は 61.3 に定める方法
ふっ素及びその化合物	規格 K 0102 の 34.1 に定める方法又は水質環境基準告示付表 6 に掲げる方法
ベンゼン	規格 K 0125 の 5.1，5.2 又は 5.3.2 に定める方法
ほう素及びその化合物	規格 K 0102 の 47.1 若しくは 47.3 に定める方法又は水質環境基準告示付表 7 に掲げる方法
ポリ塩化ビフェニル	水質環境基準告示付表 3 に掲げる方法
有機りん化合物（パラチオン，メチルパラチオン，メチルジメトン及び EPN に限る。）	昭和 49 年 9 月環境庁告示第 64 号（環境大臣が定める排水基準に係る検定方法）付表 1 に掲げる方法

Ⅳ. 土壌溶出量測定方法（平成 15 年 3 月 6 日　環境省告示第 18 号）

土壌汚染対策法施行規則第 5 条第 3 項第 4 号の環境大臣が定める土壌溶出量調査に係る測定方法は別表の特定有害物質の種類の欄に掲げる特定有害物質について平成 3 年 8 月環境庁告示第 46 号（土壌の汚染に係る環境基準について）付表に掲げる方法により作成した検液ごとに，別表の測定方法の欄に掲げるとおりとする。

別表

特定有害物質の種類	測定方法
カドミウム及びその化合物	日本工業規格（以下「規格」という。）K 0102 の 55 に定める方法
六価クロム化合物	規格 K 0102 の 65.2 に定める方法
シマジン	昭和 46 年 12 月環境庁告示第 59 号（水質汚濁に係る環境基準について）（以下「水質環境基準告示」という。）付表 5 の第 1 又は第 2 に掲げる方法
シアン化合物	規格 K 0102 の 38 に定める方法（規格 K 0102 の 38.1.1 に定める方法を除く。）
チオベンカルブ	水質環境基準告示付表 5 の第 1 又は第 2 に掲げる方法
四塩化炭素	規格 K 0125 の 5.1，5.2，5.3.1，5.4.1 又は 5.5 に定める方法
1,2-ジクロロエタン	規格 K 0125 の 5.1，5.2，5.3.1 又は 5.3.2 に定める方法
1,1-ジクロロエチレン	規格 K 0125 の 5.1，5.2 又は 5.3.2 に定める方法
シス-1,2-ジクロロエチレン	規格 K 0125 の 5.1，5.2 又は 5.3.2 に定める方法
1,3-ジクロロプロペン	規格 K 0125 の 5.1，5.2 又は 5.3.1 に定める方法
ジクロロメタン	規格 K 0125 の 5.1，5.2 又は 5.3.2 に定める方法
水銀及びその化合物	水銀にあっては水質環境基準告示付表 1 に掲げる方法，アルキル水銀にあっては水質環境基準告示付表 2 及び昭和 49 年 9 月環境庁告示第 64 号（環境大臣が定める排水基準に係る検定方法）（以下「排出基準検定告示」という。）付表 3 に掲げる方法
セレン及びその化合物	規格 K 0102 の 67.2 又は 67.3 に定める方法
テトラクロロエチレン	規格 K 0125 の 5.1，5.2，5.3.1，5.4.1 又は 5.5 に定める方法
チウラム	水質環境基準告示付表 4 に掲げる方法
1,1,1-トリクロロエタン	規格 K 0125 の 5.1，5.2，5.3.1，5.4.1 又は 5.5 に定める方法
1,1,2-トリクロロエタン	規格 K 0125 の 5.1，5.2，5.3.1，5.4.1 又は 5.5 に定める方法
トリクロロエチレン	規格 K 0125 の 5.1，5.2，5.3.1，5.4.1 又は 5.5 に定める方法
鉛及びその化合物	規格 K 0102 の 54 に定める方法
砒素及びその化合物	規格 K 0102 の 61 に定める方法
ふっ素及びその化合物	規格 K 0102 の 34.1 に定める方法又は水質環境基準告示付表 6 に掲げる方法
ベンゼン	規格 K 0125 の 5.1，5.2 又は 5.3.2 に定める方法
ほう素及びその化合物	規格 K 0102 の 47.1 若しくは 47.3 に定める方法又は水質環境基準告示付表 7 に掲げる方法
ポリ塩化ビフェニル	水質環境基準告示付表 3 に掲げる方法
有機りん化合物（パラチオン，メチルパラチオン，メチルジメトン及び EPN に限る。）	排出基準検定告示付表 1 に掲げる方法又は規格 K 0102 の 31.1 に定める方法のうちガスクロマトグラフ法以外のもの（メチルジメトンにあっては，排出基準検定告示付表 2 に掲げる方法）

V. 土壌含有量測定方法（平成 15 年 3 月 6 日　環境省告示第 19 号）

土壌汚染対策法施行規則第 5 条第 4 項第 2 号の環境大臣が定める土壌含有量調査に係る測定方法は，次のとおりとする。

1　別表の特定有害物質の種類の欄に掲げる特定有害物質について付表に掲げる方法により作成した検液ごとに，別表の測定方法の欄に掲げる方法により調査対象物質の量を測定すること。

2　付表の 2 により作成した試料の重量とこれを摂氏 105 度で約 4 時間乾燥して得たものの重量とを比べて当該試料に含まれる水分の量を測定し，1 により測定された調査対象物質の量を当該乾燥して得たもの 1 キログラムに含まれる量に換算すること。

別表（測定方法）

特定有害物質の種類	測定方法
カドミウム及びその化合物	日本工業規格 K 0102（以下「規格」という。）55 に定める方法
六価クロム化合物	規格 65.2 に定める方法
シアン化合物	規格 38 に定める方法（規格 38.1 に定める方法を除く。）
水銀及びその化合物	昭和 46 年 12 月環境庁告示第 59 号（水質汚濁に係る環境基準について）（以下「水質環境基準告示」という。）付表 1 に掲げる方法
セレン及びその化合物	規格 67.2 又は 67.3 に定める方法
鉛及びその化合物	規格 54 に定める方法
砒素及びその化合物	規格 61 に定める方法
ふっ素及びその化合物	規格 34.1 に定める方法又は規格 34.1 c)（注 (6) 第 3 文を除く。）に定める方法及び水質環境基準告示付表 6 に掲げる方法
ほう素及びその化合物	規格 47.1 若しくは 47.3 に定める方法又は水質環境基準告示付表 7 に掲げる方法

付表（検液の作成方法）

検液は，以下の方法により作成するものとする。

1.　採取した土壌の取扱い

採取した土壌はポリエチレン製容器又は測定の対象とする物質が吸着若しくは溶出しない容器に収める。試験は土壌採取後直ちに行う。試験を直ちに行えない場合には，暗所に保存し，できるだけ速やかに試験を行う。

2.　試料の作成

採取した土壌を風乾し，中小礫，木片等を除き，土塊，団粒を粗砕した後，非金属製の 2 mm の目のふるいを通過させて得た土壌を十分混合する。

3.　検液の作成

(1) カドミウム及びその化合物，水銀及びその化合物，セレン及びその化合物，鉛及びその化合物，砒素及びその化合物，ふっ素及びその化合物及びほう素及びその化合物については，次の方法による。

ア．試料液の調製：試料6g以上を量り採り，試料（単位g）と溶媒（純水に塩酸を加え塩酸が1mol/lとなるようにしたもの）（単位ml）とを重量体積比3％の割合で混合する。

イ．溶出：調製した試料液を室温（おおむね25°C）常圧（おおむね1気圧）で振とう機（あらかじめ振とう回数を毎分約200回に，振とう幅を4cm以上5cm以下に調整したもの）を用いて，2時間連続して振とうする。振とう容器は，ポリエチレン製容器又は測定の対象とする物質が吸着若しくは溶出しない容器であって，溶媒の1.5倍以上の容積を持つものを用いる。

ウ．検液の作成：イの振とうにより得られた試料液を10分から30分程度静置後，必要に応じ遠心分離し，上澄み液を孔径0.45μmのメンブランフィルターでろ過してろ液を採り，定量に必要な量を正確に量り採って，これを検液とする。

(2) 六価クロム化合物については，次の方法による。

ア．試料液の調製：試料6g以上を量り採り，試料（単位g）と溶媒（純水に炭酸ナトリウム0.005mol（炭酸ナトリウム（無水物）0.53g）及び炭酸水素ナトリウム0.01mol（炭酸水素ナトリウム0.84g）を溶解して1lとしたもの）（単位ml）とを重量体積比3％の割合で混合する。

イ．溶出：調製した試料液を室温（おおむね25°C）常圧（おおむね1気圧）で振とう機（あらかじめ振とう回数を毎分約200回に，振とう幅を4cm以上5cm以下に調整したもの）を用いて，2時間連続して振とうする。振とう容器は，ポリエチレン製容器又は測定の対象とする物質が吸着若しくは溶出しない容器であって，溶媒の1.5倍以上の容積を持つものを用いる。

ウ．検液の作成：イの振とうにより得られた試料液を10分から30分程度静置後，必要に応じ遠心分離し，上澄み液を孔径0.45μmのメンブランフィルターでろ過してろ液を採り，定量に必要な量を正確に量り採って，これを検液とする。

(3) シアン化合物については，次の方法による。

ア．試料5〜10gを蒸留フラスコに量り採り，水250mlを加える。

イ．指示薬としてフェノールフタレイン溶液（5g/l；フェノールフタレイン0.5gをエタノール（95％）50mlに溶かし，水を加えて100mlとしたもの）数滴を加える。アルカリの場合は，溶液の赤い色が消えるまで硫酸（1+35）で中和する。

ウ．酢酸亜鉛溶液（100g/l；酢酸亜鉛（二水塩）100gを水に溶かして1lとしたもの）20mlを加える。

エ．蒸留フラスコを蒸留装置に接続する。受器には共栓メスシリンダー250mlを用い，これに水酸化ナトリウム溶液（20g/l）30mlを入れ，冷却管の先端を受液中に浸す。なお，蒸留装置の一例は別図のとおりである。

オ．蒸留フラスコに硫酸（1+35）10mlを加える。

カ．数分間放置した後蒸留フラスコを加熱し，留出速度2〜3ml/分で蒸留する（注1）。受器の液量が約180mlになったら，冷却管の先端を留出液から離して蒸留を止める。冷却管の内外を少量の水で洗い，洗液は留出液と合わせる。

キ．フェノールフタレイン溶液（5g/l）2〜3滴を加え，開栓中にシアン化物イオンがシアン化水素となって揮散しないよう手早く酢酸（1+9）で中和し，水を加えて 250 ml とし，これを検液とする（注 2）。

（注 1）留出速度が速いとシアン化水素が完全に留出しないので，3 ml/分以上にしない。また，蒸留中，冷却管の先端は常に液面下 15 mm に保つようにする。

（注 2）留出液中に硫化物イオンが共存すると，ピリジン–ピラゾロン法等の吸光光度法で負の誤差を生ずるので，硫化物の多い試料については，酢酸亜鉛アンモニア溶液（酢酸亜鉛二水和物 12 g に濃アンモニア水 35 ml を加え，さらに水を加えて 100 ml としたもの）10 ml を加えて沈殿除去する。

別図

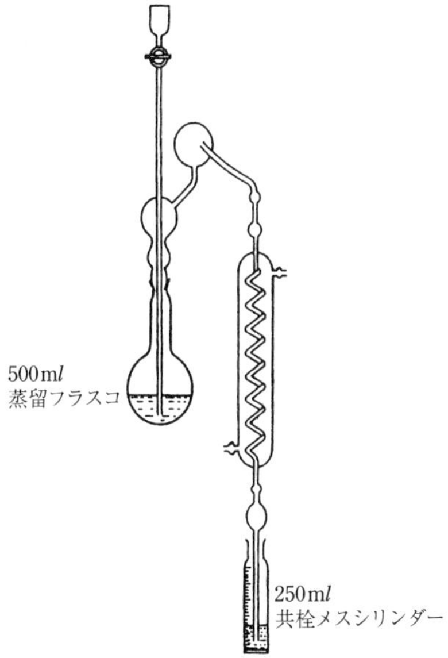

シアン蒸留装置（例）

Ⅵ. 環境化学分析のための表層土試料の採取方法

（平成 15 年　社団法人・地盤工学会基準　JGS 1921-2004）

1. 総　　則

1.1 目　　的

この方法は，地盤汚染調査等において環境化学分析に供する表層土の試料を採取することを目的とする。

1.2 適 用 範 囲

深さ約 5 m 以浅の，手掘りまたはサンプラーにより採取できる範囲の表層土の採取を対象とする。

1.3 用語の定義

環境化学分析に供する土とは，対象化学物質の量や化学形態を変えないように採取された土をいう。土の環境化学分析とは，各種溶出試験および含有量試験をいう。

【付帯条項】

1. 本基準と部分的に異なる方法を用いた場合には，その内容を報告事項に明記しなければならない。

2. 試料採取方法の種類

試料採取方法には，手掘りにより採取する方法とサンプラーを用いて採取する方法がある。

【付帯条項】

2. a. 一般に，手掘りによる試料採取は最表層の試料のみを 1 ヶ所について 500 g 程度以上必要とする場合，または深さ約 2 m 以浅の試料を地盤の状況を確認しながら採取したい場合に行う。

b. サンプラーによる試料採取は，比較的少量の試料を最表層から採取する場合，または約 5 m 以浅から一定深さ毎に採取するが地盤の状況を目視により確認する必要がない場合に行う。

3. 用　　具

3.1 共　　通

（1） **採取地点整備用具**　試料採取地点に植生被覆がある場合等にそれを除去するための用具。草で被覆されている場合には鎌，灌木類の場合には剪定ばさみや鋸を用いる。

（2） **試料容器**　採取した土を保管するための容器。

（3） **試料採取用具洗浄器具**　採取地点の整備および試料採取に用いた用具に付着した対象化学物質を洗浄するための用具。

（4）**被汚染防止用具**　汚染された土の手指への付着，吸入等による採取者への健康被害を防止するための用具。

3.2　手掘りによる方法

（1）**試料採取用切削用具**　試料採取位置の地盤への採取孔の作製および試料採取のための用具。採取孔作製用にはスコップ，採取孔の断面整形のためには移植ゴテまたはナイフ，試料採取用には移植ゴテを用いる。

（2）**掘削土置き用シート**　採取孔作製のため掘り出した土を仮置きするための不透水性シート。掘り出した汚染土が土の表面に残留するのを防ぐ目的で用いる。

3.3　サンプラーによる方法

（1）**採土器**　打込みによりサンプリングチューブ内に土を導入して採取するもの。

（2）**ハンドオーガー**　回転により掘進して所定深さの試料を採取するもの。

【付帯条項】

3.1

（2）採取した土の試料を保管する試料容器については，環境化学分析について定めた規格や法令等に準拠する。

（3）洗浄用の水や，ブラシ，タオル，化学実験用ワイパー等が一般的であり，中性洗剤を使用することもある。

（4）ラテックスまたはポリエチレン製手袋，防塵マスク，防毒マスク，防護服等。

3.2

（1）移植ゴテは，傷，錆のないステンレス製のものが好ましく，塗装してあるものの使用は避ける。

3.3　図-1 に採土器の例を示し，図-2 にハンドオーガーの例を示す。

（1）a. 通常，採土器のサンプリングチューブは 30 cm 程度の長さであり，500～600 g 程度の土の試料を採取できる。

b. 採取深さは，継ぎ柄を使用することで，5 m 程度まで可能である。

c. 採土器を用いる場合，深さ，採取方法について別な基準あるいは特別な指示がある場合には，必ずしも本基準に従う必要はない。

（2）a. ハンドオーガーは表層付近の土を採取するための装置であり，回転により掘削し，所定深さの試料を採取する。

b. 採土器よりは深い試料採取に使用するが，不撹乱の試料を取る事はできない。また，地下水があった場合には土層が崩壊して試料を採取することは困難である。

c. オーガーの刃先は土の特徴（砂・砂礫等）に合わせ何種類かが用意されており，400 g 程度の土の試料を採取できる。

d. 継ぎ柄を使用することで，条件が良ければ深さ 5 m 程度までの採取が可能である。

本体部詳細

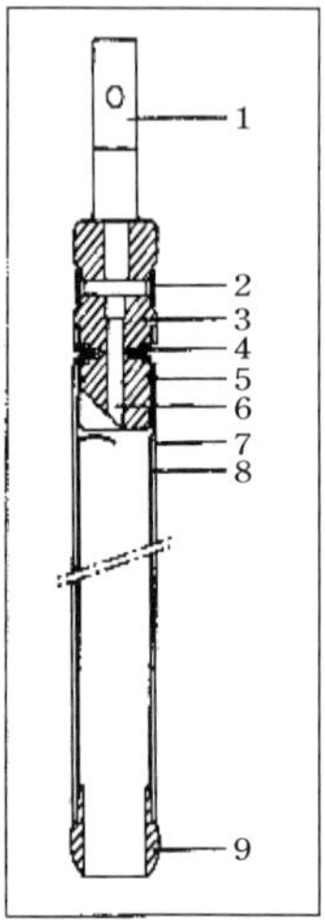

1. ネジ部
2. ゴムリング(空気抜き用)
3. サンプラーヘッド
4. 固定用ビス
5. O リング
6. 空気穴
7. サンプリングチューブ
8. 蓋付サンプリングチューブまたはサンプルシート
9. 刃先

図-1 採土器の例

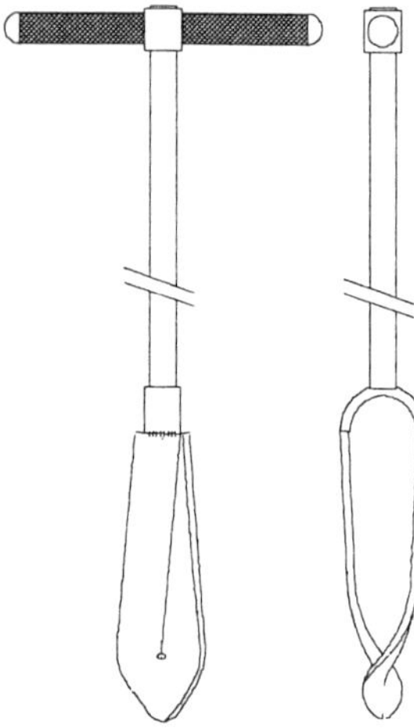

図-2 ハンドオーガーの例

4. 採取方法

4.1 被汚染防止用具の装着

試料の採取準備を開始する前に，被汚染防止用具を装着する。

4.2 採取準備

(1) 表層が落葉落枝等やその腐朽物で覆われている場合には，それを除去する。

(2) 植生がある場合には採取地点整備用具を用いて地上部を刈り取る。

(3) 建物の基礎等の障害物がある場合等は，あらかじめそのような場所を避ける。また，大きな礫や自然石等も除去し，土の表面を露出させる。

4.3 手掘りによる採取方法

(1) 土の表面から数 10 cm 程度の表層土のみを一定深さまで採取する場合には，移植ゴテ，スコップ等で一定区画を掘削面が垂直になるように掘削し，掘削した土を試料容器に必要量入れる。移植ゴテやスコップ等の試料採取切削用具は試料採取毎に洗浄する。

(2) 土の表面から 1～2 m の深さの試料を採取するときには，深さに応じて適当な大きさの採取孔を鉛直に掘る。また，掘り出した土は，掘削土置き用シート上に置く。

(3) 採取孔の試料採取面をナイフを用いて削り，できるだけ平坦にする。この場合，整形作業は表層から下層へ向かって行う。整形作業が終了したら，試料採取面の状況を目視によって確認記録し，さらに写真記録する。

(4) 一定深さ毎，あるいは特徴的な層位毎に，移植ゴテを用いて試料を採取し試料容器に入れる。試料採取は，上層から落下した土が下層から採取する土の試料に混入するのを防ぐため，必ず下層から上層へ順に行う。移植ゴテは試料採取毎に洗浄する。

4.4 採土器による採取方法

(1) 採土器を組み立て，採土したい位置に鉛直にセットし，ハンマーを使って所定の深さまで打ち込む。
(2) 採土器の貫入深さを記録する。
(3) 打込み終了後，採土器本体を回転させながら引き抜き，採土器を分解して内部の土の試料を所定の試料容器に採取する。

4.5 ハンドオーガーによる方法

(1) ハンドオーガーを採土したい位置に鉛直にセットし，回転させ，貫入させる。この際，表土以深の試料を採取する場合には，同様の操作を何回か行って所定の深さまで掘り進む。
(2) 所定の深さまで掘り進んだ後，ハンドオーガーの貫入深さを記録する。
(3) 先端部分に試料が満たされた段階でハンドオーガーを引き抜き，土の試料を試料容器に採取する。

4.6 用具の洗浄・交換

掘削および試料採取に用いた用具に付着した対象化学物質による二次的な汚染の発生を防ぐため，採取地点整備用具，試料採取用切削用具，採土器，ハンドオーガー等の用具は使用する毎に洗浄する。作業者の使用する手袋も適宜洗浄または交換する。

4.7 採取孔の処理

採取孔は，良質土で埋め戻す等の適切な処理を行う。

4.8 発生土・廃水等の処理

掘削および試料採取の過程で発生する土および用具を洗浄した後の廃水は，適切な処理を行う。

【付帯条項】

4. 試料採取に先立ち，使用する用具の点検整備を行う。

4.1 被汚染防止用具は，それまでに把握されている試料採取地の土および地下水の汚染状況等を考慮して選定する。

4.4

(1) 採土器を打ち込む際，継ぎ柄を使用しなければいけない深さの試料の採取に関しては，採土器打込み前に試料採取位置にあらかじめ孔を掘っておく必要がある。孔を掘る方法には，スコップで掘る方法，ハンドオーガーや採土器を何回か使って掘り進む方法等がある。いずれの方法を用いる場合においても，所定深さに達した際に壁面の土が採取する試料に混入することのないよう，採取表面を清浄に，かつ平坦に整形する。
(3) a. 試料を容器に採取する際，孔壁から落下した土の混入を防ぐため，上部 3 cm 程度あるいは明らかに上部孔壁から落下したと考えられる部分は環境化学分析用試料としない。
b. 1 回の作業で採取できる量以上の試料が必要な場合は，近傍において必要な回数の試料採取操作を繰り返し，所定量を確保する。

4.5
(4) a. 環境化学分析の対象となる物質が非揮発性物質である場合，採取した土を適当な大きさのポリエチレン袋に全量取り出した上で，そこから土の試料を試料容器に採取する方法を用いても良い。
b. 1 回の作業で採取できる量以上の試料を必要とする場合は，近傍において必要な回数の試料採取操作を繰り返し，必要量を確保する。

4.7 ここでいう良質土とは，環境化学分析の対象となるような有害物質が許容範囲を超えて含まれていない土を指す。

5. 採取試料の取扱い

(1) 試料容器に採取地点，採取深さ，試料番号，採取日時を記入し，採取した土の色調，土質，堆積状況，湿潤状況，外観，臭い等を記録する。なお，礫，木片等を含有する試料については，その含有状況も記録する。
(2) 採取した土の試料は直ちに環境化学分析に供することが望ましいが，現場にて短時間保管する場合には，冷暗所に静置する。

【付帯条項】
5. 試料を採取する容器，試料の調整・運搬・保管の方法については，環境化学分析について定めた規格や法令等に準拠する。
(2) 環境化学分析の対象となる物質が揮発性物質である場合は，揮発に伴う汚染物質濃度の変化を最小限にするため，土を攪乱させないように留意し，できる限り迅速に作業を行う。

6. 報告事項

次の事項を報告する。
(1) 調査名
(2) 地点番号と試料番号
(3) 試料の採取地点位置と採取深さ
(4) 採取方法，サンプラーを使用した場合はその種類
(5) 採取年月日
(6) 採取した土の試料の性状等
(7) 採取地点の地形，植生，土地利用および周囲の状況の記載および写真
(8) 本基準と部分的に異なる方法を用いた場合には，その内容
(9) その他特記すべき事項

【付帯条項】
6. 採取孔を掘った場合には，その掘削断面の写真も添付する。

Ⅶ. ロータリー式スリーブ内蔵二重管サンプラーによる環境化学分析のための試料の採取方法

（平成 15 年　社団法人・地盤工学会基準　JGS 1911-2004）

1. 総　　則

1.1 目　　的

この方法は，地盤汚染調査等において環境化学分析に供する土の試料を，JGS 1224「ロータリー式スリーブ内蔵二重管サンプラーによる試料の採取方法」に規定するロータリー式スリーブ内蔵二重管サンプラーを用いて採取することを目的とする。

1.2 適用範囲

砂質土，粘性土および砂礫を対象とする。

1.3 用語の定義

ロータリー式スリーブ内蔵二重管サンプラーとは，外側の回転するアウターチューブで土を切削しながら，内側の回転しないサンプリングチューブを地盤に押し込み，土を採取するものをいう。

環境化学分析に供する土とは，対象化学物質の濃度や化学形態を変えないように採取された土をいう。土の環境化学分析とは，各種溶出試験および含有量試験をいう。

【付帯条項】

1. 本基準と部分的に異なる方法を用いた場合には，その内容を報告事項に明記しなければならない。

2. 用　　具

2.1 掘削装置

(1) **ロータリー式ボーリングマシン**　孔底のビットに機械的に回転と圧力を与えることができる装置。

(2) **ボーリングポンプ**　掘削に必要な水または泥水を送水することができるもの。

(3) **ビット**　孔底の地盤を直接掘削するもの。

(4) **ボーリングロッド**　ロッド下端にコアバレル，ロッド上端にウォータースイベルが取り付けられてボーリングマシンの駆動力と圧力を伝えるもの。

(5) **ロッドカップリング**　ロッドを相互に繋ぐもの。

(6) **コアバレル**　ビットで切り取ったコアを収めるために用いるパイプ状のもの。コアバレル下端にはビットが取り付けられ，コアバレルの上端はボーリングロッドと接続する。

(7) **孔壁保護用具**　ボーリング孔の孔壁を保護するケーシング，ドライブパイプを設置するために必要な器具。また，孔壁保護には泥水も用いることができる。

(8) **その他**　上記以外にボーリングに必要な器具。ウォータースイベル，ロッドホルダー，ロッドトング，ケーシングバンド，三脚パイプやぐら等がある。

2.2 サンプラー

ロータリー式スリーブ内蔵二重管サンプラー。

2.3 試料採取器具

（1） **試料容器** 採取した土を入れて保管するための容器。
（2） **洗浄用具** 掘削および試料採取に用いた用具に付着した対象化学物質を洗浄するための用具。
（3） **被汚染防止用具** 汚染された土や地下水の手指への付着，吸入等による採取者への健康被害を防止するための用具。
（4） **発生土・廃水容器** 掘削および試料採取に伴う発生土および廃水を一時的に保管するための蓋付きの容器。

【付帯条項】

2.1

（1） 使用するロータリー式ボーリングマシンは，対象とする土の硬さに応じて，十分な押込み反力を確保することができるものでなければならない。
（2） 掘削深さおよび孔径により適切な吐出量のポンプを採用する。
（3） a. 摩耗が生じていないものを使用する。
b. ウィングビット，メタルクラウンがある。
（4） a. ロッドはコアバレル等をボーリング孔に挿入，引上げする際に継足しおよび切断できるようにする。
b. ボーリングロッドは曲がっていないものを使用し，ロッドとロッドカップリング接続部のねじの摩耗がないものを使用する。
（7） 孔壁保護材として泥水を使用する場合には，事前にベントナイトと水の成分を分析して対象化学物質に影響しないか確認する。また，分析した結果は報告事項に明記することが望ましい。

2.2 ロータリー式スリーブ内蔵二重管サンプラーは JGS 1224「ロータリー式スリーブ内蔵二重管サンプラーによる試料の採取方法」の規格に従うものとする。

2.3

（1） 採取した土の試料を保管する試料容器については，環境化学分析について定められた法令や基準等に準拠する。
（2） 洗浄用の水や高圧水洗浄器具，ブラシ，タオル，化学実験用ワイパー等が一般的であり，中性洗剤等を使用することもある。
（3） ラテックスまたはポリエチレン製手袋，防塵マスク，防毒マスク，防護服等。

3. 採取方法

3.1 被汚染防止用具の装着

掘削および試料採取を開始する前に，被汚染防止用具を装着する。

3.2 掘　削

（1） ボーリングマシン等を設置する。ボーリングマシンの潤滑油および燃料による汚染の発生を防止するため，ボーリングマシンを洗浄し，作業範囲に耐油性のシートを設置する。
（2） 泥水バックを設置する。泥水バック中を循環する泥水の浸透による二次汚染発生の可能性があるため，泥水バックは素掘りとせず，適切な容器を使用する。

(3) 泥水を送水しながら，ロッドまたはコアバレルに取り付けられたビットにより掘削する。

(4) 試料採取深さまで掘削を行った後，コアバレルまたは泥水の循環により孔底付近に堆積したスライムを除去する。

3.3　土の試料採取

サンプリングの方法は，JGS 1224 に従う。

3.4　用具の洗浄・交換

掘削および試料採取に用いた用具に付着した汚染物質による二次的な汚染の発生を防ぐため，ビット，ケーシングチューブ，コアバレルおよびロッドは1回使用する毎に洗浄し，作業者の使用する手袋も適宜洗浄または交換する。

3.5　潤滑剤等の処理

ビット，ケーシングチューブ，コアバレルおよびロッドの接続等において潤滑剤を使用する場合，環境化学分析の測定対象となるような物質が含まれていないものを選定し，使用する。

3.6　掘削孔の処理

掘削孔は，観測井として仕上げるか，モルタル，ベントナイト等を充填して，雨水や汚染物質の浸透経路とならないように埋め戻す。

3.7　発生土・廃水等の処理

(1) 掘削および試料採取の過程で発生する汚染された土（スライム等），掘削流体として使用した泥水および用具を洗浄した後の廃水は，適切に処理する。

(2) 土の採取に使用したスリーブを廃棄する際，汚染された土や水が付着している可能性があるため，適切に処理する。

【付帯条項】

3. 試料採取に先立ち，サンプラーの点検整備を行う。

3.1 被汚染防止用具は，それまでに把握されている試料採取地の土および地下水の汚染状況等を考慮して選定する。

3.2 泥水の作成に使用した水の成分を分析した場合には，報告事項に明記しなければならない。

(2) 汚染物質が混入した泥水に起因する二次汚染を防止するため，適切な頻度で泥水を交換する。泥水中の汚染物質濃度を現場で簡易に測定することが可能な場合には，泥水中の汚染物質濃度を常に監視する。

(3) a. 孔壁が崩壊する恐れがある場合，あるいは高濃度の汚染物質が孔壁から孔内に落下する可能性がある場合には，ケーシングチューブを挿入して孔壁の崩壊および汚染物質の落下を防止しながら掘削する。孔壁保護の手法と保護した深さを報告事項に明記する。

b. コアバレルが一杯になった場合には，コアバレルを引き上げる。ビットの摩耗状況を確認して，コアバレル，ロッドおよびビットを洗浄する。掘削を続ける場合には再度コアバレルを挿入する。

4. 試料の取扱い

4.1 コア試料

（1） スリーブを開き，コア試料の上端部のスライムを除去した上で，コア試料の長さを測定して伸縮状況を確認する。
（2） オールコア採取を行った場合，またはコア試料を保存する場合は，コア試料をコア箱に収納する。コア箱には，調査名，地点番号と試料番号，試料の採取深さ，採取年月日を記録する。
（3） 採取したコア試料についてコア観察を行う。このとき，コア試料が伸縮していた場合には，その状況を勘案して採取深さを判断する。
（4） コア試料を保存する場合は，コア試料に汚染物質が含まれている可能性があるため，コア箱への雨水等の浸入により汚染物質が外部に拡散することがないよう養生する。廃棄する場合に適切な処理を行う必要があることをコア箱に記入しておく。
（5） コア試料を廃棄する場合は，コア試料中に汚染物質が含まれている可能性があるため，適切に処理を行う。

4.2 土の試料

（1） コア試料から土の試料を採取する採取位置の深さ（上端，下端）を測定する。このとき，コア試料が伸縮していた場合には，その状況を勘案して採取深さを判断する。
（2） 確認した採取位置から薬さじ等を用いて環境化学分析用の土の試料を所定の試料容器に採取する。
（3） 試料容器に採取地点，採取深さ，試料番号，採取日時を記入し，採取した土の色調，土質，堆積状況，湿潤状況，外観，臭い等を記録する。なお，礫，木片等を含有する試料については，その含有状況も記録する。
（4） 採取した土の試料は直ちに環境化学分析に供することが望ましいが，現場にて短時間保管する場合には，冷暗所に静置する。

【付帯条項】

4. a. 試料を採取する容器，試料の調整・運搬・保管の方法については，環境化学分析について定めた規格や法令等に準拠する。
b. 環境化学分析の対象となる物質が揮発性物質である場合は，揮発に伴う汚染物質濃度の変化を最小限にするために，土や地下水を攪乱させないよう留意し，できる限り迅速に作業を行う。

4.2

（2） a. 土の試料はスライムやサンプリングチューブとの接触による影響を受けていない範囲から採取し，できるだけ迅速に試料容器に入れる。
b. 薬さじ等の採取用具は 1 回使用する度に洗浄する。

5. 報告事項

次の事項を報告する。
（1） 調査名
（2） 地点番号と試料番号

(3) 試料の採取深さ **(4)** 使用した掘削装置の機種名 **(5)** ボーリング柱状図 **(6)** 孔壁保護の方法と保護した深さ **(7)** 採取年月日 **(8)** 採取した土の試料の性状等 **(9)** 本基準と部分的に異なる方法を用いた場合には，その内容 **(10)** その他特記すべき事項

【付帯条項】

5.

(6) 事前に分析したベントナイトと水の成分および掘削中に測定した泥水中の対象化学物質の濃度についても報告事項とすることが望ましい。

Ⅷ. 打撃貫入法による環境化学分析のための試料の採取方法

（平成 15 年　社団法人・地盤工学会基準　JGS 1912-2004）

1. 総　　則

1.1 目　　的

この方法は，地盤汚染調査等において環境化学分析に供する浅層部の土および地下水の試料を採取することを目的とする。

1.2 適 用 範 囲

深さ約 20 m 以浅の砂質土，粘性土，ゆるい砂礫の採取およびそれらからなる帯水層中の地下水の採取を対象とする。

1.3 用語の定義

打撃貫入法とは，油圧ハンマーの打撃貫入によりサンプラーを掘削流体なしで地盤に挿入し，浅層部の土および地下水の試料を同一の掘削装置で直接採取する方法である。

環境化学分析に供する土および地下水とは，対象化学物質の濃度や化学形態を変えないように採取された土および地下水をいう。

土の環境化学分析とは，各種溶出試験および有量試験をいう。

【付帯条項】

1. 本基準と部分的に異なる方法を用いた場合には，その内容を報告事項に明記しなければならない。

1.2 掘削装置の種類によって打撃貫入法の適用範囲が異なるため，適用対象となる地盤の土質，深さを勘案して適切な掘削装置を選定する。

1.3 打撃貫入法では，異なる種類の試料を交互に採取することも可能であり，任意の採取プログラムを策定することも可能である。

2. サンプラーの種類

土を採取するためのサンプラーには，オープンチューブサンプラーとクローズドピストンサンプラーの 2 種類がある。地下水を採取するためのサンプラーには，二重管式スクリーンサンプラーがある。

【付帯条項】

2. 本基準では代表的な 3 種類のサンプラーについて基準を定めるが，他の形式のサンプラーの使用を妨げるものではない。

3. 用　　具

3.1 掘 削 装 置

試料採取位置の地盤を乱すことなく，所定の孔径で所定の深さまで掘削できる打撃貫入装置と掘削用具。打撃貫入装置には，油圧式ハンマーをクローラー等に搭載した形式と，油圧式ハンマーを人が支える形式の 2 種類がある。

3.2 オープンチューブサンプラー

(1) サンプラー　アウターチューブ，ドライブヘッド，カッティング・シュー，サンプリングチューブおよびコアキャッチャーで構成される。

① **アウターチューブ**　上部をドライブヘッドに固定し，下部先端にカッティング・シューを装着することができるもの。

② **ドライブヘッド**　上部がドライブロッドに直結され，下部がアウターチューブに連結されるもの。

③ **カッティング・シュー**　アウターチューブの先端に取り付ける切削部で，鋼製の十分な剛性を有するもの。

④ **サンプリングチューブ**　ステンレス，テフロン，ポリ塩化ビニル，ポリエチレン等の材料からなるライナーパイプを標準とし，下部先端をカッティング・シューに装着すること，および採取した試料の脱落を防止するコアキャッチャーをカッティング・シューとの間に装着できるもの。

⑤ **コアキャッチャー**　サンプリングチューブの内側下端部に取り付けられ，サンプリングチューブ内に採取した土の試料の脱落を防止するもの。

(2) ドライブロッド　ノッキングヘッドを通じて伝わってくる打撃をサンプラーに伝達する働きをする鋼管。ドライブロッド，ノッキングヘッド，サンプラーと接続できる構造をもつ。

(3) ノッキングヘッド　ドライブロッドの最上部に装着され，油圧ハンマーによる打撃を伝達するもの。

3.3 クローズドピストンサンプラー

(1) サンプラー　アウターチューブ，ドライブヘッド，カッティング・シュー，サンプリングチューブ，コアキャッチャー，ピストンチップ，およびピストンロッドで構成される。

① **アウターチューブ**　上部をドライブヘッドに固定できるもので，下部先端にカッティング・シューを装着できるもの。

② **ドライブヘッド**　上部がドライブロッドに直結され，下部がアウターチューブに連結されるもので，アウターチューブ内にピストンロッドを固定することができるもの。

③ **カッティング・シュー**　アウターチューブの先端に取り付ける切削部で，鋼製の十分な剛性を有するもの。

④ **サンプリングチューブ**　ステンレス，テフロン，ポリ塩化ビニル，ポリエチレン等の材料からなるライナーパイプを標準とし，下部先端をカッティング・シューに装着すること，および採取した試料の脱落を防止するコアキャッチャーを内蔵できるもの。

⑤ **コアキャッチャー**　サンプリングチューブの内側下端部に取り付けられ，サンプリングチューブ内に採取した土の試料の脱落を防止するもの。

⑥ **ピストンチップ**　上部にピストンロッドを接続することが可能な鋼製の十分な剛性を有するコーンであり，カッティング・シューの内側およびサンプリングチューブの内側を通過してアウターチューブ内側上部まで移動することが可能なもの。サンプラー先端に固定されている状態において，カッティング・シューと共にコーンの役割を果たす。

⑦ **ピストンロッド**　下部をピストンチップに接続し，上部付近でドライブヘッ

ドへの固定を解除することが可能な構造をもつロッド。上部からドライブロッド内に挿入した操作棒を連結して操作することにより，ドライブヘッドへの固定の解除を行うことが可能である。

(2) **ドライブロッド**　3.2 (2) に規定するもの。

(3) **ノッキングヘッド**　3.2 (3) に規定するもの。

(4) **操作棒**　所定深さで試料採取を行う際に，地上部のドライブロッド先端からピストンロッド先端に連結し，ピストンロッドのドライブヘッドへの固定を解除することが可能なもの。

3.4　二重管式地下水サンプラー

(1) **サンプラー**　アウターチューブ，ドライブヘッド，スクリーン管および先端コーンで構成される。

① **アウターチューブ**　上部をドライブヘッドに固定できるもので，下部先端に使い捨てコーンを装着できるもの。

② **ドライブヘッド**　上部がドライブロッドに直結され，下部がアウターチューブに連結されるもの。

③ **スクリーン管**　側面にスリット等のスクリーン部をもち，底面が密閉されたステンレス，ポリ塩化ビニル等の材料からなる管で，使い捨てコーン接続時の管内への地下水の浸入が防止されるようコーン接続部にゴム製のOリングを装着し，上部に操作棒が接続できる構造のもの。

④ **先端コーン**　鋼製で十分な剛性を有する先端角 30° 以上のもので，アウターチューブ下端に装着され，スクリーン管で上部を押すことによってアウターチューブから脱着される構造のもの。地下水サンプリングの終了後は，そのまま地中に残置される。

(2) **ドライブロッド**　3.2 (2) に規定するもの。

(3) **ノッキングヘッド**　3.2 (3) に規定するもの。

(4) **操作棒**　所定深さで試料採取を行う際に，地上部のドライブロッド先端からスクリーン管上端に連結し，アウターチューブ引上げ時のスクリーン管の上昇防止を行うもの。

3.5　試料採取器具

(1) **ベーラー**　シリンダー型の地下水採取装置。

(2) **揚水ポンプ**　サンプラー内から地下水を採取するためのもの。

(3) **試料容器**　採取した土および地下水を入れて保管するための容器。

(4) **洗浄用具**　掘削および試料採取に用いた用具に付着した対象化学物質を洗浄するための用具。

(5) **被汚染防止用具**　汚染された土や地下水の手指への付着，吸入等による採取者への健康被害を防止するための用具。

(6) **発生土・廃水容器**　発生土・廃水容器は，掘削および試料採取に伴う発生土および廃水を一時的に保管するための蓋付きの容器。

【付帯条項】

3.　使用する打撃貫入装置は，対象とする土の硬さあるいは締まりの程度に対して十分な反力を確保できるものでなければならない。

3.2　図-1 にオープンチューブサンプラーの一例を示す。

3.3　図-2 にクローズドピストンサンプラーの一例を示す。

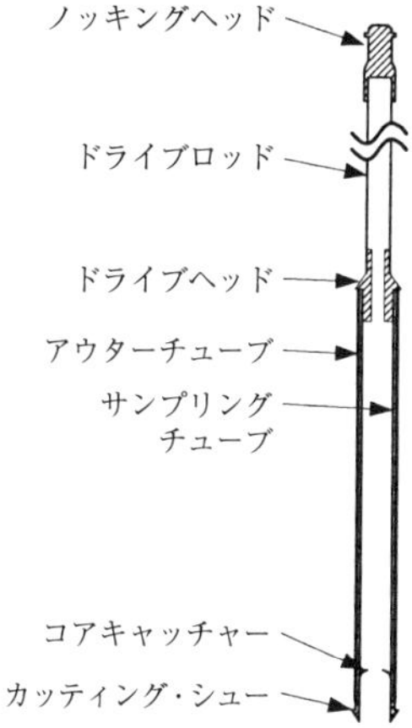

図-1 オープンチューブサンプラーの例

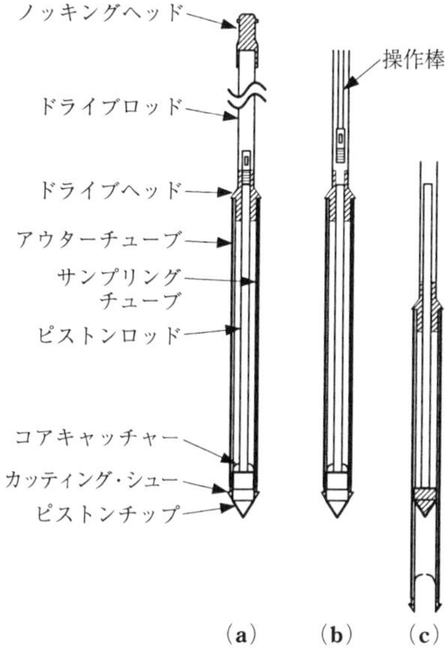

図-2 クローズドピストンサンプラーの例と土の試料採取の概要
(a) サンプラー貫入, (b) ピストンチップの開放, (c) 土の試料採取

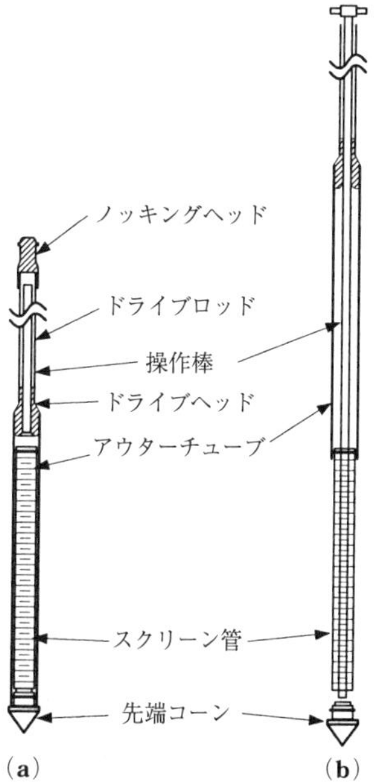

図-3 二重管式地下水サンプラーの例とスクリーン管露出の概要
(a) サンプラーの貫入, (b) スクリーンの露出

3.4 図-3に二重管式地下水サンプラーの一例を示す。

3.5

（**3**） 採取した土の試料および地下水試料を保管する試料容器については，環境化学分析について定めた規格や法令等に準拠する。

（**4**） 洗浄用の水や高圧水洗浄器具，ブラシ，タオル，化学実験用ワイパー等が一般的であり，中性洗剤を使用することもある。

（**5**） ラテックスまたはポリエチレン製手袋，防塵マスク，防毒マスク，防護服等。

4. 採 取 方 法

4.1 被汚染防止用具の装着

掘削および試料採取を開始する前に，被汚染防止用具を装着する。

4.2 掘　　削

直径 40～150 mm 程度の孔径で試料採取深さまで掘削し，孔底のスライムを除去する。その際，試料採取位置の地盤を乱してはならない。

4.3 オープンチューブサンプラーによる土の試料採取

（**1**） 組み立てたサンプラーにドライブロッドを継ぎ足しながら，孔底にサンプラーを下ろす。

（**2**） サンプラーが孔底に達した深さを試料採取深さとして記録する。

（**3**） ドライブロッド上端にノッキングヘッドを接続する。

（**4**） 掘削装置の油圧ハンマーによってノッキングヘッドを打撃し，サンプリングチューブを連続的に打撃貫入する。

（**5**） 打撃貫入後，サンプラーの貫入長さを測定し，記録する。

（**6**） 貫入長さの測定終了後，直ちにサンプラーを引き上げる。

（**7**） 迅速かつ丁寧に，サンプリングチューブを取り外す。

4.4 クローズドピストンサンプラーによる土の試料採取

（**1**） 先端が密閉された状態に組み立てたサンプラーにドライブロッドを継ぎ足しながら，その上端に接続したノッキングヘッドを掘削装置の油圧ハンマーで打撃し，所定の深さまでサンプラーを打撃貫入する。

（**2**） サンプラーが所定の位置に達したら，その深さを試料採取深さとして記録する。

（**3**） 地上部からドライブロッド内に操作棒を挿入し，操作棒の先端をピストンロッドに連結する。

（**4**） 操作棒を操作することによりピストンロッドのドライブヘッドへの固定を解除し，操作棒を回収する。

（**5**） 掘削装置の油圧ハンマーの打撃により，サンプラーを打撃貫入する。

（**6**） 打撃貫入後，サンプラーの貫入長さを測定し，記録する。

（**7**） 貫入長さの測定終了後，直ちにサンプラーを引き上げる。

（**8**） 迅速かつ丁寧に，サンプリングチューブを取り外す。

4.5 二重管式地下水サンプラーによる地下水試料採取

（**1**） 先端が密閉された状態に組み立てたサンプラーにドライブロッドを接続しながら，その上端に接続したノッキングヘッドを掘削装置の油圧ハンマーで打撃し，所定の深さまでサンプラーを打撃貫入する。

（**2**） サンプラーが所定の位置に達したら，その深さを試料採取深さとして記録する。

(3) 地上部からドライブロッド内に操作棒を挿入し，スクリーン管の上部に接続する。

(4) 操作棒でスクリーン管を押さえた状態でサンプラーを引き上げ，スクリーン部が露出した状態にする。このとき，先端コーンが外れ，スクリーン管の下に取り残される。

(5) ベーラー，揚水ポンプ等の採水器具を用いて必要量の地下水試料を採取する。

(6) 地下水試料採取後，サンプラーを回収する。

4.6　用具の洗浄・交換

掘削および試料採取に用いた用具に付着した対象化学物質による二次的な汚染の発生を防ぐため，サンプラーおよびドライブロッドは1回使用する毎に洗浄し，作業者の使用する手袋も適宜洗浄または交換する。

4.7　潤滑剤等の選定

ドライブロッドの接続等において潤滑剤を使用する場合，環境分析の測定対象となる物質および環境分析の障害となるような物質が含まれていないものを選定し，使用する。

4.8　掘削孔の処理

掘削孔は，観測井として仕上げるか，モルタル，ベントナイト等を充填して，雨水や汚染物質の浸透経路とならないように埋め戻す。

4.9　発生土・廃水等の処理

(1) 掘削および試料採取の過程で発生する汚染された土（スライム等）およびサンプラー等の用具を洗浄した後の廃水は，適切に処理する。

(2) 土の採取に使用したサンプリングチューブを廃棄する際，汚染された土や水が付着している可能性があるため，適切に処理する。

(3) 地下水の採取に使い捨て方式のベーラーを使用した場合，汚染された水が付着している可能性があるため，適切に処理する。

【付帯条項】

4. a. 試料採取に先立ち，サンプラーの点検整備を行う。

b. サンプラーの打込みが途中で困難になった場合は，打撃貫入を中止してその深さをはかり，サンプラーを引き上げる。

4.1 被汚染防止用具は，それまでに把握されている試料採取地の土および地下水の汚染状況等を考慮して選定する。

4.2 特に孔壁が崩壊するおそれがある場合，および高濃度の汚染物質が孔壁から孔内に落下する可能性がある場合は，ケーシングチューブを挿入して孔壁の崩壊および汚染物質の混入を防止しながら掘削する。

4.3

(7) 土の試料を採取したサンプリングチューブの側面には，試料の取違え等が発生しないよう，次の事項を記入する。

a. 地点番号と試料の番号

b. 試料の採取深さ（上端と下端）

c. 試料の方向（上，下）

4.4 クローズドピストンサンプラーの打撃貫入と土の試料採取の概要を図-2に示す。

(8) 付帯条項4.3（7）に同じ。

4.5 二重管式地下水サンプラーの打撃貫入とスクリーン管の露出の概要を図-3に示す。

5.　試料の取扱い

5.1　コア試料

(**1**) サンプリングチューブを開き，コア試料の上端部のスライムを除去した上で，コア試料の長さを測定してコア試料の伸縮状況を確認する。

(**2**) オールコア採取を行った場合で，コア試料を保存する場合は，コア試料をコア箱に収納する。コア箱には調査名，地点番号と試料番号，試料の採取深さ，採取年月日を記録する。

(**3**) オールコア採取を行った場合で，地質状況の確認も目的としていた場合には，コア観察を行う。このとき，コア試料の伸縮状況を勘案した上で深さを判断する。

(**4**) コア試料を保存する場合は，コア試料中に汚染物質が含まれている可能性があるため，コア箱への雨水等の浸入により汚染物質が外部に拡散することがないよう養生し，廃棄する場合に適切な処理を行う必要があることをコア箱に記入しておく。

(**5**) コア試料を廃棄する場合は，コア試料中に汚染物質が含まれている可能性があるため，適切に処理を行う。

5.2　土の試料

(**1**) コア試料から土の試料を採取する採取位置の深さ（上端，下端）を測定する。このとき，コア試料が伸縮していた場合には，その状況を勘案して採取深さを判断する。

(**2**) 確認した採取位置から薬さじ等を用いて環境化学分析用の土の試料を所定の試料容器に採取する。

(**3**) 試料容器に採取地点，採取深さ，試料番号，採取日時を記入し，採取した土の色調，土質，堆積状況，湿潤状況，外観，臭い等を記録する。なお，礫，木片等を含有する試料については，その含有状況も記録する。

(**4**) 採取した土の試料は直ちに環境化学分析に供することが望ましいが，現場にて短時間保管する場合には，冷暗所に静置する。

5.3　地下水試料

(**1**) 採取した地下水試料は，必要量以上を環境化学分析の測定対象項目に対して定められた所定の試料容器に一杯になるまで静かに注ぎ，必要なものについて所定の試料調製を行った後，試料容器に空気が残らないように手早く密栓する。

(**2**) 試料容器に採取地点，採取深さ，試料番号，採取日時を記入し，採取時の状況や気温，水温，電気伝導率，pH等の測定データ，試料の外観，臭い等を記録しておく。

(**3**) 採取した地下水試料は直ちに環境化学分析に供することが望ましいが，現場にて短時間保管する場合には，冷暗所に静置する。

【付帯条項】

5. a. 試料を採取する容器，試料の調整・運搬・保管の方法については，環境化学分析について定めた規格や法令等に準拠する。

b. 環境化学分析の対象となる物質が揮発物質である場合は，揮発に伴う汚染物質濃度の変化を最小限にするために，土や地下水を攪乱させないように留意し，できる限り迅速に作業を行う。

5.2

(2) a. 土の試料はスライムやサンプリングチューブとの接触による影響を受けていない範囲から採取し，できるだけ迅速に試料を試料容器に入れる。

b. 薬さじ等の採取用具は1回使用する度に洗浄する。

5.3

(1) a. 密栓をする前に必要に応じて所定の試料調整を行う。

b. 採取した試料を直ちに環境化学分析に供する場合は，必要量の水を試料容器に注ぎ，手早く密栓する方法でもよい。

6. 報 告 事 項

次の事項を報告する。

(1) 調査名
(2) 地点番号と試料番号
(3) 試料の採取地点位置と採取深さ
(4) 使用した掘削装置の機種名
(5) ボーリング柱状図（地質状況の確認も実施した場合）
(6) 使用したサンプラーの種類
(7) 採取年月日
(8) 採取した土の試料または地下水試料の性状等
(9) 基準と部分的に異なる方法を用いた場合には，その内容
(10) その他特記すべき事項

IX. 観測井からの環境化学分析のための地下水試料の採取方法

（平成 15 年　社団法人・地盤工学会基準　JGS 1931-2004）

1. 総　　則

1.1 目　　的

この方法は，地盤汚染調査等において環境化学分析に供する地下水の試料を観測井から採取することを目的とする。

1.2 適 用 範 囲

既設の観測井からの地下水の採取を対象とする。

1.3 用語の定義

環境化学分析に供する地下水とは，対象化学物質の濃度や化学形態を変えないように採取された地下水をいう。

【付帯条項】

1. 本基準と部分的に異なる方法を用いた場合には，その内容を報告事項に明記しなければならない。

1.2 観測井自体の適切な配置方法や設置方法，観測井内の原位置における地下水の分析方法，物理化学的性質の把握方法は含んでいない。

2. 地下水採取用具の種類

観測井からの地下水の試料採取方法には，ベーラーを用いる方法と揚水ポンプを用いる方法がある。

【付帯条項】

2. 本基準では代表的な地下水採取用具としてベーラーおよび揚水ポンプを取り上げるが，対象化学物質の濃度や化学形態を変えないものであれば，他の形式の地下水採取用具を使用することを妨げるものではない。

3. 用　　具

3.1 地下水採取用具

(1) ベーラー　シリンダー型の地下水採取装置。

(2) 揚水ポンプ　観測井内から地下水を採取するためのもの。

3.2 試 料 容 器

採取した地下水を入れて保管するための容器。

3.3 洗 浄 用 具

試料採取に用いた用具に付着した対象化学物質を洗浄するための用具。

3.4 被汚染防止用具

汚染された地下水の手指への付着，吸入等による採取者への健康被害を防止するための用具。

3.5 廃水容器
廃水容器は，採取した地下水および井戸や用具の洗浄による廃水を保管する容器。

【付帯条項】
3.1
（1） a. 地下水採取用ベーラーの一例を図-1 に示す。
b. 環境化学分析に必要な地下水の量を事前に確認し，できるだけ少ない回数の採水で試料容器が満たされるようにベーラーの種類を選択する。
（2） 地下水採取用揚水ポンプの一例を図-1 に示す。
3.2 採取された地下水試料を保管する試料容器については，環境化学分析について定めた法令や基準等に準拠する。
3.3 洗浄用の水やブラシ，タオル，化学実験用ワイパー等が一般的であり，中性洗剤等を使用することもある。
3.4 ラテックスまたはポリエチレン製手袋，防毒マスク等。

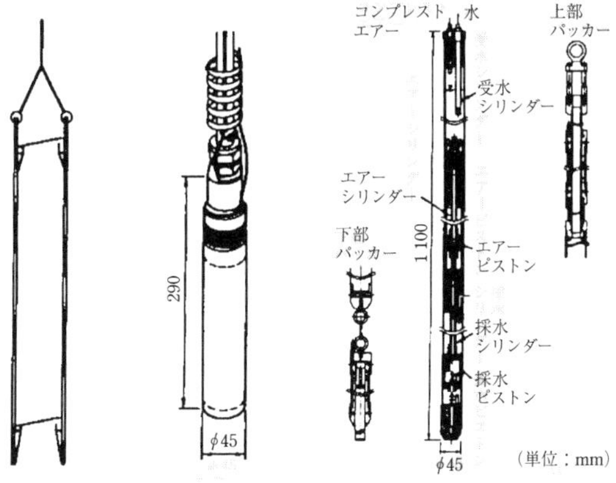

（a）ベーラー（b）小孔径水中ポンプ （c）ピストンポンプ

図-1 地下水採取用具の一例

4. 採取方法

4.1 被汚染防止用具の装着
試料採取を開始する前に，被汚染防止用具を装着する。

4.2 採取準備
（1） 観測井設置時の記録等から，観測井のスクリーン位置を確認する。
（2） 観測井の井戸構造，地下水位を確認し，地下水の採取が可能な状況にあるかどうかを確認する。観測井として長期間使用していない場合には，エアリフト，揚水などによる井戸水の入替えを十分に行う。

4.3 ベーラーによる地下水の試料採取

（1） ベーラーをスクリーン付近まで静かに下ろす。
（2） スクリーン付近から地下水を採取する。
（3） ベーラーを地上にゆっくりと引き上げる。
（4） 直射日光の当たらない場所でベーラー内の水を試料容器に移し替える。
（5） 必要量以上の水を試料容器一杯になるまで注ぎ，試料容器内に空気が残らないように手早く密栓する。

4.4 揚水ポンプによる地下水の試料採取

（1） スクリーン部直上の遮水部分に揚水ポンプを設置する。観測井の全体にスクリーンが設けられている場合には，適切な深さに揚水ポンプを設置する。
（2） 揚水ポンプの口先を試料容器の底面付近まで下ろしていく。
（3） 直射日光の当たらない場所で気泡の巻込みを最小限にするよう注意しながら，必要量以上の水を試料容器一杯になるまで注ぎ，試料容器内に空気が残らないように手早く密栓する。

4.5 用具の洗浄・交換

井戸水の入れ替えおよび試料採取に用いた用具に付着した対象化学物質による二次的な汚染の発生を防ぐため，地下水採取用具は試料採取毎に洗浄または交換する。作業者の使用する手袋も適宜洗浄または交換する。

4.6 廃水等の処理

（1） 井戸水の入換えおよび試料採取の過程で発生する廃水は，適切に処理する。
（2） 使い捨て方式のベーラーを使用した場合の使用後の廃棄においては，汚染された水が付着している可能性があるため，適切に処理する。

【付帯条項】

4.1 被汚染防止用具は，それまでに把握されている試料採取地の土および地下水の汚染状況等を考慮して選定する。

4.2

（2） a. 井戸水の入換えおよび試料採取に先立ち，地下水採取用具の点検整備を行う。
b. 井戸内の水は時間が経つにしたがって，井戸内の生化学的反応等の影響により，周辺の地下水を代表しない水質となっている場合が多い。したがって長期間使用していない場合には，地下水を対象井戸から採取する前に，エアリフトあるいは揚水による井戸水の入替えを行う。
c. 揚水により井戸水の入替えを行う場合には，井戸内及び井戸周囲のフィルター層内の水が十分入れ替わる分以上の量の揚水を行う。その際，水温，電気伝導率，pH を測定し，それらの値が安定するかどうかを確認しておくと良い。もし，上記程度の揚水を実施してもこれらの値が安定しない場合には，その旨を記録しておく。
d. 揚水停止後に地下水位が回復しない場合等，観測井が健全でないと判断された場合には，採水を中止するか，もしくは状況を詳細に記録した上で採水するものとし，環境化学分析による結果は参考値とする。

4.3

（4） ベーラーから試料容器に試料を移し替える際，ベーラーの弁から試料容器内の底部付近まで導水用のチューブをつないだ上でベーラーの弁を開き，気泡の巻込みを最小限にするよう注意する。
（5） a. 密栓をする前に必要に応じて所定の試料調整を行う。

b. 採取した試料を直ちに環境化学分析に供する場合は，必要量の水を試料容器に注ぎ，手早く密栓する方法でも良い。

4.4

(3) 付帯条項 4.3 (5) に同じ。

5. 試料の取扱い

(1) 試料容器に観測井の番号，試料番号，採取日時を記入し，必要に応じて採取時の状況や気温，水温，地下水位，電気伝導率，pH 等の測定データ，試料の外観，臭い等を記録しておく。

(2) 採取した地下水試料は直ちに環境化学分析に供することが望ましいが，現場にて短時間保管する場合には冷暗所に静置する。

【付帯条項】

5. 試料を採取する容器，試料の調整・運搬・保管の方法については，環境化学分析について定めた規格や法令等に準拠する。

(2) 環境化学分析の対象となる物質が揮発性物質である場合は，揮発に伴う汚染物質濃度の変化を最小限に抑えるために地下水を攪乱させないよう留意し，できる限り迅速に作業を行う。

6. 報告事項

次の事項を報告する。

(1) 調査名
(2) 観測井の番号，試料番号
(3) 観測井の位置
(4) 採水深さ（ベーラーの位置，揚水ポンプ設置深さ）
(5) 使用した地下水採取用具
(6) 採取年月日
(7) 採水量
(8) 採水時に測定した地下水質（水温，電気伝導率，pH および性状（色，臭い））
(9) 本基準と部分的に異なる方法を用いた場合には，その内容
(10) その他特記すべき事項

【付帯条項】

6. 観測井の標高，観測井の構造，採水対象土質，観測井の水位についても把握することが望ましく，把握した内容は報告事項に追加することが望ましい。

索　引

【さ】

【た】

【な】

【は】

【ま】

【や】

【ら】

●著者紹介

木暮　敬二（こぐれ　けいじ）

1939年1月	群馬県生まれ
1962年3月	防衛大学校土木工学専攻卒業
1966年3月	京都大学大学院工学研究科 修士課程（土木工学専攻）修了
1969年3月	同上　　　　博士課程（土木工学専攻）満期退学
1969年4月	防衛庁技術研究本部第4研究所
1971年7月	工学博士（京都大学）
1973年3月	防衛大学校　講師（土木工学教室）
1975年4月	同上　助教授
1980年4月	同上　教授
2004年3月	同上　定年退職
現　　在	NPO法人ジオクリーン・オーガナイゼーション代表

主な著書等
「高有機質土の地盤工学」（東洋書店）
「地盤環境の汚染と浄化修復システム」（技報堂出版）
「土壌・地下水汚染のための『地質調査実務の知識』」（オーム社，共著）
分担執筆の著書，論文，論説等多数

法に基づく
土壌汚染の管理技術　　　　　　定価はカバーに表示してあります

2004年8月5日　1版1刷　発行　　　　　ISBN 4-7655-3401-4 C3051

著　者　木　暮　敬　二
発行者　長　　祥　　隆
発行所　技報堂出版株式会社
　　　　〒102-0075　東京都千代田区三番町8-7
　　　　　　　　　　（第25興和ビル）

日本書籍出版協会会員
自然科学書協会会員　　　　　　電　話　営業　(03)(5215)3165
工　学　書　協　会　会　員　　　　　　編集　(03)(5215)3161
土木・建築書協会会員　　　　　FAX　　　(03)(5215)3233
　　　　　　　　　　　　　　　振　替　口　座　　00140-4-10
Printed in Japan　　　　　　　http://www.gihodoshuppan.co.jp/

Ⓒ Keiji Kogure, 2004　　　　装幀　冨澤　崇　　印刷・製本　三美印刷

落丁・乱丁はお取り替えいたします．
本書の無断複写は，著作権法上での例外を除き，禁じられています．